济南大学出版基金资助

胶东半岛农业水资源现代管理技术

徐征和　赵　琳　邢立亭　等编著

U0235740

黄河水利出版社

内 容 提 要

本书从现代农业要求农业水资源管理应遵循"资源水利——人与自然和谐相处"的原则出发,结合胶东半岛农业高效用水管理实例,从农业用水区域优化配置、地表水地下水联合调度、建立节水高效灌溉制度、农业用水的运行管理机制、区域农业用水水价体系、农业水资源信息化现代管理技术等几个方面,总结分析了农业水资源现代化管理技术,从而为充分提高农业水资源利用效率,改善水环境和生态,实现水资源可持续发展,提供先进的管理思路和科学技术。

本书可供农业与水利部门的科技人员、管理人员阅读使用,也可作为大专院校相关专业师生的参考书。

图书在版编目(CIP)数据

胶东半岛农业水资源现代管理技术/徐征和等编著.
郑州:黄河水利出版社,2008.10
ISBN 978 - 7 - 80734 - 502 - 2

Ⅰ.胶… Ⅱ.徐… Ⅲ.农业资源 - 水资源管理:技术
管理 - 研究 - 山东省 Ⅳ.S279.252

中国版本图书馆 CIP 数据核字(2008)第 141855 号

组稿编辑:王路平 电话:0371 - 66022212 E-mail:hhslwlp@126.com

出 版 社:黄河水利出版社
　　　　地址:河南省郑州市金水路 11 号　　邮政编码:450003
发行单位:黄河水利出版社
　　　　发行部电话:0371 - 66026940、66020550、66028024、66022620(传真)
　　　　E-mail:hhslcbs@126.com
承印单位:黄河水利委员会印刷厂
开本:787 mm×1 092 mm　1/16
印张:13
字数:300 千字　　　　　　　　　　　　印数:1—1 000
版次:2008 年 10 月第 1 版　　　　　　　印次:2008 年 10 月第 1 次印刷
定价:38.00 元

序

水资源的可持续利用是实现经济社会可持续发展的重要保障。当前我国人均及单位耕地面积平均水资源只分别占世界平均值的1/4及1/2,明显偏低;加之我国水资源在时空两方面分布极不均匀,更加重了缺水的严重性。到2030年左右,我国人口将达到16亿人,届时人均水资源从当今的2 160 m³再下降400 m³,我国将成为水资源严重短缺的国家。为了社会经济的可持续发展,必须认真地采取科学合理的保护、利用与管理水资源的措施。

胶东半岛地处山东半岛东端,当地人均淡水资源不足全国平均的1/3,属于严重缺水地区。该地区农业发达,但气候条件不利,受大陆和海洋交替作用影响,降水量年际变化大,年内分配不均匀,形成冬春干旱、夏季湿润的气候特点。在农业需水的春灌期降水量只占全年的20%,影响农作物的高产及农业生产的高效益。近年来,胶东半岛国民经济迅速发展,城市规模不断扩大,导致工业、生活用水急剧增加,农业用水比例不断下降,水污染日益严重;许多原以灌溉为主的大中型水库,其水量被部分或全部转向工业用水,灌溉保证率降低,不适应农业生产要求,严重阻碍农业发展。

在此国民经济日益增长、农业用水日益紧缺和水环境问题日益严重的条件下,胶东半岛人民十分重视农业高效用水,经过较长期的逐步实践,探索出一条适合本地区农业高效用水和水资源可持续利用的途径,改变了区域农业用水的思路:从传统的不惜耗竭水资源、破坏生态环境的农业用水模式转变为能支撑区域经济可持续发展的节水农业模式,为我国北方沿海地区提供了十分宝贵、可供借鉴的实践经验。

《胶东半岛农业水资源现代管理技术》一书正是以胶东半岛的实例分析为基础,从区域水资源管理配置出发,对农业水资源(地表水、地下水)优化调度、农作物节水高产灌溉制度、农业水资源信息化管理技术及新型的农业水资源运行管理机制等多个方面进行了全面介绍。本书较全面、系统地总结分析了农业水资源现代化高效管理技术,贯彻了"水资源可持续利用"、"建设节水防污型社会"、"人水和谐"等现代用水、治水与管水理念,具有较强的创新性,亦有较高的实用价值。本书的出版将对我国北方沿海地区以及其他条件类似地区农业高效用水技术水平的提高起到积极的促进作用。

中国工程院院士

2008 年 7 月

前 言

20世纪80年代以来,随着城市建设、工农业发展和人口的增长,水资源供需矛盾日趋突出。21世纪中叶,我国将实现社会主义建设的第三步战略目标,人民生活达到中等发达国家的水平。既要支撑社会经济的可持续高速发展,又要逐步改善生态环境,这是21世纪我国水利事业面临的巨大挑战。

众所周知,农业是我国的用水大户,为了适应社会经济的发展,我国用水结构必须进行大的调整,提高城市生活、生态和工业的用水比重,压缩农业用水量,目前全国许多大、中型水库已由原来的以农业供水为主转向以城市生活和工业供水为主。一方面农业水资源减少,另一方面还要满足粮食发展的需求,我国21世纪初期农业发展的目标要求在农业用水量4 000亿~4 200亿 m^3 前提下,满足16亿人口粮食需求,可见农业用水危机日趋严重。

正因为如此,国家非常重视农业的高效用水工作,党的十五届三中全会强调指出:"把推广节水灌溉作为一项革命性措施来抓,大幅度提高水的利用率,努力扩大农田有效灌溉面积。"科技部于"九五"、"十五"期间,对山东省分别下达了国家重大科技产业工程项目专题"灌溉水源联网调度类型区农业高效用水模式与产业化示范"、国家"863"计划课题"华东北部半湿润偏旱井渠结合灌区节水农业综合技术体系集成与示范"等研究项目,作者有幸作为主要执行人完成了项目的攻关研究工作,对山东省胶东半岛区农业用水管理的现状和发展有着较为深刻的思考。

本书正是以作者在山东省水利科学研究院多年来的实践经验和研究成果为基础,并吸收了山东省近年来在农业用水管理方面的新成果而完成的。全书既注重实用性,又兼顾理论性,既注意总结传统管理技术的新提升,又提炼吸收了农业用水管理的新技术,内容丰富,充分展现了胶东半岛农业水资源的现代管理技术。

本书由济南大学、山东省水利厅、山东省水利科学研究院、山东黄河河务局的人员共同编著。全书共分八章,第一章由徐征和、赵琳执笔,第二章由徐立荣、徐征和执笔,第三章由邢立亭、李遵栋执笔,第四章由徐征和、李遵栋执笔,第五章由徐征和、李遵栋执笔,第六章由赵琳、徐征和、韩合忠执笔,第七章由孔珂、徐征和执笔,第八章由徐征和、赵琳、李遵栋执笔。全书由徐征和修改定稿。

本书得到了济南大学科研基金项目(XKY0731)、国家自然科学基金(40672158)和山东省重点学科基金项目资助。

由于水平有限,书中难免有不妥之处,诚请读者批评指正。

作　者

2008年7月

目　录

第一章 农业水资源现代管理技术的内涵

第一节 现代农业对用水管理现代化的要求

一、现代农业的概念

现代农业是以资本高投入为基础,以工业化生产手段和先进科学技术为支撑,有社会化的服务体系相配套,用科学的经营理念来管理的农业形态。与传统农业相比,现代农业可谓有了"脱胎换骨"的变化。现代农业是一种"大农业",它不仅包括传统农业的种植业、林业、畜牧业和水产业等,还包括产前的农业机械、农药、化肥、灌溉和地膜,产后的加工、储藏、运输、营销以及进出口贸易等,实际上贯穿了产前、产中、产后三个领域,成为一个与发展农业相关、为发展农业服务的庞大产业群体。

现代农业以科学技术为强大支柱。现代农业是伴随着科学技术的发展而发展的,并随着现代农业科学技术的创新与突破而产生新的飞跃。19 世纪 30 年代,细胞学说的提出使农业科学实验进入了细胞水平,突破传统农业单纯依赖人们经验与直观描述的阶段。19 世纪 40 年代,植物矿质营养学说的创立,有力地推动了化学肥料的广泛应用与化肥工业的蓬勃发展,标志着现代农业科学的一个新起点。19 世纪 50 年代,生物进化论的问世,揭示了生物遗传变异、选择的规律,奠定了生物遗传学与育种学的理论基础。20 世纪初,杂交优势理论的应用,带来玉米杂交种的产生与大面积推广。信息技术的发展和应用,加快了现代农业发展的节奏,信息技术尤其对科学技术的传播、市场供求的对接等起到了革命性的推动作用。

现代农业的核心是科学化,特征是商品化,方向是集约化,目标是产业化。它的基本特征是:①一整套建立在现代自然科学基础上的农业科学技术的形成和推广,使农业生产技术由经验转向科学,使多学科农业科学技术综合集成与应用;②现代机器体系的形成和农业机器的广泛应用,使农业由手工畜力农具生产转变为机器生产;③良好的、高效能的生态系统逐步形成;④农业生产的社会化程度有很大提高,"小而全"的自给自足生产被高度规模化、专业化、商品化的生产所代替;⑤经济数学方法、电子计算机等现代科学技术在现代农业管理中运用越来越广,管理方法显著改进。现代农业的产生和发展,大幅度地提高了农业劳动生产效率、土地生产率和农产品商品率,使农业生产、农村面貌和农户行为发生了重大变化。

二、现代农业的用水特点

水是农业的命脉,既然现代农业的核心是科学化,必然要求农业水资源的开发、利用、节约、保护、配置、管理科学化,一方面要保证区域水资源的可持续利用,以水资源的可持续利用支撑区域农业乃至社会经济的可持续发展;另一方面,农业乃至社会经济的发展要适应区域水资源条件,以人与自然和谐相处为理念,走自律式发展道路。就目前的发展阶段来看,我国的水资源紧缺,工农业用水矛盾紧张,发展节水农业是现代农业发展的必然趋势。因此,现代农业的用水发展具有以下特点:

(1)大力推进适应性种植,注重提高生产力和改善生态环境技术同步发展。重视生态环境的保护和水资源的持续利用管理,兼顾生产、水资源持续利用和环境保护的目标。

(2)重视农艺节水技术的应用,提高内在的增产潜力。一是充分利用土壤水库的调蓄功能;二是重视耐旱作物种类及品种的选育和应用。澳大利亚学者发现,农田培肥是农业得以持续的基础,土壤有机质衰竭将导致土壤结构破坏,这一恶化过程是缓慢的,30～50年才明朗化,但后果却是致命的。因此,应把土壤地力建设和管理作为农业节水技术的重点。任何区域的灌溉农业都是建立在充分利用自然降水的基础上,通过土壤地力和生物技术的结合,确保水资源的可持续利用,降低农业生产成本。

(3)加强节水农业技术产业化的发展,形成系列配套的农业节水灌溉设备系列,以支撑不同作物不同形式节水模式的推广。

(4)构筑高效的管理体制和运行机制,辅以现代化的运行管理技术,来保证农业节水技术的有效实施和高效率的运行。应该说,这是我国目前农业高效用水的劣势所在,需要我们予以加强的,也是本书阐述的主要内容。

(5)建立综合节水农业技术体系,把传统的农业节水技术与现代技术相结合,节水农业是一项农业、水利、农机、生物等多种技术紧密结合,水、土、作物资源综合开发的宏大的系统工程,只有将其作为系统问题对待,才能作出全面合理的节水技术对策,避免技术的相互脱节和重复建设。

三、现代农业对农业用水的要求

(一)科学制定农业用水综合发展规划

为适应水资源日趋紧缺的现实,制定农业用水规划首先要更新观念,即农业用水原则必须从"以需定供"转变为"以供定需",据此研究确定不同区域水资源的承载力,提出与之相适应的农业发展规模与速度,以实现农业水资源供需的基本平衡。其次,应建立广义的水资源概念,即不但要重视可控的地表水和地下水,而且要重视整个天然降水。在制定农业节水规划时统筹考虑节水灌溉和旱作农业;在评价某一地区水资源状况时应全面看待各种水资源。建立与水资源相适应的农业结构,即节水型农业结构,这是一个被忽视的难点问题,为了实现大量节约农业用水目标也必须予以充分重视。

(二)建设农业用水的技术体系

农业节水是从水源到田间、从土壤到作物的综合节水技术的应用,涉及水利、农业、材料、经济、政策、管理等多方面的内容,是多学科、多技术的高度集成,是一个完整的体系。包括农学范畴的节水(作物上生理蓄水、农田水分调控)、灌溉范畴节水(灌溉工程、灌溉技术)和农业管理节水(政策、规划、体制)等。

农业节水技术是一个复杂的系统工程,水资源的合理利用是节水的基础。节水工程技术是通过改变输水方式实现农业节水的重要手段,是农业节水中投资最大的部分,节水农业技术则是从根本上减少农业用水量,提高水分利用效率的综合措施,节水农业技术虽然投入不高,但节水增产效果是非常明显的。管理节水是以上各项节水技术的保证,没有良好的运行管理机制,农业高效用水是难以实现的。

(三)加快高效用水的农业节水工程建设

按照现代农业节水的要求,并不是节水工程单位面积投资大节水水平就达到现代化水平。现代农业节水工程技术至少符合以下条件:工程建设符合现有规范和标准要求;工程技术选择合理,因地制宜;技术应用满足水资源可持续利用的要求;管理水平高;工程技术与管理技术、农艺节水技术有机结合。农业节水工程包括渠道防渗技术、管道输水灌溉技术、喷灌和微灌技术、田间地面灌溉技术及自动化控制灌溉系统等。到2006年,山东省农业节水工程面积仅占有效灌溉面积的60%左右,高标准工程不到节水灌溉面积的20%。山东省农业节水工程建设任务还很重,特别是高标准农业节水工程还很少,这与我国的情况很类似。农业节水工程是农业节水的重要基础,必须加快发展高效用水的农业节水工程。

(四)大力推广农艺节水措施

山东省人多、地少、水资源不足,必须重视农艺节水措施,加强农艺节水措施与工程节水技术的结合,在提高灌溉水利用率的同时,注重提高水分生产率。充分利用天然降水,在合适的地区推广旱地农业增产技术,减少水资源紧缺的压力,提高水资源的利用率,促进区域水资源的可持续开发利用和经济发展,建设节水型的高产、优质、高效农业。

(五)全面提高农业用水的管理水平

1. 优化配置农业用水资源

降水、地表水、地上水、地下水是密切联系并相互转化的水循环整体,只有对以上不同水源进行合理开发利用,才能维持水的良性循环。自然降水的有效利用,是实现农业高效用水、提高水分生产率的重要环节。通过调蓄措施充分利用降水,因地制宜地建立不同类型的地表、地下水库。地表水、地下水联合运用是水资源合理开发利用优化配置的方向。地表水、地下水优化配置的技术关键是合理调控地下水埋深,统一旱涝、灌排、采补之间的矛盾。井渠结合的灌溉方式是实现地表水、地下水联合运用的最有效的方式。

2. 实施高效用水的灌溉制度

灌溉制度是指作物的灌水时间、灌水次数、灌水定额、灌溉定额的总和,确定作物合理节水灌溉制度,对于计划用水、科学配水和提供灌水决策至关重要。节水灌溉制度是把有限的灌溉水量在作物生育期内进行最优分配的过程,节水灌溉制度是节水灌溉管理技术的重要组成部分,是一种费省效宏的非工程节水措施。

3. 提高农业节水的现代化管理水平

我国农业用水改革正在不断深化,新技术、新设备在灌溉用水管理中的应用与发达国家相比,目前还存在一定的差距,提高农业节水的现代化管理水平,对推动当前农业节水的发展至关重要。

随着电子技术、计算机技术的发展,应用半自动和自动量水装置,可大幅度提高灌区的量水效率和量水精度。应当加快推广现代化的测水量水技术,真正实行计划供水、按方收费,促进农民节约用水。

利用信息技术和自动控制等现代技术,可以对灌区气象、水文、土壤、农作物状况等数据进行及时的采集、存储、处理,编制出适合作物需水状况的短期灌溉用水实施计划,及时作出来水预报及灌溉预报。一旦来水、用水信息发生变化,可以迅速修正用水计划,并通过安装在灌溉系统上的测控设备及时测量和控制用水量,做到按计划配水,实现水资源的合理配置和灌溉系统的优化调度,使有限的水资源获得最大效益。

据专家预测,21 世纪中叶以前,我国城市化水平可达到 60%,城市人口将增加到 9.6 亿人左右,工业、生活用水将占总用水量的近 50%。城市的迅速膨胀,工业、生活需水的不断增加必然对城市近郊农业用水造成严重威胁。如何保持城市近郊区农业的可持续发展,是农业节水中的重要研究内容。城郊区经济实力强,依托的科技力量雄厚,具备发展高新节水农业的有利条件。要首先发展现代化农业节水产业园区,实现高投入、高产出,将工业自动化的管理技术引入传统的农业管理,将灌溉节水技术、农作物栽培技术有机结合,通过计算机程序实现水、肥、环境因子的模拟优化,灌溉节水、作物生理、水肥耦合、温度、湿度等技术控制指标的逼近控制,实现现代化的农业节水管理。

第二节　农业水资源的特点

一、水资源总体贫乏,缺水严重

据水利部有关资料,我国平均年降水总量 61 890 亿 m^3,折合降水深 648 mm,低于全球陆地平均降水量约 20%。全国多年平均河川径流总量 27 115 亿 m^3,折合径流深 284 mm。全国多年年平均地下水资源量 8 288 亿 m^3,其中山丘区地下水资源量为 6 762 亿 m^3,平原区为 1 874 亿 m^3,山区与平原区地下水的重复交换量约 348 亿 m^3。扣除地表水和地下水相互转化的重复量 7 279 亿 m^3,我国水资源总量约 28 124 亿 m^3,居世界第四位(见表 1-1)。然而我国人口居世界之首,每人每年占有水资源只有 2 200 m^3,是世界人均占有量的 1/4。我国耕地每公顷平均占有水资源量 21 622 m^3,相当于世界平均每公顷耕地占有量的 1/2 左右,可见我国人均、单位耕地面积的水资源量并不丰富,在世界上属于贫水国家。

表 1-1　我国水资源量与国外部分国家对照表

国家	水资源量(亿 m^3)	排序	国家	水资源量(亿 m^3)	排序
巴西	69 500	1	印度尼西亚	25 300	5
俄罗斯	44 980	2	美国	24 780	6
加拿大	29 010	3	孟加拉国	23 570	7
中国	28 124	4	印度	20 850	8

注:来源于 1998 年世界资源报告。

山东省是我国水资源十分缺乏的省份之一,全省多年平均降水量为 676.5 mm,多年平均淡水资源总量 305.82 亿 m^3,仅占全国水资源总量的 1.1%。而山东省人口却占全国总人口的 7.1%,灌溉面积占全国有效灌溉面积的 7.4%。全省每公顷占有水资源量为

4 605 m³,仅为全国平均占有量的 21. 3% ;人均占有水资源量 344 m³,仅为全国人均占有量的 15. 6% ,在全国各省(市、区)中位居倒数第三位。远小于国际公认的维持一个地区经济社会发展必需的人均占有水资源量 1 000 m³ 的临界值,属于人均占有量小于500 m³ 的严重缺水地区。

二、国民经济发展迅速,农业用水危机加大

20 世纪 80 年代以来,随着城市建设、工农业发展和人口的增长,水资源供需矛盾日趋突出。20 世纪末,我国已实现社会主义建设的第二步战略目标,人民生活基本达到了小康水平。21 世纪中叶,我国将实现社会主义建设的第三步战略目标,人民生活达到中等发达国家的水平。既要支撑社会经济的可持续高速发展,又要逐步改善生态环境,这是 21 世纪我国水利事业面临的巨大挑战。众所周知,农业是我国的用水大户,1949 年农村用水量 1 001 亿 m³,占全国总用水量的 97. 1% ,其中农业灌溉用水量 907 亿 m³,占全国用水量的 88% ;1997 年农村用水量 4 197 亿 m³,占全国总用水量的 75. 4% ,其中农业灌溉用水量 3 920 亿 m³,占全国总用水量的 70. 4% 。农业用水所占比重虽有所下降,但仍然很高,为了适应社会经济的发展,我国用水结构必须进行大的调整,提高第二产业、第三产业的用水比重,压缩农业用水量,目前全国许多大、中型水库已由原来的以农业供水为主转向以城市生活和工业供水为主。一方面农业水资源减少,另一方面还要满足粮食发展的需求,我国 21 世纪初期农业发展的目标要求在农业用水量 4 000 亿 ~4 200 亿 m³ 前提下,满足 16 亿人口粮食需求,可见农业用水危机日趋严重。

山东省是我国的农业大省,改革开放 20 多年来,工农业生产迅速发展,城镇建设发展加快,城乡人民生活不断提高。山东省粮食产量占全国的 10% ,国内生产总值占全国的 9. 3% 。截至 2000 年,工业用水量比 1986 年增加 6. 67 倍,生活用水量增加了 20 倍。国民经济迅速发展的同时也加剧了水资源的供需矛盾。目前,全省 32 座大型水库中有 20 座水库由农业用水转向城市供水,胶东半岛地区尤为突出,农业用水面临严峻的形势,胶东半岛的农业因缺水灌溉,大面积减产现象时有发生,沿海、内陆地区井灌区地下水超采,沿海海水入侵面积不断扩大,全省海水入侵面积已超过 1 000 km²,内陆地区漏斗面积达 1. 75 万 km²。沿黄地区也由于黄河断流造成农业大面积减产,全省农业用水面临严峻挑战,农业的稳步发展面临严重危机。

三、农业用水工程标准低,技术比较落后,灌溉用水浪费

随着全球性水资源供需矛盾的日益加剧,世界各国,特别是发达国家都把农业高效用水列为农业发展的重要任务。

国外农业发展情况大致可分为四种类型。一种是以美国、澳大利亚等西方发达国家为代表的经济发达、水资源比较丰富的国家;一种是以以色列为代表的经济发达、水资源紧缺的国家;一种是经济不发达、水资源比较丰富的发展中国家;第四种是以中国、印度为代表的经济欠发达而水资源紧缺的国家。由于各国经济、水资源及管理方式的不同,农业节水发展进程也有差别。

首先对比分析国内外的用水情况,由表 1-2 数据可分析出以下结论:中国、美国水资

源开发率分别为 19.8%、18.8%；以色列水资源开发率已达到 95%，利用程度之高，世界上绝无仅有；印度水资源开发利用率达到 29%。除美国农业用水占总用水量的 42%，其他国家农业用水量占 72%~83%，单位国民经济生产总值耗水量，中国是美国的 13 倍，是澳大利亚的 19 倍，是以色列的 38 倍，是印度的 1/2。中国目前仍处于水资源消耗的发展阶段，主要表现在农业上，印度农业用水则更加浪费。

表 1-2　各国用水量与用水结构对比

国家	总用量 （km³/a）	人均用水量 （m³/(人·a)）	水资源开 发利用率 （%）	单位 GDP 用水量 （m³/万元）	占总用水量（%）			
					农业	工业	生活	其他
中国	556.6	458	19.8	1 041	75.3	20.2	4.5	
印度	605	630	29	2 448	83	3.3	5	8.7
以色列	1.9	328	95	27	72	5	16	7
美国	467	1 719	18.8	80	42	46	12	
澳大利亚	14.6	800	4.3	54	73	2	25	

注：数据来源于 ICID《Watersave Scenario》、FAO 数据库（1997）、《中国可持续发展水资源战略研究》。

发达国家人均农业产值均在 5 000 美元以上，是中国人均产值的 40 倍以上，是印度的 60 倍以上。其中重要原因是发达国家种植结构中粮食作物所占比例仅 21.8%~35.1%，另外人口少也是主要原因。发达国家单位农业生产值耗水量 0.4~1.39 m³/美元，而中国是 2.44 m³/美元，印度更高；中国灌溉水粮食产出效率为 1.0 kg/m³ 左右，印度为 0.4 kg/m³，而以色列为 2.3 kg/m³，可见农业灌溉工程标准低、技术比较落后，灌溉用水浪费。

四、农业用水技术的发展

（一）国外农业用水技术的发展

发达国家农业用水工程是世界一流的高标准工程。如美国，采用喷灌技术、激光平整土地等先进的高标准节水工程，喷灌面积占有效灌溉面积的 45% 以上，先进的沟畦灌占地面灌溉面积的 80% 以上，采用激光平整土地面积占地面灌溉面积的 30%，农业现代化水平高，节水灌溉技术含量高。以色列采用高效的输水方式和省水的现代化灌溉技术，园艺作物和经济作物（果树）种植面积大，微灌占有效灌溉面积的 75%、喷灌占 25%，主要是采用现代化控制技术、工厂化生产模式。以色列的北水南调工程利用地下管道把各区域性供水系统通过泵站与国家输水工程连成整体，形成了统一调度、联合运用的巨大管网。苏联的喷灌面积也发展到占总灌溉面积的 40% 以上。德国、英国、奥地利、日本等旱地灌溉面积的 80% 以上采用喷灌，日本的灌区干管输水工程全部衬砌，配套完善，大部分采用了自动化控制技术。中国的喷灌、微灌灌溉面积仅占总灌溉面积的 3% 左右，印度喷灌、微灌面积占总灌溉面积的 1.6%。

在灌溉用水管理方面，以色列和美国都是借助先进的田间土壤监测、灌溉预报、气象自动监测等技术为用水者提供准确的灌溉信息。在园艺作物种植地区，采用自动控制技术,实施水肥同步协调控制。采用计算机、电测、遥感等技术实行灌溉管理自动化是发达国家节水管理技术的发展方向。在美国,大型灌区都有调度中心,实行自动化管理;许多灌区还采用卫星遥感技术,进行灌溉用水量估算。日本新建和改建的灌区大多从渠首到各分水点都安装有遥测遥控装置,中央管理所集中检测并发布指令,遥控闸门、水泵的启闭,进行分水和配水。以色列不论大小灌区,全部采用自动化控制,在灌溉季节前编好程序,灌水时按程序自动灌水。

研究农业经济用水和建立灌溉用水信息管理系统已成为一些国家关注的领域,利用以计算机为中心的现代化信息技术和优化方法,及时准确地采集、传输、存取和加工处理水资源信息,为管理部门提供用水决策和选择最佳运行方案。如美国加州 CIMIS 灌溉管理信息系统,包括由设在重点农业区的 70 多个气象站组成的网络,每个站的观测数据在每晚自动传输到水资源局计算中心,中心将得到的信息加工处理后存入 CIMIS 数据库,提供给各气象站使用。

(二)我国农业用水技术的发展

近年来,党中央、国务院对农业高效用水也高度重视,党的十五届三中全会强调指出:"把推广节水灌溉作为一项革命性措施来抓,大幅度提高水的利用率,努力扩大农田有效灌溉面积。"江泽民同志 1999 年指出:"当前要把节约用水作为一项紧迫的首要任务抓紧抓好,改变大面积漫灌这种粗放式的耕作方式,实现农业集约式发展。"温家宝同志 1999 年指出:"发展节水农业是灌溉领域一次全面、深刻的变革,是我国传统农业向现代化农业转变的重大战略举措。"在各级政府的大力支持下,经过多年的实践和探索,我国在农业节水灌溉技术的研究、节水灌溉设备的开发和生产、节水灌溉工程的示范推广、节水灌溉技术服务体系的建立等方面做了大量工作,积累了一定的经验,初步形成了具有中国特色、适合国情的节水灌溉模式和技术推广服务体系。

虽然农业节水取得了较好的成绩,但仍存在一些问题需要解决,大型灌区老化失修,特别是骨干工程老化失修的趋势没有得到根本扭转,许多工程带病运行,输水能力下降,不能正常地发挥效益;农业节水政策法规不健全。节水灌溉方面的政策、法规和规章制度建设相对滞后,农业灌溉用水管理体制不适应市场机制的要求;农业灌溉水价偏低难以发挥价格杠杆的作用,不利于农业节水技术的推广;农业节水投入机制未理顺,缺少稳定的投入渠道,远不能满足节水灌溉的发展需要;节水灌溉设备的生产规模和产品质量还不能完全满足节水灌溉的发展需要;节水灌溉设备的技术监督和质量检测工作亟待加强;节水灌溉制度的研究和应用仍是薄弱环节;认识不到位,我国水资源短缺的严重性,水资源对生态环境、国民经济和社会发展造成的影响还远未引起人们的足够重视。

(三)山东省农业节水技术的发展

20 多年来,山东省农业节水方面取得了显著成效,特别是近 10 年来,农业用水总量变化很小,灌溉定额呈递减趋势,全省农业节水的格局基本形成。胶东半岛已经建立了以高效节水工程为主,面向经济作物的农业高效用水区。全省井灌区基本实现了标准化畦田地面灌溉与低压管道输水相结合的节水灌溉方式。引黄灌区正在向黄河水与地下水联合运用、分级供水、按方收费的方向发展,引黄补源、以井保丰、井渠结合的农业用水模式已发挥出显著节水增产效益。全省已发展到 5 个百万亩节水示范区、6 个节水示范市、25

个全国节水增产重点县。大中型灌区的续建配套工程正在全面完善建设,城郊区现代化农业节水示范区发展迅速,全省单一工程节水的格局正在向工程节水与农艺节水、管理节水相结合的综合节水方向发展。21世纪初山东省国民经济发展的总体规划要求:工业发展速度要迅速提高,城市化发展要加快,城乡生活水平不断提高,生态环境进一步改善,因此水资源需求量还要加大。山东省开源增加水资源的难度越来越大,解决水资源供需矛盾的关键之一就是实现全省农业的全面高效用水,使农业用水实现零增长。虽然山东省农业节水的发展水平处于国内领先地位,但与国际先进水平相比差距较大。全省灌溉水利用系数不到0.6,粮食水分生产率仅1.0 kg/m³左右,农业节水还有较大的潜力。农业用水的挑战与机遇并存。目前,山东省农业节水面临着许多亟待解决的问题:一是全民对农业节水的重要性仍然认识不足,一些地方只注重建设形象工程,不考虑实际需要,不考虑节水效益,不重视节水管理,以至于节水工程不能很好地发挥效益;二是农业节水体制未理顺,缺乏长期稳定的投入渠道,农业节水关系到国民经济持续发展和水资源可持续利用,农业节水向城市提供了供水保障,促进了工业与城市的发展以及生态环境的改善,对此,一些人却不能从国民经济可持续发展高度去认识农业节水的重要意义,仍认为农民群众是节水投入的主体;三是由于对农业节水投入力度不够,农业节水工程标准不高,目前全省节水灌溉面积仅占有效灌溉面积的34%,灌溉水平难以提高;四是促进农业节水的法规政策及有效管理体系尚未形成,缺乏农业高效用水的约束机制,农业的高效用水难以实现;五是缺乏农业节水综合技术体系的支撑,影响了全省农业节水向更高层次发展。以上问题制约了山东省农业节水的快速发展,制约了农业水资源的可持续高效利用,正因为如此,才必须应用推广现代化的农业水资源管理技术。

第三节　农业水资源现代化管理技术

农业用水现代化的管理技术是遵循"资源水利——人与自然和谐相处"的原则,运用现代先进的科学技术和管理手段,充分发挥水资源多功能作用,不断提高水资源利用效率,改善水环境和生态,以实现水资源的可持续发展来保障经济社会的可持续发展,为之进行的水事活动所有动态过程、结果和特点。其基本特征为:一是实现水资源可持续利用;二是建立节水防污型社会;三是恢复和建设良好的水生态系统;四是实现水资源的优化配置;五是坚持体制、机制和科技创新。

现代化标准是衡量农业用水管理现代化水平的核心问题,至今还没有形成统一的客观评价标准体系,由于现代化是一个动态发展过程,则客观的现代化标准体系也只能在农业用水管理现代化发展过程中不断加以总结和完善,现阶段综合水利部、广东、江苏及山东等地的研究成果,本书对农业用水管理现代化标准提出如下几条:①区域农业用水高保证率的水资源配置体系;②高质量的水环境保护体系;③建立起广泛性的节水型农业产业结构体系;④高效统一的农业水资源管理运行机制;⑤建立完善的具有自主知识产权的前沿性水利科学技术及支撑服务体系;⑥形成完善的水管政策法规体系和执法体系;⑦建立一支综合素质高的水利管理人才队伍。

围绕农业用水管理现代化的评价标准,农业水资源的现代化管理主要体现在以下几个方面：

(1)农业用水的区域优化配置。

(2)区域地表水、地下水的联合调度。

(3)现代化节水高效的灌溉制度。

(4)提高农业用水效率的运行管理机制。

(5)区域农业用水的水价体系。

(6)农业水资源的信息化现代管理技术。

第二章 胶东半岛的基本概况

胶东半岛是山东半岛的一部分,也是我国面积最大的半岛,其轮廓总体近东西向,同时跨越渤海、黄海两大海域,西北部濒临渤海,主体向东伸入黄海。自然地理上的胶东半岛,最东端的成山角是北黄海与南黄海分界线的西端点,胶莱河、大沽河及二者间的废弃运河一线为其西界,面积约 39 000 km² (见图 2-1)。它地处华夏系第二隆起带,是完整的构造上升单元,与其两侧的凹陷区形成鲜明的对比。胶东半岛北接东北温带,西南通过苏北与亚热带为邻。其所处的经纬度位置,从最西的胶莱河口到最东的成山角,经度由 119°34′E 到 122°39′E;从最南的青岛市到最北的蓬莱市,纬度为 36°03′N 到 37°50′N。

为保证行政区域的完整性,本书所指的胶东半岛,其行政范围包括青岛、烟台和威海三个地级市,其中,青岛市是胶东半岛最大的经济中心城市,辖 7 区和莱西、平度、即墨、胶州、胶南等 5 市,总面积 1.1 万 km²;烟台市辖 4 区和招远、蓬莱、栖霞、海阳、龙口、莱阳、莱州、长岛等 8 个县、市,总面积 1.4 万 km²;威海市辖 1 区和乳山、荣成、文登等 3 市,总面积 5 436 km² (见图 2-1)。

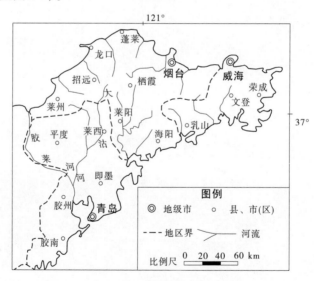

图 2-1 胶东半岛位置及行政区划示意图

第一节 自然条件

一、地形地貌

胶东半岛震旦系和前震旦系片麻岩和片岩等深变质结晶岩广泛出露,是一个长期缓慢抬升、遭受侵蚀的陆块。因此,该区总体上以低山丘陵为特征,根据不同地区具体的形态差异和构造基础,可以划分出胶东半岛北部低山丘陵区、黄(县)掖(县)滨海断陷平原区、胶莱断陷平原丘陵区、崂山断块中山丘陵区等四个地貌分区。

胶东半岛地貌的宏观特征决定了沿海海岸线曲折,以基岩—港湾式海岸为主的特点,在波浪作用为主的海岸地貌发育过程中,发育了一系列典型的海岸地貌类型。胶东半岛海岸的大部分地区为基岩海岸,在某些岸段,由于物质来源丰富,在基岩岸段的前缘又形成了新的海岸堆积体,形成了另一些海岸类型。如胶东半岛北岸,地质基础为基岩型海岸,但那里又处于迎风面,多形成宽阔的沙质海岸。而烟台湾、威海湾、套于湾等地为开口较大的海湾,湾口有海岬或小半岛的保护,物质来源贫乏,又经常受到波浪的冲击,从而继续保持着基岩海岸的特征。胶东半岛南部沿岸相当于南黄海的西北部,那里的海岸可分为沙坝—潟湖型海岸和港湾型海岸两种,荣成城厢链状潟湖区、白沙口、丁字湾、马河港等地的海岸属于沙坝—潟湖型海岸。荣成湾、桑沟湾、石岛湾、五垒湾、乳山湾、丁字湾、崂山湾、胶州湾、灵山湾等属于港湾型海岸。有的海湾甚至为两侧的小半岛或海岬所对峙,湾顶分汊向内地深入,呈浅湾溺谷状,使胶东半岛的海岸类型更加复杂多样。

根据沿海地区地貌过程及形态的一致性原则,可将该地区沿海地貌分为基岩侵蚀海岸、黄土侵蚀海岸、砂质侵蚀海岸、河口砂质堆积海岸、港湾砂泥质堆积海岸、侵蚀山地、侵蚀丘陵、侵蚀台地、冲积平原、冲积海积平原等类型。其中基岩侵蚀海岸见于沿海各种岬角;黄土侵蚀海岸集中分布在蓬莱以西沿岸;砂质侵蚀海岸见于沿海开阔港湾;河口砂质堆积海岸主要分布在各入海河流的河口;港湾砂泥质堆积海岸在深入内陆较远的海湾之内;冲积平原和冲积海积平原见于各大河两岸和入海河口附近。

二、气候特征

胶东半岛处于华北东端,属暖温带大陆性季风气候,由于濒临海洋,加上以低山丘陵为主的地势特点,气候特征在宏观上与华北地区一致的基础上,又表现出降水量较丰沛、冬暖夏凉的海洋性气候色彩。

胶东半岛年平均降水量为 600～900 mm。本区降水主要来自东南季风,年均降水总量的分布总体上呈东南向西北递减的趋势。胶东半岛南部海岸呈 NE 向展布,半岛山地以 NE 走向为主,与东南季风近似垂直,有利于降水的形成,降水量一般在 750 mm 以上。北部沿岸处于东南季风的背风向,降水相对较少,一般在 600 mm 左右。如烟台为 690 mm,蓬莱为 626 mm。胶东半岛的崂山和昆嵛山为两个多雨中心,年均降水量在 800 mm 以上。

胶东半岛冬季最冷月气温为 −4～−1 ℃,夏季最热月气温一般为 23～26 ℃,极端最高温约 38 ℃,10 ℃以上活动积温为 3 800～4 100 ℃。凉爽宜人,极少出现高温天气。年均相对湿度在 70%以上。半岛东侧南部沿海 4～7 月多海雾,年均雾日 30～50 天。

胶东半岛冬季受蒙古冷高压控制,盛行寒冷的偏北风,夏季主要受西太平洋副热带高压的影响,盛行暖湿的东南季风。季风的风向季节交替变化,不仅对这一区域气温和降水产生深远影响,而且对海面风浪的形成起主要作用。受海陆轮廓和地形的影响,不同区域在不同季节盛行的风向和风速有较大差别。1 月盛行风向除烟台为南西西(14%)、掖县为南南西(12%)以外,各地均为北、西北、北北西等风向。7 月半岛盛行风向全部为偏南风,南风频率为 15 %～25 %,偏南风频率达 45 %～60 %。其年均风速一般在 4～6

m/s,较内陆地区的 3 m/s 略大。

三、土壤与植被

胶东半岛地带性土壤为典型棕色森林土(俗称山东棕壤),一般分布在缓坡地和排水良好的平地,多已辟为农田和果园,发育成熟化的耕作土。低山丘陵中上部残积、坡积物上的粗骨棕壤土层浅薄,质地较粗,多种植花生、甘薯等作物。半岛的果树栽培以苹果、梨、葡萄为主,著名者有烟台苹果、莱阳茌梨、平度大泽山葡萄。

在中国植被分区中,胶东半岛地带性植被属暖温带落叶阔叶林区。现代植被不仅受气候、地形、土壤等自然地理条件及历史自然地理条件的制约,更深受人类经济活动的影响。人类长期活动的深刻影响,使胶东半岛的原始天然植被产生了巨大变化。从植被的现状来看,自然植被以次生、混生的类型为主,人工植被则类型多样,分布广泛。其中麻栎林是半岛最有代表性的地带性植被类型之一,是分布最广、面积最大的落叶栎林,多见于阳坡,垂直分布可达 1 000 m 左右,林下有时出现常绿、半常绿植物,如山胡椒、扶芳藤、络石等。此外,栓皮栎林也较为常见,人工林仅分布在崂山和昆嵛山等山地的阴坡上部。

除了落叶阔叶林,还有针叶林、针叶落叶阔叶混交林、灌木丛及灌草丛、草甸沼泽与盐生沙生植被、农业植被等。胶东半岛的针叶林以赤松林为主,针叶落叶阔叶混交林主要是赤松栎林。灌木丛的主要建群种有盐肤木、白檀、化香、刚竹等,灌草丛则以荆条、酸枣、黄背草群落为主。在地理位置上,胶东半岛南与江淮北亚热带为邻,随地质时期的环境变迁而发生的植被迁移,使得本区植物区系的组成多样化,并显示出过渡性的特点。具体表现在暖温带植物成分中分布有热带、亚热带的植物成分。如常绿、半常绿的亚热带植物红楠、山茶、枳、络石、山胡椒、扶芳藤等以及落叶的亚热带植物化香树、黄檀、木通、泡花树、苦木等种类在胶东半岛较为常见。在人类活动中,外来品种的引进与栽培,也使得本区植物种类更加丰富。在胶东半岛南部,有从我国南方引进的马尾松、杉、水杉、毛竹以及茶等,法国梧桐、苹果、棉花、葡萄等来自国外的植物种类,作为用材林、果园林、农田作物或观赏植物,在胶东半岛有较广泛的分布。

四、水资源开发利用状况

在区域社会经济—水资源—生态环境的复合大系统中,水资源量是有限的,并且维系着社会经济和生态环境共同发展。正常情况下,生态用水可以由自然界的水循环自行完成,但是如果人类对自然界的干扰和作用强度超出自然生态系统的承受能力,自然界原有的水循环被打乱,生态用水安全将面临严峻挑战。因此,在水资源对社会经济发挥主导作用的地区,如果过度开发利用水资源去促进社会经济的快速发展,一方面挤占了生态环境用水,不利于生态环境的发展;另一方面因社会经济各类用水量的增加,必然导致各类污染物和废污水排放量的增加,污染水环境,不利于水资源的可持续利用,最终不利于社会经济的进一步发展。

胶东半岛的河流多发源于半岛的低山丘陵,除了胶莱河为平原型河流,其他均属季节性的山溪型河流,其长度均在 200 km 以下,具有源短流急的特点。半岛的河川径流主要受降水补给,季节性变化十分明显。据大沽夹河、大沽河和五龙河的径流量年内分配资料统计,全年径流量的80%以上集中在汛期(6~9月),其中7月、8月份就集中了60%以上,枯水期的8个月内径流量只占年径流量的15%左右。

胶东半岛由于经济发展迅速,因而需要的水资源量加大。但是由于水资源总量较少,因此开发利用程度高,开发利用系数已经达到52.54%,是全省比较高的地区。在供水量中,地下水占了相当大的比重。如烟台市和全区的供水量都以地下水为主,地下水利用量占总供水量的50%左右。过量开采地下水引发了严重的生态环境灾害。另外,各地市还加强了对污水和海水的利用量,代替了大量的清洁淡水。按人均供水量计算,全区平均为256.2 m³/人,比全省人均量低15.4%,仅为全国人均的45.8%。

在用水结构方面,胶东半岛的农业用水量最大,占总用水量的43.68%。工业用水量占29.43%,生活用水量占26.9%。用水效益和节水成绩处于全国领先水平。全区万元GDP耗水量为72.53 m³,为全国平均的13.5%;万元工业产值耗水量,胶东半岛平均为13.72 m³,为全国平均的5.7%;在农业用水方面,胶东半岛的节水水平也居全国前列,全区平均灌溉水量为全国平均水平的25.9%。

五、社会经济状况

胶东半岛经济开发较早。公元前8世纪的春秋时代,渔盐业已逐步发展。战国时代,冶铁业和丝麻纺织已有较高水平。汉代成为著名的东方谷仓。唐代登州、莱州是对外交往的重要港口。鸦片战争以后经济畸形发展,青岛、威海先后被德国和英国割占。1949年以后,半岛地区优势条件才得以发挥,成为全国著名的花生、果品、水产品和柞蚕丝生产基地。

改革开放以后,胶东半岛利用其优越的地理位置,积极发展,经济社会全面进步,成为山东省的发达地区、环渤海经济圈的“小明珠”。据2006年统计,该区域人口占山东省总量的17.7%,土地面积占全省的19.2%,GDP总量却占全省的31.9%,是山东省经济发展的重心区,见表2-1。

表2-1　胶东半岛各市地基本概况

市地名称	总人口(万人)	土地面积(km²)	GDP总量(亿元)	人均GDP
青岛市	749.4	10 922	3 206.6	42 790
烟台市	650.0	13 746	2 402.1	36 957
威海市	249.1	5 436	1 368.5	54 941
胶东半岛	1 648.5	30 104	6 977.2	42 326
山东省	9 309	156 700	21 846.7	23 546

注:资料引自各市2006年统计公报。

胶东半岛以青岛、烟台、威海为主体,作为一个经济板块统一规划和建设,表2-2和表2-3分别是胶东半岛主要的城市人均收入及经济指标状况。

(1)城乡生产力发展已有相当水平,而且城乡发展差距不大。表2-2中的数据显示,2006年青岛、烟台、威海三市城市人均可支配收入分别为15 328元、14 374元和13 975元;同年,三市农民人均纯收入分别为6 546元、6 072元和6 842元。总体上讲,青岛、烟台、威海三市的生产力水平低于长三角和珠三角,但也达到相当水平,属于较为发达的地区。就城乡居民收入之比看,青岛、烟台、威海三市分别为2.34、2.37和2.04。而同年长三角的宁波市的城乡收入比为2.22,珠三角的广州市的城乡收入比为2.55。显然,胶东半岛的城乡收入差距小于长三角和珠三角。这对于实现城乡一体化是有利的。

表2-2　胶东半岛各城市收入及其与其他城市比较

市地名称	城市年人均可支配收入 (元)	农民人均纯收入(元)	城乡收入比
青岛市	15 328	6 546	2.34
烟台市	14 374	6 072	2.37
威海市	13 975	6 842	2.04
宁波市	19 674	8 847	2.22
广州市	19 851	7 788	2.55

注:资料引自各市2006年统计公报。

表2-3　胶东半岛各城市经济指标　　　　　　　　　　(单位:亿元)

市地名称	地区 生产总值	地方 财政收入	金融机构 存款余额	工业增加值	社会消费品 零售总额
青岛市	3 206.6	225.8	3 401.5	1 527.5	1 006.7
烟台市	2 402.1	112.4	1 913.6	1 336.3	698.0
威海市	1 368.5	70.1	854.3	837.0	331.2
胶东半岛	6 977.2	408.3	6 169.4	3 700.8	2 035.9

注:资料引自各市2006年统计公报。

　(2)各市经济发展均衡。首先,如表2-1所示人均GDP来看,青岛、烟台、威海人均分别为42 790元、36 957元和54 941元,都明显高于山东省的平均水平23 546元,属于山东发达地区。其次,从工业化水平看,青岛、烟台、威海三市的工业化水平非常接近。第二产业增加值与第一产业增加值之比是国际上通用来表示一个国家或地区工业化程度的指标,它的值越高,所表示的工业化程度就越高。由表2-4可知,青岛、烟台、威海各市第二产业增加值与第一产业增加值之比分别为9.12、6.77和7.29,对照国际上通用的工业化指标,烟台、威海处于典型的工业化中期阶段,青岛处于由工业化中期向后期过渡的阶段,可以认为,各市的工业化水平接近。再次,青岛、烟台、威海三市经济的外向度较高,比较明显地表现出外向型经济的特点。

表2-4　胶东半岛2006年各城市产值部门构成

市地名称	第一产业增加值(亿元)	第二产业增加值(亿元)	第二与第一产业增加值之比
青岛市	183.95	1 677.17	9.12
烟台市	216.01	1 462.23	6.77
威海市	116.58	849.59	7.29

注:资料引自各市2006年统计公报。

第二节　胶东半岛农业水资源的应用现状

一、胶东半岛水资源贫乏,缺水严重

(一)降水

大气降水是地表水、土壤水和地下水的主要补给来源。一个区域降水量大小及其时空变化特征对该区域水资源量大小及时空变化特征具有极大的影响。胶东半岛地区各市地年降水量情况见表2-5。

表2-5　胶东半岛地区各市地年降水量

市地名称	采用面积（km²）	多年平均		变差系数 C_v	不同保证率年降水量（mm）			
		年降水量（mm）	年降水总量（亿 m³）		20%	50%	75%	95%
青岛市	10 837	696.2	75.5	0.30	863.3	675.3	546.5	392.0
烟台市	13 481	690.7	93.1	0.25	830.2	676.2	568.4	433.1
威海市	5 427	784.4	42.6	0.25	942.8	767.9	645.6	491.8
胶东半岛	29 745	723.8	211.2	0.27	878.8	706.5	586.8	439.0

注:资料引自《山东水利》,1997。

由表2-5中可知,胶东半岛多年平均年降水量为723.8 mm,相应的年降水总量为211.2亿 m³。年降水量地区分布具有自南向北递减的纬度地带性和自西向东递减的经度地带性,纬度地带性和经度地带性决定了年降水量地区分布具有自东南部向西北部递减的总趋势。降水量年内分配不均,降水年均相对变率约20%,主要集中于夏季,其降水量占全年降水总量的62.6%,春季(3~5月)、秋季(9~11月)也有一定的降水,分别占13.0%和19.4%,冬季降水量仅占5.0%左右,具有春旱、夏涝、晚秋又旱的气象特点。降水量年际变化大,以龙口市为例,1964年全市平均降水量1 046.2 mm,1989年仅为329.4 mm,极差为716.8 mm。

(二)地表水资源

地表水资源量是指河流、湖泊、水库等地表水体的动态水量,即天然河川径流量,它是在径流形成过程中基本上未受到人类活动措施(主要是水工程措施)影响的“天然状态下”的河川径流量。胶东半岛地区各市地年径流量(即地表水资源量)情况见表2-6。

表2-6　胶东半岛各市地年径流量

市地名称	多年平均		变差系数 C_v	不同保证率年径流量（亿 m³）			
	年径流深（mm）	年径流量（亿 m³）		20%	50%	75%	95%
青岛市	178.1	19.3	0.82	29.9	15.2	7.76	2.24
烟台市	195.8	26.4	0.64	38.6	22.9	14.0	5.89
威海市	272.7	14.8	0.62	21.5	13.0	8.07	3.54
胶东半岛	215.5	60.5	0.69	90.0	51.1	29.8	11.7

注:资料引自《山东水利》,1997。

由表2-6中可知,胶东半岛多年平均年径流量为60.5亿 m³,相应的年径流深为215.5 mm。年径流深地区分布的总趋势和降水分布相似,也是自东南部向西北部递减。河川年径流量的多年变化幅度比年降水量大得多,年径流量变差系数 C_v 一般为0.60~0.90。河川径流量年内变化剧烈,汛期洪水暴涨暴落,容易形成水灾,枯水期河川径流量很小,甚至断流,水资源严重不足。河川径流高度集中在汛期这一特点,给水资源的开发利用增加了不少困难。

(三)地下水资源

地下水资源的分布受地形、地貌、水文气象和水文地质条件等因素的影响,胶东半岛地区各市地多年平均地下水资源量分布情况见表2-7。

表2-7　胶东半岛各市地多年平均地下水资源量

市地名称	山丘区		平原区			合计		
	计算面积 (km²)	地下水 资源量 (亿 m³)	计算面积 (km²)	地下水 资源量 (亿 m³)	与山丘区 重复水量 (亿 m³)	计算面积 (km²)	地下水 资源量 (亿 m³)	地下水 资源模数 (万 m³/km²)
青岛市	8 656.1	5.06	2 180.9	2.37	0.23	10 837.0	7.20	6.64
烟台市	11 886.4	7.12	1 532.6	2.39	0.47	13 419.0	9.04	6.74
威海市	5 427.0	4.07				5 427.0	4.07	7.50
胶东半岛	25 969.5	16.25	3 713.5	4.76	0.70	29 683.0	20.31	6.84

注:资料引自《山东水利》,1997。

由表2-7中可知,胶东半岛多年平均地下水资源模数为6.84万 m³/km²,各市地多年平均地下水资源模数均在8.0万 m³/km² 以下,而青岛市最小,仅为6.64万 m³/km²,地下水资源严重不足。

(四)水资源总量

一个区域的水资源总量为该区域内地表水资源量加上地下水资源量再扣除两者之间相互转化的重复水量。地表水资源量和地下水资源量之间的重复计算水量,山丘区为河川基流量,平原区为地表水体渗漏补给量和平原区降水形成的河川基流量,胶东半岛各市地多年平均水资源总量分布情况见表2-8。

表2-8　胶东半岛各市地多年平均水资源总量(淡水)

市地名称	地表水资源量 (亿 m³)	地下水资源量 (亿 m³)	地表水与地下水 重复计算水量 (亿 m³)	多年平均 水资源总量 (亿 m³)	总水资源模数 (万 m³/km²)
青岛市	19.3	7.20	5.30	21.2	19.6
烟台市	26.4	9.04	6.31	29.1	21.6
威海市	14.8	4.07	3.93	14.9	27.5
胶东半岛	60.5	20.31	15.54	65.2	22.0

注:资料引自《山东水利》,1997。

由表2-8中可知,胶东半岛多年平均水资源总量为65.2亿 m³,其相应的总水资源模数为22.0万 m³/km²。而水资源可利用量是指保证率50%(平水年)的地表水可利用量与多年平均地下水可利用量相加,扣除地表水和地下水之间相互转化的重复计算可利用量,经计算,胶东半岛水资源可利用总量仅为 15.85 亿 m^3。

总之,胶东半岛属于半干旱半湿润的暖温带季风气候区,多年年均降水量在 700 mm 左右,由于地处山东半岛东端,内无大江大河,也没有大的客水入境,所以淡水资源相当贫乏。胶东半岛三市与山东、全国的水资源量比较,即使是水资源情况最好的威海市,人均水资源量也只有全国水平的 1/3。根据 1993 年国际人口会议提出的标准,年人均水资源量低于 1 000 m^3 的为缺水地区,低于 500 m^3 的属于严重缺水地区。就整体而言,胶东半岛地区属于严重缺水地区,水资源总量不容乐观。

就水资源的构成来看,设 k 表示地表水资源量与地下水资源量之比。根据《2004 年中国水资源公报》和《山东年鉴》公布的相关数据计算得:全国的 k 值为 3.311,青岛、烟台、威海三市的 k 值分别为 2.666、1.962、2.716。胶东半岛地区的 k 值小于全国值,k 值越小,说明在水资源总量中地表水占的比重越小。但对地下水的过分依赖会导致超采地区形成漏斗区并使地面下沉等问题,在沿海地区还会引发海水入侵。优先使用地表水,保护一定量的地下水资源量,有助于保护水生态,而胶东半岛地区较小的地表水比重,直接导致在本就不多的水资源总量中,可利用的水资源量更少。

二、胶东半岛国民经济发展迅速,农业用水危机加大

胶东半岛地区是山东省经济最发达的区域,2006 年,青岛、烟台、威海三市 GDP 占全省 GDP 的 31.9%;进出口总值占全省进出口总值的 60% 以上;实际利用外商投资占全省总数的 69.2%。胶东半岛所具有的对外开放优势使其能够更好地吸引外资,拉升了全省的经济发展速度。

近 20 年来,由于工业与生活用水迅速增加,城市生活水平不断提高,水资源日趋紧缺。在胶东半岛沿海经济发达区,原来用于农业灌溉的大中型水源工程基本转向城市供水,农业用水受到严重影响;随着经济的发展和城市化进程的加快,农村劳动力逐渐向城市转移,农业灌溉只能依靠分散的小水源,灌溉保证率低,农业产量低而不稳,农业发展受到严重影响。

胶东半岛山前冲积扇一般流域面积较小,可利用的地表水、地下水匮乏,且无任何客水资源可供利用。尽管多年平均降水量在 700 mm 以上,但年际变化大(近 10 年平均 591 mm),年内分配不均,降水多集中在汛期。河道源短流急,拦蓄条件差,地表水不能充分利用,仅雨后短期内有水,灌溉需水季节却无水可用。可提取的浅层地下水动水位埋深 15 ~ 25 m,由于地处沿海,为防止海水倒灌,也必须限量开采;拦蓄利用地表水和截取浅层地下水的大口井(方塘)出水能力随季节变化,经常干涸;拦河坝只能拦蓄部分地面径流和潜流,抬高地下水位,供灌溉季节应用,但效益发挥不充分。

根据城区生活、生产用水发展要求,城镇用水集中、农业灌溉用水分散的特点,大中型水源地已基本转向为城区供水,农业灌溉只能依靠小水源供水,这种大水源服务于城市、小水源用于农业灌溉的宏观水资源配置,支持了城市的发展。由于农用水资源的大量减少,为了保持农业的稳定与发展,政府大力投资、积极鼓励兴建小水源,开发地下水资源,发展节水灌溉。然而,由于沿海区域水资源有限,无节制地开采地下水,挤占生态用水,致

使当地局部地下水资源枯竭,海咸水内侵,生态环境恶化。不仅如此,农业灌溉的分散管理难以使水资源合理配置,灌溉季节的争水抢水,导致农村生活与工副业用水困难,农业用水得不到保障,严重制约了当地农村经济的发展。

三、胶东半岛农业灌溉工程标准总体较低,管理技术比较落后

胶东半岛多年平均降水量在 700 mm 左右,是水资源严重紧缺的区域之一,常有"十年九旱"之说。如威海市环翠区现有各型水库 40 多座,塘坝 500 多个,机电井 400 多座,但因近几年降水逐年减少,全区地下水位下降严重,地上蓄水不足,年蓄水仅 4 535 万 m^3。蔬菜和果业生产是用水量较多的作物种类,一方面蔬菜和果园种植区水资源不足,限制了发展,另一方面普遍存在灌溉方式落后、大水漫灌现象,水资源利用率低。近年来,威海市各级政府非常重视节水农业的发展,微灌面积不断扩大,节水效果显著,水资源利用率大大提高。虽然如此,但普遍存在工程使用管理不当、水肥管理脱节问题,以致节水工程的作用没有得到充分发挥。

烟台市自 1993 年被水利部批准建设为全国第一个节水农业示范市以来,全面推进农业节水示范市建设,至 1998 年底,全市已累计发展管灌喷灌 18.67 万 hm^2、微灌 1 万 hm^2、渠道防渗控制面积 6.33 万 hm^2,农业节水面积达到 26 万 hm^2,占全市有效水浇地面积的 74%。粮田管灌、果园微灌和大棚膜下滴灌等节水技术已得到广泛应用。但由于以后相配套的管理机制和管理技术滞后,且部分农民的节水灌溉意识还没有真正形成,有些地区的农村虽然配置了节水灌溉设备,但农民嫌操作麻烦,节水设施闲置现象严重,实际利用率不高。

青岛市现有各型水库 480 多座,塘坝 3 800 座,拦河闸(坝)167 座,机井 7.3 万眼,总耕地面积 48.5 万 hm^2,灌溉面积为 33.52 万 hm^2,年农业灌溉用水量 5.2 亿 m^3 左右,约占全市用水总量的 56%。全市大型及中型水库灌区、井灌区一般年份的每公顷毛灌溉用水量分别为 4 500 m^3、3 150 m^3 和 2 700 m^3;大中型水库灌区的渠道防渗比例仅为 10% 和 25%,渠系水利用系数分别为 34.5% 和 43.2%。

因此,胶东半岛总体上农业灌溉工程标准较低,管理技术比较落后,节水潜力较大。

第三节　建立胶东半岛农业水资源现代化管理技术体系

胶东半岛区是山东省最缺水的地区,由于生活用水、工业用水量迅速增加,水资源供需矛盾尖锐,农民对农业高效用水技术的需求迫切,多年来在节水灌溉工程标准、技术水平、技术引进、工程规模等方面都处于全国的前列。山东省高标准节水灌溉面积绝大部分分布在该区,为该区的经济发展提供了一定支撑。

但胶东半岛发展到今天,在日益增长的经济和环境问题的压迫下,高效用水的思路已发生了巨大改变,传统的往往不惜以耗竭水资源、破坏生态环境的区域农业用水模式已被支撑区域经济可持续发展的节水农业模式所取代。合理开发利用配置农业水资源,通过工程、农艺、管理技术使农业水资源持续利用,从而改善农业所依存的环境和资源,提供人们对食品的基本需求,促进农村综合发展。现行的半岛节水农业发展模式在注重持续性

的同时,更加注重水资源的现代化管理,工程措施虽为管理措施发挥效益,为用水结构调整、水源合理运用提供了必要条件,而系统的管理措施则提升了工程措施的效力。因此,胶东半岛区农业水资源的利用与管理,必须紧紧结合胶东半岛区域经济的发展和当前农村粮田与经济作物、蔬菜、花卉等的产业调整,更加注重农业高效用水现代化管理技术。

一、突出区域水资源的优化配置利用

区域农业高效用水的核心是搞好水资源的优化配置,使水资源在整体上发挥最大的经济效益、社会效益和环境效益。水资源的优化配置利用包含了两个方面,一是在开发上实现水资源的优化配置,加强水源工程的建设,修建必要的区域拦蓄、调水、回灌补源工程,进行水资源的分配;二是在利用上实现水资源的优化配置,大力发展节水灌溉工程技术,充分利用天然降雨,发展雨养农业和旱地农业技术,进一步调整农业种植结构,实现水资源的优化利用。

二、集成应用节水农业的前沿技术

我国农业正处在从传统农业向现代农业转变的历史性革命时期。胶东半岛在工业走在全国前列的同时,必须积极探索农业现代化。农业现代化必然要求作为农业基础设施的农村水利相应地实现现代化,应用支持区域经济发展的节水农业前沿技术。需加大力度集成应用"吨粮田"、设施农业、特色农业等各种"两高一优"节水型农业,在不同区域因地制宜配套实施用水管理现代化技术,集成信息技术、计算机技术,建立区域水资源的优化配置、运行计量、监控等示范基地,形成现代节水技术控制应用平台。

三、形成经济发达缺水区合理的节水农业投入机制

现有节水农业机制在相当程度上阻滞了节水农业的迅速发展,节水农业效益是多方面的,农民节水增产是受益者。但实施节水措施后,节约出的水量可转化为工农业发展的水源和维持生态环境用水,所以受益主体应包括社会各个方面。胶东半岛为经济发达缺水地区,城乡和工农业争水矛盾尖锐,灌溉节水为城市和工业发展用水创造了条件,其意义重大。必须重新定位农业节水投入机制,形成谁投资、谁受益的原则。在充分挖掘现有投资渠道的基础上,拓宽投资来源,全社会应共同依法建立节水农业发展基金,多渠道采取"受益补农"的政策,受益工业应拿出一定利润返补农业,受益城市居民也要拿出部分收入返补农业。

四、建立适应市场经济可持续发展的用水管理机制

在胶东半岛等类似经济发达区,必须建立适应市场经济发展的可持续用水管理机制,以支持区域经济的可持续发展,以产权为中心,分层次、分类型建立农村水利的新体制、新机制。合理的水价体系是优化配置区域水资源的支撑,是加强水资源统一管理和宏观调控的措施。积极推进水价改革,探索合理的水价形成机制,制定区域农业水资源水价体系,引入丰枯季节差价或浮动价格机制;充分考虑地方经济发展的特色,科学分档、调算,以建立区域合理水价体系。

第三章　胶东半岛农业用水的区域优化配置

第一节　水资源优化配置的基本概念

一、水资源系统的特性

水资源系统是个复杂的大系统,它具有多水源、多用户、多目标和随机风险等特性。

(1)多水源特性。水资源系统的水源可分为地表水、地下水、降水和其他水源。地表水包括供水保证率较高的水库蓄水和供水保证率较低的河道径流等。其他水源包括客水、海水淡化、中水利用等。各水源之间相互联系,在一定条件下可以相互转化。按水源的可控性与否,水源可分为可控水源和不可控水源。可控水源包括地表水、地下水、客水、海水淡化、中水利用等,不可控水源包括降水等。

(2)多用户特性。从原有习惯和计算方便出发,需水用户可分为工业用水、生活用水(包括城市公共用水)、农业用水和生态环境用水四个部门。一般而言,工业用水和生活用水要求的保证率较高,主要水源为地表水中的水库蓄水、地下水、海水淡化和客水资源;农业用水和生态环境用水要求的保证率较低,上述所有水源都可向农业和生态环境供水。

(3)多目标特性。由于水资源系统运行策略的不同而具有不同的目标,包括最大经济效益目标、最大供水保证率目标等。

(4)随机风险特性。对于水资源主要依靠大气降水为补充水源的地区,由于区域降水的随机性,地表水、地下水、降水和其他水源都具有随机性,因此水资源系统规划和具体调度运行之间存在差异,具有一定的风险性。

二、水资源合理配置的必要性

水资源短缺是水资源合理配置的内在动力。由于水资源的天然时空分布与生产力布局不适应,地区间和各用水部门间存在很大的用水竞争,形成了水资源短缺现象。近年来的水资源开发利用方式导致许多生态环境问题,又进一步加剧了水资源短缺问题。水资源合理配置是解决区域水资源短缺的有效途径。

一般认为,水资源短缺可以划分为资源型缺水、水质型缺水和工程技术型缺水三种类型。资源型缺水是区域内水资源量有限,难以满足区域内人类社会经济的发展需要导致的缺水;水质型缺水是由于水质污染导致水资源水质及水环境恶化,从而减少了水资源的有效可利用量导致的缺水;工程技术型缺水是由于缺少引(供)水工程及污水净化工程,导致区域水资源难以满足发展要求所造成的缺水。本书认为水资源短缺除了上述三种类型,对我国现阶段而言,最重要的应是管理型缺水。众所周知,一些发达国家人均水资源拥有量并不比我们多,但由于他们管理水平高,同质同量水资源发挥的综合效益比我们明显偏高。因此,加强水资源管理是缓解水资源供需矛盾的重要途径,也应该说是目前最为省力效宏的手段。本书进行的研究工作则是水资源管理的主要组成部分之一,对于实现区域水资源的宏观与微观管理具有重要意义。

三、水资源优化配置的含义

水资源优化配置是指在流域或特定的区域范围内,遵循高效、公平和可持续的原则,通过各种工程与非工程措施,考虑市场经济的规律和资源配置准则,通过合理抑制需求、有效增加供水、积极保护生态环境等手段和措施,对多种可利用的水源在区域间和各用水部门间进行的调配,协调地区及用水部门间的利益矛盾,提高区域整体的用水效率和效益,促进水资源的可持续利用和社会经济的可持续发展。解决用水竞争性的配置方案多种多样,不同的解决方案又会导致不同的社会、经济、环境效益,因此水资源配置应是合理配置。

四、水资源优化配置的目标和约束

水资源优化配置的目标是使区域内社会、经济和环境协调发展,即人类在与自然和谐共处的前提下,促进区域的经济发展和社会的进步,实现区域的可持续发展。具体来说,就是通过在生活、工业、农业和生态环境各用水部门之间进行协调,使整个区域的水资源得到合理充分的利用,从而达到最大供水效益。水资源利用是多目标的,基本上可归纳为三个方面,即社会目标、经济目标与生态环境目标,理论上,其目标函数可表示为 $Z = \max\{S(w), E(w), E_v(w)\}$,式中,$w$ 为水资源向量,由不同数量、质量与赋存形式的水资源组成;S、E、E_v 分别为水资源开发利用的社会效益、经济效益和环境效益。

水资源合理配置也要受到以下条件的约束:①水量平衡约束;②供水能力约束;③各行业发展的上、下限约束(由于受政策、资金、空间、劳动力及其他资源条件的限制);④经济部门产值与取水量关系约束;⑤产值与排污量关系约束;⑥产值与就业人数关系约束;⑦粮食产量与用水量关系约束;⑧国民生产总值关系约束;⑨排污总量关系约束;⑩就业人数关系约束;⑪粮食总产量关系约束;⑫区域生态环境用水量约束;⑬水环境容量约束;⑭地下水开采量约束;⑮非负约束等。综合以上各目标与约束条件,即构成了区域水资源合理配置模型。

五、水资源优化合理配置与供需平衡分析的关系

水资源供需分析是水资源配置的基础和手段。供需分析的主要任务是对流域或区域内水资源的供水、用水、耗水、排水等进行长系列调算或典型年分析,得出不同水平年各流域(区域)的供水满足程度、余缺水量及时空分布、水环境状况等指标;明确缺水性质和缺水原因,确定解决缺水措施的顺序。为分析水资源供需结构、利用效率和工程布局的合理性,分析计算挖潜增供、治污、节水和外调水边际成本,生成水资源配置方案提供基础信息。

通过反复进行水资源供需分析,获得不同需水、节水、供(调)水、水资源保护等组合条件下水资源配置方案。方案生成应立足于现状开发利用模式、充分考虑流域内节水和治污挖潜、考虑流域外调水,即"三次平衡"思想。在现状供需分析和对各种合理抑制需

求、有效增加供水、积极保护生态环境的可能措施进行组合及分析的基础上,进行多次供需反馈并协调平衡,力求实现对水资源的合理配置。

六、水资源优化合理配置的基本原则

随着水资源短缺和水环境恶化,人们已清醒地认识到对水资源的研究不仅要研究水资源数量的合理分配,还应研究水资源质量的保护;不仅要研究水资源对国民经济发展和人类生存需要的满足,还应研究水资源对人类生存环境或生态环境的支撑与保障;不仅要研究满足当今用水的权利,还应研究如何满足未来用水的权利。为实现水资源的社会、经济和生态综合效益最大,水资源合理配置应遵循以下基本原则。

(一)高效性原则

高效性是发挥稀缺性资源价值的要求,可从 3 个方面体现:

(1)提高有效水资源量。通过各种措施增加降水的直接利用,提高参与生活、生产和生态过程的水量及其有效程度,防治水污染,一水多用和综合利用,减少水资源转化过程和用水过程中的无效蒸发。

(2)采用分质供水。特定水质等级的水首先用于满足相应用水质量标准的用户,按照从高到低的基本顺序依次对生活、工业、农业、生态环境按质供水。

(3)遵循市场规律和经济法则,以边际成本最小为原则安排水源开发利用模式、节水与治污方案,力求使节流、开源与保护措施间的边际成本大体接近。

(二)公平性原则

公平性是人们对经济以外不可度量的分配形式所采取的理智行为,以驱动水量和水环境容量在流域与地区之间、近期与远期之间、用水目标之间、水量与水质目标之间、用水阶层之间的公平分配。在地区之间应统筹全局,合理分配过境水,科学规划跨流域调水,将深层地下水作为应急备用水源;在用水目标上,优先保证生活用水和最小生态用水量,兼顾经济用水和一般生态用水,在保障供水的前提下兼顾综合利用;在用水阶层中,注重提高农村饮水保障程度,保护城市低收入人群的基本用水。

(三)可持续性原则

可持续性是保证水资源利用不仅使当代人受益,而且使后代人享受同等的权利。为实现水资源的可持续利用,区域发展模式要适应当地水资源条件,保持水资源循环转化过程的可再生能力。在水资源配置时,要综合考虑水土平衡、水盐平衡、水沙平衡、水生态平衡对水资源的基本要求。

(四)与自然和谐发展原则

水的生态属性决定了水资源利用在创造价值的同时,还必须为自然界提供持续发展的基本保障,即满足人类所依赖的生态环境对水资源的需求。当水资源可利用量无法同时满足社会经济发展、生态环境保护用水需求时,首先应合理界定国民经济用水和生态环境用水的比例,保证必要的社会经济需水和生态环境临界需水。

(五)统一协调性原则

以流域、区域的水量平衡和水环境容量为基础,进行国民经济用水的供需平衡,流域当地水、入境水及外调水量与流域耗水量和出境水量的平衡,地下水补、采、径、排的平衡

等。统筹考虑有效降水和径流的有效利用,当地水、过境水和外调水的联合利用,地表水和地下水的补偿利用,干支流、上下游、一次水和再生水的利用。协调性是指:①地区之间的协调发展,在水资源配置时要考虑发达地区与相对落后地区的协调发展;②社会、经济、生态三个系统之间的协调稳定,共同发展;③各用水部门之间的协调用水。

七、水资源优化合理配置的主要任务

水资源优化配置工作涵盖水资源开发与利用、节约与保护、治理与管理等各个方面,涉及社会、经济与生态环境等领域,是一个复杂的系统工程。

(1)在社会经济发展与水资源需求方面,探索适合流域或区域现实可行的社会经济发展规模和发展方向,推求合理的生产布局。研究现状条件下的用水结构、用水效率及相应的技术措施,分析预测未来生活水平提高、国民经济各部门发展,以及生态环境保护条件下的水资源需求。

(2)在水环境与生态环境质量方面,评价现状水环境质量,分析水环境污染程度,制定合理的水环境保护和治理标准;分析生产过程中各类污染物的排放率及排放总量,预测河湖水体中主要污染物浓度和环境容量。开展生态环境质量和生态保护准则研究、生态耗水机理与生态耗水量研究,分析生态环境保护与水资源开发利用的关系。

(3)在水资源开发利用方式与工程布局方面,开展水资源开发利用评价、供水结构分析、水资源可利用量分析;研究多水源联合调配,规划水利工程的合理规模及建设次序;分析各种水源开发利用所需的投资、运行费,以及防洪、发电、供水等综合效益。

(4)在供需平衡分析方面,开展不同水利工程开发模式和区域经济发展模式下的水资源供需平衡分析,确定水利工程的供水范围和可供水量,各用水单位的供水量、供水保证率、供水水源构成、缺水量、缺水过程及缺水破坏程度等情况。

(5)在水资源管理方面,研究与水资源合理配置相适应的水资源科学管理体系,包括:建立科学的管理机制和管理手段,制定有效的政策法规,确定合理的水价、水资源费、水费征收标准和实施办法,分析水价对社会经济发展影响及对水需求的抑制作用,培养水资源科学管理人才等。

(6)在水资源配置技术与方法方面,研究和开发与水资源配置相关的模型技术与方法,如建模机制与方法、决策机制与决策方法、模拟模型与评价模型、管理信息系统、决策支持系统、GIS 高新技术应用等。

八、水资源合理配置实践中的主要问题

(1)水资源分配科学理论体系、法律法规制度和社会宣传教育方面,作为水资源合理配置的基础,水资源分配科学理论体系、法律法规制度和社会宣传教育机制尚不健全,亟待建立与完善。

(2)水资源监测管理方面,水资源监测管理水平总体偏低,监测体制不完善,监测网络不健全,用水计量不到位,存在着较严重的用水浪费、分配不公、观念落后等不利因素,水资源合理配置理论、方法和观念的推广与应用难度较大。

(3)水利工程基础设施方面,部分地区水利工程基础设施建设薄弱,缺少开展水资源

有效利用和科学分配的工程基础条件。

第二节　区域水资源优化合理配置

　　根据水资源系统的多用户特性,区域水资源应在生活(包括城市绿化用水)、工业、农业和生态环境四个用水部门之间进行合理分配,配置的基本原则是保持区域社会、经济和生态环境协调可持续发展的基础上,实现区域内经济效益最大,由此确定生活(包括城市公共用水)、工业、农业和生态环境各部门相应的配水量。根据目前的实际情况及研究水平,生活与生态环境两部门内部的优化问题不作深入讨论,本文重点讨论工业和农业内部优化及区域水资源合理配置问题。工业总配水量需在不同行业之间进行合理分配,由此确定各行业的配水量,最后各行业的配水量需在同行业不同企业之间进行最优分配。农业总配水量需在不同作物之间进行合理分配,由此确定各作物的配水量,各作物的配水量再在各作物不同生育期之间进行最优分配,详见下节。合理配置框图见图3-1。这里以龙口市为例进行区域水资源优化合理配置计算。

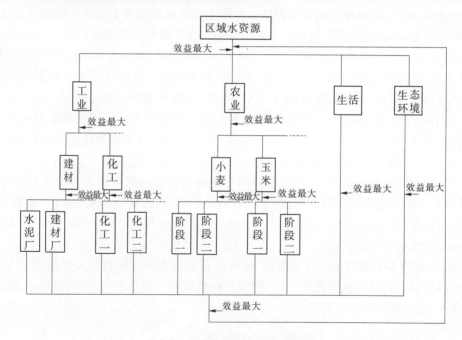

图3-1　区域水资源合理配置框图

一、龙口市基本情况

(一)自然概况

　　龙口市地处胶东半岛北部。西、北濒临渤海湾,南与栖霞、招远市接壤,东与蓬莱相连。东西长46 km,南北宽37.4 km,海岸线61 km,总面积889.15 km²。龙口市总的地形是东南高、西北低,南部为低山丘陵区,北部为平原区,山丘区面积438.35 km²,占总面积的49.3%,平原区面积450.8 km²,占总面积的50.7%,见图3-2。

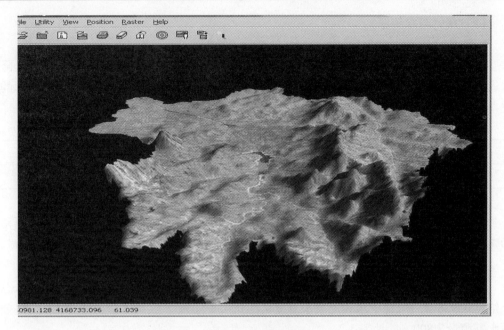

图 3-2　流域立体图

龙口市属暖温带半湿润季风型大陆性气候,四季分明,年平均气温 12 ℃,7 月份温度较高,日最高温度可达 40.8 ℃,1 月份最低温度可达 –24.5 ℃,无霜期 200 天左右,多年平均降水量 586.3 mm。

(二)社会经济概况

龙口市土地肥沃,农业较为发达,不仅粮食产量高,而且盛产水果,是山东省商品粮基地。依山傍海,渔业发展较快。工业发展迅速,成为以能源、交通为主的新兴开放型海滨城市。拥有我国第一处滨海煤田,储量 26 亿 t,龙口发电厂装机 100 万 kW,浅海石油基地正在建设,黄金采掘业正在加速发展,乡镇企业遍地开花。此外,在机械、家用电器、电子、轻工、纺织、建材、化工、农药等工业领域已形成不同规模。交通方面有我国最大的地方港口——龙口港,2005 年吞吐量达 1 602 万 t,公路四通八达。2005 年在全国经济综合实力百强县评比中列第 16 位,居山东第 2 位。

(三)河流水系

龙口市境内有黄水河、泳汶河、北马河和八里沙河四条主要河流,由南向北或向西流入渤海。除黄水河,其余河流均为季节性河流,源短流急,汛期洪水暴涨,枯季断流干涸。

黄水河发源于栖霞的主山,干流长 55 km,流域面积 1 005 km²。1958 年在其上游修建王屋大型水库 1 座,在王屋水库以下建有 4 座拦河闸,近海建有黄水河地下水库 1 座。

泳汶河是龙口市第二大河流,发源于丁家镇骡山,干流长 38 km,流域面积 205 km²。泳汶河流域建有中型水库 2 座,分别是北邢家水库和迟家沟水库。

北马河发源于大陈家镇,干流长 18 km,流域面积 62.6 km²。建有员外刘家小(一)型水库 1 座,与迟家沟水库组成联合灌区。

八里沙河发源于招远县大山东麓,干流长 12 km,流域面积 77 km²。中游建有八里河地下水库 1 座。

(四)降水与水资源

1. 降水

龙口市的水资源主要来自于大气降水。目前龙口市共有23处雨量观测站,对大气降水进行长系列连续观测。根据1956~1999年实测降水量资料,采用加权平均法,计算的龙口市不同频率年降水量见表3-1。

表3-1　龙口市不同频率年降水量　　　　　　　　(单位:mm)

频率	多年平均	50%	75%	95%
降水量	586.3	577.1	478.9	338.0

龙口市面积889.15 km^2,由表3-1可求得龙口市多年平均降水量5.21亿m^3,频率50%年降水量5.13亿m^3,频率75%年降水量4.26亿m^3,频率95%年降水量3.02亿m^3。

2. 水资源

龙口市多年平均水资源量为1.756亿m^3,其中地表水资源为1.266亿m^3,地下水总补给量0.928亿m^3,地下水和地表水重复量为0.438亿m^3。人均水资源量386 m^3,每公顷水资源量7 800 m^3,见表3-2。

表3-2　龙口市水资源量　　　　　　　　(单位:万m^3)

代表年	水资源量			
	地表水	地下水	重复量	合计
多年平均	12 660	9 280	4 380	17 560
50%	12 009	9 280	4 250	17 039
75%	5 991	9 280	1 600	13 671
95%	3 398	9 280	1 200	11 478

该地区降水量和径流的年内分配不均,降水量的65%~85%、径流量的70%~90%集中在6~10月,而11月至次年5月属于干旱少雨的枯水季节。由于冬小麦等夏收作物播种面积较大,每年4~6月农业灌溉的高峰期是本地区缺水最严重的季节。区内各河流年径流量年际变化很大,一般河流丰枯水年水量相差悬殊,丰枯最大比值可达10多倍。

(五)工程概况与可供水量和需水量

1. 地表水工程概况

龙口市现有大型水库1座,中型水库2座,小型水库65座,塘坝28座,总拦蓄能力2.096 1亿m^3。山区工业自备井27眼,提水能力每小时1 215 m^3。平原区抽水井星罗棋布,工业自备抽水井153眼,电厂水源地27眼,城镇供水井19眼,农田机电井7 440眼,平均每平方千米17眼。有效灌溉面积27 860 hm^2。

龙口市工程措施拦蓄地表水的能力较高,主要集中拦蓄在南部山区的水库、塘坝中,黄水河拦河闸可将地表水节节拦蓄,长时间存于河道内,其他河流只在汛期有地表径流出现。

王屋水库建于1958年,属大型水库,总库容1.49亿m^3,兴利库容0.725亿m^3,1995年王屋水库开始向黄城、龙口两城区供水,设计日供水量7万m^3。黄水河下游建有4座拦河闸,拦蓄河道径流,一次拦蓄水总量 0.025 1 亿 m^3。1994 年龙口市建成亚洲最大的黄水河地下水库。建地下防渗板墙长达 5 842 m,挡水墙有效面积 16 万 m^2,并建有许多渗井渗渠,既拦蓄了部分地下径流,也使部分入海地表径流转化成地下水,抬高了地下水位,增加了黄水河下游大堡水源地的可供水量。黄水河地下水库,总库容 0.535 9 亿 m^3,最高运行水位 0.9 m,设计调节水位 – 9.54 m,兴利调节库容 0.255 1 亿 m^3;最低调节水位 – 15.00 m,最大调节库容 0.392 9 亿 m^3。

北邢家水库建于 1960 年,属中型水库,总库容 0.131 亿 m^3,兴利库容 0.061 亿 m^3,主要向农业供水,设计农业灌溉面积 0.13 万 hm^2。迟家沟水库属中型水库,总库容 0.204 4 亿 m^3,兴利库容 0.128 2 亿 m^3,主要向农业供水,设计农业灌溉面积 0.10 万 hm^2。

龙口市城镇生活及工业用水主要取自地下水。农业用水南部山区以地表水为主(主要水源为王屋水库),北部平原区以地下水为主(供水水源地主要为大堡水源地、莫家水源地)。地表水向工业供水包括北邢家水库向南山集团供水和王屋水库向黄城、龙口两城区供水。

2. 地下水

地下水主要分布在西部平原区及东部黄水河流域的井灌区、双灌区。南部山区占龙口市面积的一半,而地下水资源量仅为全市的 25%,西部平原区面积 270 km^2,仅在泳汶河下游具有集中开采的条件。东部黄水河流域地下水较为丰富,个别机井涌水量达 300 m^3/h 以上,是该市工农业及城市生活用水较理想的水源地。该区域地下水主要为大气降水补给,其次为河道渗漏补给及山丘区地下水侧向补给,地下水流向与地表水流向大致相同,总趋势是自东南向西北,沿途被大量开采用于工农业生产及人畜饮水,其余部分排入渤海。

3. 现有水利工程可供水量

(1)地表水可供水量。地表水资源可供水量,主要是指在现有蓄水工程及蓄水能力的条件下,根据天然径流特点,采取合理的调度运用方式,可以拦蓄利用的水量。龙口市蓄水工程主要在南部山区,大中型水库采用兴利调节计算,小型水库和塘坝根据其复蓄系数分析计算,50%、75%、95% 频率年地表水可供水量分别为 7 830 万 m^3、4 992 万 m^3、2 150 万 m^3。利用扬水站从河流提水,50% 频率年提水量 120 万 m^3,75% 频率年提水量 78 万 m^3。

(2)地下水可供水量。地下水可供水量,是指在某一个开采期内,在最大限度满足用水的同时,能够保持采补平衡,又不会引起水文地质、工程地质条件的恶化,而且在技术上允许和经济上合理的可能开采量。全市地下水开采利用主要是潜水,深层水很少,本次暂不考虑。地下水可供水量为 6 540 万 m^3。

(3)污水回用量。龙口市工业废水日排放量 2.54 万 m^3,生活污水日排放量 1.29 万 m^3,废污水年排放量为 1 398 万 m^3,其中达标排放量 1 254 万 m^3,可回用量 910 万 m^3。

(4)海水利用量。海水直接利用主要是龙口电厂用海水作循环冷却水,在保证供水情况下年直接利用海水 4.3 亿 m^3,按海水替代淡水 20:1 折算,折合淡水 2 150 万 m^3。海水间接利用是从海边井中抽取咸(微咸)水,经过淡化处理,主要用于生活,此类工程分布在徐福、中村、龙口沿海一带村庄,规模较小,年淡化海(咸)水总量 3 万 m^3。

（5）矿坑水可利用量。龙口市煤矿、金矿年排水量 50 万 m^3，可利用量 20 万 m^3。

（6）2005 年可供水量。以上合计，龙口市 2005 年、现状工程条件下可供水量分别为：50% 保证率 17 573 万 m^3、75% 保证率 14 693 万 m^3、95% 保证率 11 773 万 m^3。

4. 需水量分析

根据相关资料，龙口市近 10 年各部门用水情况见表 3-3，不同水平年需水定额见表 3-4。

表 3-3　龙口市近 10 年各部门用水量统计　　　　　　（单位：万 m^3）

年份	城市工业	城市生活	农村人畜	乡镇工业	种植业	合计
1995	1 210	336	1 017	442	14 603	17 608
1996	1 380	496	1 172	724	14 212	17 984
1997	1 420	418	1 060	715	14 544	18 157
1998	1 417	437	1 120	586	11 579	15 139
1999	1 299	391	1 083	614	14 016	17 403
2000	1 030	410	1 050	850	9 978	13 318
2001	860	370	1 010	670	9 320	12 230
2002	700	300	1 100	500	8 300	10 900
2003	1 520	430	1 210	480	11 730	15 370
2004	1 648	440	1 199	412	11 541	15 240

表 3-4　龙口市不同水平年需水定额

	项目	单位	2005 年	2010 年	2030 年
生活	城区居民	L/（人·d）	85	90	100
	城区公共	L/（人·d）	30	40	55
	城区环境	L/（人·d）	5	10	15
	农村居民	L/（人·d）	65	70	80
农田灌溉	50% 保证率	m^3/hm^2	3 450	3 300	2 625
	75% 保证率	m^3/hm^2	3 900	3 600	3 150
菜田灌溉	50% 保证率	m^3/hm^2	4 440	3 975	3 300
	75% 保证率	m^3/hm^2	4 950	4 500	4 020
林果灌溉	50% 保证率	m^3/hm^2	2 025	1 920	1 680
	75% 保证率	m^3/hm^2	2 400	2 250	2 025
牲畜	大牲畜	L/（头·d）	40	40	40
	猪	L/（头·d）	25	25	25
	羊	L/（头·d）	6	6	6
工业	火电工业	m^3/万元	100	90	60
	一般工业	m^3/万元	50	45	25
	乡镇工业	m^3/万元	52	48	30
	农村工业	m^3/万元	55	50	35

2005 年需水量计算说明如下：

（1）城区生活需水量：居民生活用水定额按 85 L/（人·d）计算，城市公共用水定额按

30 L/(人·d)计,两城区供水人口20万人,需水量为766万 m³。城区环境需水量37万 m³。

(2)工业需水量:火电工业需水量1 000万 m³,一般工业需水量850万 m³,乡镇企业需水量1 196万 m³,农村工业需水量1 925万 m³,工业需水总量4 971万 m³。

(3)农村人畜需水量:农村人口42.94万人(含乡镇驻地人口),用水定额按65 L/(人·d)计,需水量1 019万 m³;大牲畜0.98万头,用水定额按40 L/(头·d)计,需水量14万 m³;猪11.66万头,用水定额按25 L/(头·d)计,需水量为106万 m³;羊2.7万只,用水定额按6 L/(只·d)计,需水量6万 m³。共计需水量1 145万 m³。

(4)粮田需水量:全市粮田面积2.30万 hm²,发展微喷灌溉面积0.17万 hm²,其他为管灌方式,50%频率年需水量7 616万 m³;75%频率年需水量9 520万 m³;95%频率年需水量9 520万 m³。

(5)商品菜田需水量:全市有商品菜田0.44万 hm²,50%频率年需水量2 079万 m³;75%频率年需水量2 475万 m³;95%频率年需水量2 475万 m³。

(6)林果需水量:林果面积1.45万 hm²,发展微灌面积0.17万 hm²,其他为小白龙灌溉方式,50%频率年需水量3 080万 m³;75%频率年需水量3 850万 m³;95%频率年需水量3 850万 m³。

以上合计,2005年50%频率年需水量19 694万 m³,75%频率年需水量22 764万 m³,95%频率年需水量22 764万 m³。

二、数学模型

(一)决策变量

决策变量为 i 水源向 j 部门 k 时段的供水量 $W_{ijk}(i=1,2,\cdots,L;j=1,2,\cdots,m;k=1,2,\cdots,n)$,单位 m³。时段可按月为单位划分成12个时段,也可按季节划分为春、夏、秋、冬4个时段。水源可按实际供水途径划分水库、河流、地下水和客水等多种水源,也可按年调节或多年调节与否划分为年调节水源(水库水和地下水)和非年调节水源(河流引水)两种。用水部门可划分为工业、农业、生活和生态环境四个部门。

对水源系统而言,地下水和水库引水一般为年调节或多年调节,对应的决策变量不需分段。河流引水,决策变量需根据河流来水的季节不同而分段。对用水系统而言,一般工业和生活用水较平稳,对应的决策变量不需分段,农业种植和生态环境的需水旺季是春季,同时由于春季降水较少,一般春灌期(4～6月)也就是缺水期,遇到干旱年份,缺水期可能延伸至7月底。

(二)约束条件

(1)各部门最大、最小需水。

$$W_{j\min} \leqslant \sum_{i=1}^{L}\sum_{k=1}^{n} W_{ijk} \leqslant W_{j\max} \qquad \forall j \qquad (3\text{-}1)$$

式中 $W_{j\min}$、$W_{j\max}$——j 部门全年最小、最大需水量,m³。

$W_{j\min}$、$W_{j\max}$ 随代表年及典型年不同而变。

(2)各水源各时段可供水约束:

$$\sum_{j=1}^{m} W_{ijk} \leqslant TW_{ik} \qquad \forall i,k \qquad (3-2)$$

式中 TW_{ik}——i 水源 k 时段可供水量，m^3。

需说明以下几点：

①地下水水源一般为多年调节，调度的原则是一年内含水层总出水量不超过允许开采量（特枯年可适当超采，95% 频率年允许超采率 10%），地下水各时段可供水约束以地下水最大可开采深度为限。

②污水回用水源，主要向农业和生态环境供水，由于供水较稳定，可并入水库或地下水源中一并考虑。

③作为不可控水源，土壤水及有效降水向农业和生态环境供水，在农业和生态环境用水分配中予以考虑。

（3）区域水资源协调约束。根据可持续发展理论，区域内社会、经济与环境应协调发展。作为实现区域内社会、经济与环境协调发展的重要支撑条件，区域内水资源优化配置也必须考虑水资源协调约束。约束方程为：

$$\mu_* \leqslant \mu_j \leqslant \mu^* \qquad \forall j \qquad (3-3)$$

式中，$\mu_j = \beta_j/\beta$，其中 β_j、β 的表达式如下：

$$\beta_j = \left(\sum_{i=1}^{L} \sum_{k=1}^{n} W_{ijk} \right)/D_j \qquad \beta = \left(\sum_{i=1}^{L} \sum_{j=1}^{m} \sum_{k=1}^{n} W_{ijk} \right)/\sum_{j=1}^{m} D_j$$

以上各式中，有关符号意义如下：

μ_*、μ^*——j 部门供水满足程度上、下临界值；

D_j——j 部门全年最大需水量；

β_j——j 部门供水满足程度；

β——区域内水资源供给总体满足程度。

（4）非负约束：

$$W_{ijk} \geqslant 0 \qquad \forall i,j,k \qquad (3-4)$$

（三）目标函数

在满足社会、经济、环境协调发展的基础上，以供水效益最大为目标，目标函数为：

$$Z_{\max} = \max\left\{ \sum_{j=1}^{m} \left[\left(\sum_{k=1}^{n} \sum_{i=1}^{L} W_{ijk} \right) \cdot F(W_j) \right] \right\} - \sum_{i=1}^{L} \left(C_i \sum_{j=1}^{m} \sum_{k=1}^{n} W_{ijk} \right) \qquad (3-5)$$

式中 $F(W_j)$——第 j 部门的效益函数；

C_i——第 i 水源的单位水量供水成本，元/m^3。

三、模型参数确定

本次研究中，生活用水和环境用水采用供水定额法，水资源仅在工业用水和农业用水之间最优分配，并且可供水量与各部门用水量以 2005 年为基准。

对于龙口市而言，可控水源主要为地下水和水库水，由于地下水和水库水都是年或多年调节，在区域水利工程较为完善的情况下，可采用地下水和水库水联合调度，因此模型中可采用单一水源决策变量。由于没有河流引水，模型中的决策变量也可不分时段。

(一) 生活需水量的确定

对生活用水来讲,生活用水定额采用社会经济发展规划确定的生活用水定额,见表3-4,随代表年不同而变。50%、75%频率年以2005年为基准,95%频率年在2005年基准上节约用水10%。龙口市不同代表年生活需水量见表3-5。

表3-5　龙口市不同代表年生活、生态环境需水量　　　　（单位:万 m³）

代表年	50%	75%	95%
城市生活用水	803		723
农村人畜用水	1 145		1 030
生态环境用水	231	184	97
合计	2 179	2 132	1 850

(二) 生态环境需水量的确定

生态环境用水是指为维持区域特定的生态环境系统处于稳定状态,维持生态系统功能正常运行所必需的水量,亦称为适宜生态环境需水量。根据空间位置,生态环境需水可分为河道外(陆地和湿地)需水和河道内需水。河道外需水主要是指维持河道外植被群落稳定所需水量,从水资源可利用量角度,河道外生态环境需水主要是指非地带性植物的耗水量。河道内需水包括维持水生生物生存、防止泥沙淤积、防止河流水质污染,防止海水入侵等所需的河道径流。由于目前龙口市没有大型生态工程,这里仅计算河道内生态环境需水。

以 Montana 法为基础,综合其他方法,根据生态学、水文学和水力学原理,这里把不同代表年平均基流量的30%作为其相应代表年河道内生态环境需水量。龙口市不同代表年生态环境需水见表3-5。

(三) 工业最大、最小需水量的确定及工业用水效益函数

龙口市现有工业按行业可分为电力、冶金、煤炭、化工、机械、建材、食品纺织、皮革和造纸几个行业,按照各行业的重要程度,龙口市工业最小供水量是指为确保电力、食品等关系国计民生行业正常运行所需要的水量。根据以上各个行业的需水量与总工业用水量比值,龙口工业最小需水量可按目前龙口市工业用水量的40%计。工业最大需水量按目前龙口市工业用水量的100%计,龙口市不同代表年工业最小、最大需水量见表3-6。

表3-6　龙口市不同代表年工业、农业最小、最大需水量　　　　（单位:万 m³）

代表年	50%	75%	95%
工业最小/最大需水量	1 988/4 971		
农业最小/最大需水量	5 110/12 775	6 338/15 845	6 338/15 845
合计	7 098/17 746	8 326/20 816	8 326/20 816

工业用水效益函数采用线性函数,对于不同行业,万元产值耗水量不同,单方水的工

业产值也不同。通过对区内典型企业用水进行核算,平均而言,龙口市工业万元产值耗水量为 33 m^3/万元,则单方水的工业产值约为 300 元。

(四)农业最大、最小需水量的确定及农业用水效益函数

对农业用水来讲,农业最小需水量是指在现有技术条件下,采用非充分灌溉,根据社会经济发展规划,在保证粮食安全、全面落实"三农"问题的基础上,由确定的最小农业种植面积和灌水定额反推得到的需水量。农业最大需水量是指在现有技术、充分灌溉条件下,为获得最大农业经济效益所需的水量。最小与最大需水量均随代表年不同而不同。龙口市主要农作物为小麦、玉米、林果、蔬菜四种。本次研究中,农业最小需水量是指为确保部分林果和部分蔬菜正常生长所需要的水量。根据该地区林果、蔬菜的种植情况及其需水量与总农业用水量比值,农业最小需水量可按目前龙口市农业用水量的 40% 计。农业最大需水量按目前龙口市农业用水量的 100% 计。不同水平年农业最小、最大需水量见表 3-6。

类似工业用水效益分析方法,农业用水效益函数也采用线性函数。根据统计年鉴,龙口市近 10 年农业种植情况、实际供水量见表 3-7。根据各种作物的单价、产量及总水量,经综合分析,可求得单方水的农业产值为 106 元。

表 3-7　龙口市近 10 年农业实际供水量及作物产量效益统计

年份	供水量 (万 m^3)	小麦 产量 (t)	玉米 产量 (t)	蔬菜 产量 (t)	林果 产量 (t)	其他 产量 (t)	总效益 (万元)	单位产值 (元/m^3)
1995	14 603	119 430	177 793	199 608	272 730	13 451	1 387 690	95
1996	14 212	121 682	179 415	208 082	295 623	12 496	1 453 938	102
1997	14 544	130 084	172 473	208 840	273 905	9 370	1 407 810	97
1998	11 579	138 489	177 939	181 763	281 144	11 384	1 391 581	120
1999	14 016	139 822	167 868	178 939	281 659	8 967	1 369 896	98
2000	9 978	122 318	130 921	199 776	246 743	7 028	1 261 629	126
2001	9 320	119 732	118 606	111 225	268 476	9 127	1 111 329	119
2002	8 300	70 524	86 333	156 564	202 278	6 119	949 521	114
2003	11 730	63 899	72 722	199 602	256 695	9 308	1 122 479	96
2004	11 541	45 081	57 802	179 602	343 879	9 659	1 210 316	105
平均	11 982	107 106	134 187	182 400	272 313	9 691	1 266 618	106

注:小麦玉米单价按 1 400 元/t 计,蔬菜、林果和其他单价按 2 000 元/t 计。

本方法得到的农业用水效益反映了当地的农业技术和灌水技术现状,也反映了由政策和市场决定的作物种植比例约束现状。

(五)水量供需平衡分析

区域可供水量减去生活和生态环境需水即为工农业可供水量,与工农业最大需水量比较可得区域工农业用水的供需平衡状况。龙口市工农业用水的供需平衡见表 3-8。

表 3-8　龙口市工农业用水量供需平衡分析　　　　（单位:万 m³）

代表年	50%	75%	95%
区域可供水量	17 573	14 693	11 773
生活和生态环境需水量	2 179	2 132	1 850
工农业可供水量	15 394	12 561	9 923
工农业最大需水量	17 746	20 816	20 816
工农业缺水量	− 2 352	− 8 255	− 10 893
工农业缺水率	− 13.2%	− 39.7%	− 52.3

(六) 其他参数

各部门供水满足程度根据代表年不同在 40% ~ 100% 范围内取值;单方水供水成本采用 0.1 元。

四、模型求解、计算结果及结果分析

求解各部门之间水量最优分配模型,得区域各部门的水资源分配方案。龙口市各部门的水资源分配方案见表 3-9。

表 3-9　龙口市工业、农业水资源分配方案　　　　（单位:万 m³）

代表年	50%	75%	95%
区域可供水量	17 573	14 693	11 773
生活和生态环境需水量	2 179	2 132	2 850
工业供水量	4 971	4 474	3 485
农业供水量	10 423	8 087	6 438
工业缺水率(%)	− 0	− 10	− 30
农业缺水率(%)	− 18	− 49	− 59
工农业经济产值(亿元)	275	233	181

表 3-9 的计算结果表明,在区域可持续发展的要求下,龙口市的可供水资源量首先满足的为生活和生态用水,其次分别满足工业、农业需水。因此,农业、工业的需水缺口大,尤其农业用水的缺水率最大,在 50%、75% 缺水率分别达到了 18%、49%。面对日益紧张的农业水资源供需矛盾,必须科学进行农业水资源的优化配置,全方位实施农业节水措施。

第三节　农业用水优化配置

当农业总配水量不能满足农业用水的情况下,应将有限的水量分配给不同种类的作物及各类作物的不同生育阶段,其目的是实现区域内灌溉总效益最大,从而确定最优配水

过程,即农业水资源优化配置。不同作物之间的配水属于整个灌区总系统的优化,而作物各生育阶段之间的配水属于每个作物子系统的优化,将作物子系统作为第一层,灌区总系统作为第二层,通过分配给每种作物的供水量将两层联系起来,则成为一个具有两层谱系结构的大系统,可选用大系统分解协调模型建模并求解。该模型分为两层。第一层单作物优化:在作物水分生产函数的基础上,建立并求解单作物在非充分灌溉条件下的动态规划模型,其作用是把由第二层模型分配给第 k 种作物的净灌溉水量 Q_k,在该作物的生育期内进行最优分配。第二层多种作物优化:建立并求解多种作物之间水量最优分配模型,其作用是利用第一层反馈的效益指标 $F(Q_k)$(最大相对产量),把有限的总灌溉水量在多种作物之间进行最优分配。模型运行时,首先由第二层分配给第一层每个独立子系统(每种作物)一定水量 Q_k,每个子系统在给定 Q_k 后,各自独立优化,得最优效益 $F(Q_k)$,反馈给第二层。第二层根据反馈的 $F(Q_k)$,计算全系统效益 Z,同时改变上次分配的 Q_k,得到一组新的效益函数 $F(Q_k)$ 及全系统效益 Z,直到求得全系统最优效益 Z_{max} 为止。最后可得出各种作物最优种植面积及相应的优化灌溉制度,也可得出各水源最优配水过程。

一、单作物优化模型(第一层模型)

单作物灌溉制度的优化,是以作物水分生产函数为基础,建立动态规划模型,推求各生育期的最优灌溉水量,以第 k 种作物为例说明如下。

(一)阶段变量

根据作物生育过程,把全生育期划分为 N 个生育阶段,以 i 表示第 i 生育阶段,则 $i = 1,2,\cdots,N$。

(二)状态变量

状态变量有两个:一个是各生育阶段初可用于分配的水量 $q_i(\mathrm{m^3/hm^2})$;另一个是各生育阶段内计划湿润层的平均土壤含水率 θ_i。

(三)决策变量

决策变量为各生育阶段的灌水量 $d_i(\mathrm{m^3/hm^2})$。

(四)系统方程

系统方程有两个,第一个为水量分配方程,即

$$q_{i+1} = q_i - d_i \tag{3-6}$$

式中 q_i——第 i 阶段初可用于分配的水量,$\mathrm{m^3/hm^2}$;

d_i——第 i 阶段的灌水量,$\mathrm{m^3/hm^2}$。

第二个为土壤计划湿润层的水量平衡方程,即

$$S_{i+1} = S_i + p_i + d_i - ET_i - C_i - CK_i - K_i \tag{3-7}$$

式中 S_i——第 i 阶段计划湿润层土壤平均含水量,$\mathrm{m^3/hm^2}$;

p_i——第 i 阶段有效降水量,mm;

ET_i——第 i 阶段实际腾发量,$\mathrm{m^3/hm^2}$;

C_i——第 i 阶段排水量,$\mathrm{m^3/hm^2}$,对旱作物其值为0;

CK_i——第 i 阶段地下水补给量,$\mathrm{m^3/hm^2}$,对地下水埋藏较深地区其值为0;

K_i——第 i 阶段渗漏量，m^3/hm^2，对采用节水措施进行灌溉时其值可近似假定为 0。

本次研究中，作物耗水量—土壤含水率模型采用线性模型，即实际腾发量 ET_i 与土壤含水率大小成正比，用公式表示为：

$$ET_i = ET_{mi} \cdot (\theta_i - \theta_萎)/(\theta_田 - \theta_萎) \tag{3-8}$$

$$S_i = 1\,000 \cdot \gamma \cdot H_i \cdot (\theta_i - \theta_萎) \tag{3-9}$$

$$\theta_i = (\theta_{i初} - \theta_{i末})/2 \tag{3-10}$$

式中　ET_{mi}——正常灌溉条件下第 i 生育阶段潜在腾发量，m^3/hm^2；

$\theta_田$——田间持水率；

$\theta_萎$——凋萎系数；

$\theta_{i初}$、$\theta_{i末}$、θ_i——生育阶段初、末和平均土壤含水率（占土壤干重的百分比）；

γ——土壤干容重（%）；

H_i——第 i 个生育阶段计划湿润层厚度，m；

其他符号意义同前。

（五）目标函数

作物水分生产函数采用 Jensen 模型，以单位面积实际产量与最高产量比值最大为目标，即

$$F = \max(Y/Y_m) = \max\prod_{i=1}^{N}(ET_i/ET_{m_i})^{\lambda_i} \tag{3-11}$$

式中　λ_i——第 i 阶段作物产量敏感性指数；

其他符号意义同前。

（六）约束条件

约束条件包括供水量、蒸发量、土壤含水量、可供水量约束，公式表述如下：

$$0 \leqslant d_i \leqslant q_i$$
$$0 \leqslant ET_i \leqslant ET_{mi}$$
$$\theta_萎 \leqslant \theta_i \leqslant \theta_田$$
$$0 \leqslant q_i \leqslant Q_k - \sum_{i=1}^{N}(d_i)$$
$$\sum_{i=1}^{N}(d_i) \leqslant Q_k$$

式中　Q_k——全生育期分配给第 k 种作物的净水量；

其他符号意义同前。

（七）初始条件

初始计划湿润层土壤平均含水率为 θ_0，即 $\theta_1 = \theta_0$。

作物全生育期初可用于分配的有效水量为协调层分配给该种作物的净水量，即 $q_1 = Q_k$。

（八）递推方程

本模型是具有 2 个状态变量和 1 个决策变量的动态规划问题，采用逆序递推、顺序决策计算，递推方程为：

$$\left.\begin{array}{l} F_i^*(q_i,\theta_i) = \max\{(ET_i/ET_{mi})^{\lambda_i} \cdot F_{i+1}^*(q_{i+1},\theta_{i+1})\} \quad i = 1,2,\cdots,N-1 \\ F_N^*(q_N,\theta_N) = \max\{(ET_N/ET_{mN})^{\lambda_N}\} \end{array}\right\} \quad (3\text{-}12)$$

式中　$F_{i+1}^*(q_{i+1},\theta_{i+1})$——$i$ 阶段状态为 q 和 θ、决策为 d 时，其 $(i+1) \sim N$ 阶段的最大总相对产量。

二、多种作物之间优化模型(第二层模型)

多种作物之间优化模型是确定水源在各子系统之间的水量分配问题，进一步可确定灌区最优种植模式。此模型可用线性规划、非线性规划或动态规划求解，根据实际问题的需要和从方便计算出发，此处采用线性规划模型。

(一)变量和时段划分

各水源同时向灌溉土地供水，以年为调节周期，以作物生育期划分时段。区内有小麦、玉米等若干个子系统，其面积分别为 $A_k(k=1,2,\cdots)$，以 X_{ijk} 表示 i 水源向 j 作物 k 时段的供水量，单位 m^3（$i=1,2,\cdots,L;j=1,2,\cdots,m;k=1,2,\cdots,n$）。

(二)约束方程

(1)种植面积约束：

$$A_j \leqslant \varepsilon_j A \qquad \forall j$$

$$\sum_{j=1}^m A_j \leqslant A$$

式中　A——总可灌溉面积，hm^2；

　　　A_j——j 种作物灌溉面积，hm^2；

　　　ε_j——j 种作物灌溉面积占总可灌溉面积的百分比。

(2)各水源供水量约束。各时段各水源供水量不能超过同时段各水源农业可供水量，即

$$\sum_{j=1}^m X_{ijk} \leqslant SW_{ik} \qquad \forall i,k$$

式中　SW_{ik}——i 水源 k 时段的农业可供水量，m^3，包括水库蓄水、河道径流、地下水、海水淡化、客水、污水回用。

(3)需水量约束。各时段作物灌溉水量等于该时段各水源引用量，即

$$d_{ik} \cdot A_j = \nabla_i \sum_{i=1}^L \sum_{k=1}^n X_{ijk} \qquad \forall j$$

式中　∇_i——i 水源灌溉水利用系数。

(4)非负约束。各种作物的灌溉面积及时段供水量大于等于零，即

$$A_j \geqslant 0 \quad X_{ijk} \geqslant 0 \qquad \forall i,j,k$$

(三)目标函数

以各种作物净效益之和最大为目标，即

$$Z_{\max} = \max\left\{\sum_{j=1}^m F(Q_j) \cdot A_j \cdot Y_{mj} \cdot P_j\right\} - \sum_{i=1}^L C_i\left(\sum_{j=1}^m \sum_{k=1}^n X_{ijk}\right) \qquad (3\text{-}13)$$

式中　$Z_{\max}$——最大效益，元；

$F(Q_j)$——第一层反馈的第 j 种作物的效益指标(最大相对产量);

A_j——第 j 种作物的种植面积,hm^2;

Y_{mj}——第 j 种作物丰产产量,kg/hm^2;

P_j——第 j 种作物单价,元/kg;

C_i—— i 水源单方水供水成本,元。

三、龙口市项目区农业及农业水资源状况

龙口市项目区位于龙口市中部偏东的兰高镇,西与城区接界,东至黄水河,南以王屋灌区西干渠为缘,北至 206 国道,东西最大横距 6 km,南北最大纵距 8.5 km,总面积 32.5 km²。辐射区以山前冲积平原为主,面积约 24.5 km²,占总面积的 75%,地势南高北低。区内包括 26 个行政村,23 818 人。根据龙口市统计局统计,2002 年辐射区国民生产总值 16.4 亿元,其中工业生产总值 10.2 亿元,农民人均纯收入 4 434 元。

(一)项目区农业概况

龙口市项目区现有耕地 2 033 hm²,其中粮田 220 hm²,果园 1 813 hm²。主要粮食作物有小麦、玉米、花生等,小麦和玉米为一年两作,种植面积大致相同。高产小麦需水量 5 280 m³/hm²,最大产量 6 930 kg/hm²,水分生产函数 1.31 kg/m³;高产玉米需水量 4 500 m³/hm²,最大产量 9 270 kg/hm²,水分生产函数 2.06 kg/m³。林果品种以葡萄、苹果、梨等为主,其中以葡萄种植面积最大,达到 1 220 hm²,林果单产 3 万 kg/hm²。根据有关资料,本地区小麦、玉米各生育阶段特性采用值见表 3-10 和表 3-11。

表 3-10　小麦各生育阶段特性

生育阶段	1 播种—越冬	2 越冬—返青	3 返青—拔节	4 拔节—抽穗	5 抽穗—成熟	合计
生长时间	10-10 ~ 11-25 (47 天)	11-26 ~ 3-05 (50 天)	03-06 ~ 04-10 (30 天)	04-11 ~ 05-01 (35 天)	05-02 ~ 06-20 (39 天)	
缺水敏感指数	0.069 8	0.037 0	0.289 6	0.208 9	0.000 1	
最大需水量(m³/hm²)	927	312	300	1 596	2 145	5 280
根系层深度(m)	0.5 ~ 0.6	0.6 ~ 0.7	0.7 ~ 0.8	0.8 ~ 0.9	0.9 ~ 1.0	

表 3-11　玉米各生育阶段特性

生育阶段	1 播种—拔节	2 拔节—抽雄	3 抽雄—灌浆	4 灌浆—收获	合计
生长时间	06-10 ~ 06-30 (21 天)	07-01 ~ 07-16 (16 天)	07-17 ~ 08-05 (31 天)	08-06 ~ 09-10 (34 天)	
缺水敏感指数	0.156 7	0.191 7	0.191 7	0.327 0	
最大需水量(m³/hm²)	769.5	840	1 665	1 230	4 504.5
根系层深度(m)	0.4 ~ 0.5	0.5 ~ 0.6	0.6 ~ 0.7	0.7 ~ 0.8	

龙口项目区区内渠灌面积为 1 327 hm², 主要分布在中南部区域, 水源为王屋水库的地表水; 机井灌区面积为 707 hm², 多分布在北部平原区, 区内现有机井 140 眼, 目前均已实现管道输水灌溉。根据试验, 综合现状渠系水利用系数、灌溉技术以及节水措施的推广情况, 地表水利用系数采用 0.65 (畦灌 0.50、喷灌 0.90), 井灌水利用系数采用 0.85, 综合灌溉水利用系数采用 0.80。目前本区域粮食单价约为 1.40 元/kg, 单方供水成本约为0.30 元。

(二)土壤状况

项目区内土壤类型以中性壤土为主, 约占总面积的 85%, 土层较厚, 持水保肥能力较强。该土壤田间持水率为 0.230, 凋萎系数为 0.140, 土壤容重(占土壤干重的比值)为1.45。

(三)不同代表年小麦、玉米各生育阶段有效降水量分析

根据代表年的逐日降水过程(降水日期、降水量), 结合区域土壤状况、灌溉实验资料和各生育阶段最大需水量限制条件, 降水有效利用系数在 0.5 和 0.9 之间取值, 经综合分析, 可得不同典型年小麦、玉米各生育阶段有效降水量, 见表 3-12 和表 3-13。

表 3-12　不同典型年小麦、玉米各生育阶段有效降水量(一)　　(单位:m³/hm²)

作物	典型年	生育阶段						合计
		1	2	3	4	5	6	
小麦	50%(1998 年)	195	60	270	150	150	375	1 200
	75%(1984 年)	105	375	45	60	120	330	1 035
	95%(1986 年)	270	75	30	75	0	0	450
玉米	50%(1998 年)	270	1 830	975				3 075
	75%(1984 年)	765	1 200	675				2 640
	95%(1986 年)	180	1 200	975				2 355

注:本表采用典型年降水时程分配不利于作物生长。

表 3-13　不同典型年小麦、玉米各生育阶段有效降水量(二)　　(单位:m³/hm²)

作物	典型年	生育阶段						合计
		1	2	3	4	5	6	
小麦	50%(1979 年)	270	270	195	195	600	165	1 695
	75%(1993 年)	60	600	105	120	120	600	1 605
	95%(1988 年)	15	0	15	45	15	375	465
玉米	50%(1979 年)	765	675	450				1 890
	75%(1993 年)	765	750	525				2 040
	95%(1988 年)	345	825	825				1 995

注:本表采用典型年降水时程分配有利于作物生长。

(四)小麦、玉米供水量分析

项目辐射区小麦、玉米种植面积均为 220 hm²,小麦、玉米实际供水量见表 3-14。

表 3-14 小麦、玉米实际供水量分析

代表年	50%	75%
小麦、玉米灌溉定额(m³/hm²)	3 450	3 900
小麦、玉米缺水率(%)	-30	-81
小麦、玉米实际灌溉定额(m³/hm²)	2 415	735
小麦、玉米实际供水量(万 m³)	53.13	16.17

四、龙口市项目区小麦、玉米水资源优化配置

(一)小麦、玉米水资源优化配置模型

由于小麦、玉米灌前土壤含水率的随机性,将小麦、玉米播前土壤含水率分为需要播前灌溉和不需要播前灌溉两种情况。本地区小麦、玉米播种适宜土壤含水率为 70% 左右,当播前土壤含水率大于 65% 时,可保证作物的出苗需要,否则需播前灌溉,灌后土壤含水率控制在 80% 左右。根据经验,小麦、玉米播前灌溉定额采用 450 m³/hm²。

根据非充分农业灌溉用水优化配置大系统递阶模型及龙口辐射区可供小麦、玉米的水资源状况,可建立具体的龙口辐射区小麦、玉米水资源优化配置模型。

具体第一层模型同上。

具体第二层模型为:

变量 X_1,X_2——小麦、玉米的最优种植面积;

X_3,X_4,X_5,X_6,X_7,X_8——小麦 6 个生育阶段的最优分配水量;

X_9,X_{10},X_{11}——玉米 3 个生育阶段的最优分配水量;

$D_{麦i}$——小麦第 i 生育阶段的灌水定额;

$D_{玉i}$——玉米第 i 生育阶段的灌水定额。

种植面积约束 $X_1 \leqslant 220 \text{ hm}^2$

$\qquad X_2 \leqslant 220 \text{ hm}^2$

供水量约束 $X_3+X_4+X_5+X_6+X_7+X_8+X_9+X_{10}+X_{11} \leqslant 538\ 000$(50% 代表年)

需水量约束 $D_{麦1} \cdot X_1 \leqslant \nabla \cdot X_3$(综合灌溉水利用系数 $\nabla = 0.80$)

$\qquad D_{麦2} \cdot X_1 \leqslant \nabla \cdot X_4$

$\qquad D_{麦3} \cdot X_1 \leqslant \nabla \cdot X_5$

$\qquad D_{麦4} \cdot X_1 \leqslant \nabla \cdot X_6$

$\qquad D_{麦5} \cdot X_1 \leqslant \nabla \cdot X_7$

$\qquad D_{麦6} \cdot X_1 \leqslant \nabla \cdot X_8$

$\qquad D_{玉1} \cdot X_2 \leqslant \nabla \cdot X_9$

$\qquad D_{玉2} \cdot X_2 \leqslant \nabla \cdot X_{10}$

$\qquad D_{玉3} \cdot X_2 \leqslant \nabla \cdot X_{11}$

非负约束 $X_1,X_2,\cdots,X_{11} \geqslant 0$

目标函数　$Z_{\max} = F(Q_1) \times X_1 \times 462 \times 1.40 + F(Q_2) \times X_2 \times 618 \times 1.40 - 0.3 \times (X_3 + X_4 + \cdots + X_{11})$

(二)不同代表年水资源优化配置方案

求解上述模型可得不同代表年水资源优化配置方案,具体说明如下。

以 50%、75% 两个代表年,大气降水时程分配对作物生长有利与不利两种典型年,作物需要播前灌溉和不需要播前灌溉两种情况,共 8 种组合对龙口市农业水资源合理配置进行研究。

50% 代表年分为 4 种组合,分别是:

第一种情况:降水时程分配不利于作物生长的典型年,需要播前灌溉;

第二种情况:降水时程分配不利于作物生长的典型年,不需要播前灌溉;

第三种情况:降水时程分配有利于作物生长的典型年,需要播前灌溉;

第四种情况:降水时程分配有利于作物生长的典型年,不需要播前灌溉。

75% 代表年分为 4 种组合,分别是:

第五种情况:降水时程分配不利于作物生长的典型年,需要播前灌溉;

第六种情况:降水时程分配不利于作物生长的典型年,不需要播前灌溉;

第七种情况:降水时程分配有利于作物生长的典型年,需要播前灌溉;

第八种情况:降水时程分配有利于作物生长的典型年,不需要播前灌溉。

1.50% 代表年

第一种情况:降水时程分配不利于作物生长的典型年,需要播前灌溉。

此种条件对模型进行求解,可得作物最优产量见表 3-15。同时,求得作物优化灌溉定额、作物不同生育期配水量分别见表 3-16 和表 3-17,项目区小麦、玉米总经济效益为 457 万元。

表 3-15　作物种植模式和实际产量

作物	小麦	玉米
种植面积(hm²)	220	220
相对产量(绝对产量)	0.868 0(6 015)	0.998 3(9 255)
水分生产率	2.05	2.48

注:绝对产量单位为 kg/hm²,相对产量单位为 %。

表 3-16　优化灌溉定额(毛)　　　　　　(单位:m³/hm²)

阶段	播前	1	2	3	4	5	6	灌溉定额
小麦	450	0	150	0	450	450	390	1 890
玉米	450	255	0	0				705

表 3-17　作物不同生育期配水量(毛)　　　　(单位:万 m³)

阶段	播前	1	2	3	4	5	6	Σ
小麦	9.9	0	3.3	0	9.9	9.9	8.6	41.6
玉米	9.9	5.6	0	0				15.5

第二种情况:降水时程分配不利于作物生长的典型年,不需要播前灌溉。

此时可求得项目区小麦、玉米总经济效益为471万元,计算结果见表3-18～表3-20。

表3-18 作物种植模式和实际产量

作物	小麦	玉米
种植面积(hm²)	220	220
相对产量(绝对产量)	0.943 6(6 540)	0.999 0(9 255)
水分生产率	2.06	2.63

注:绝对产量单位为kg/hm²,相对产量单位为%。

表3-19 优化灌溉定额(毛) （单位:m³/hm²)

阶段	播前	1	2	3	4	5	6	灌溉定额
小麦	0	0	285	0	600	600	480	1 965
玉米	0	450	0	0				450

表3-20 作物不同生育期配水量(毛) （单位:万 m³)

阶段	播前	1	2	3	4	5	6	Σ
小麦	0	0	6.3	0	13.2	13.2	10.6	43.3
玉米	0	9.9	0	0				9.9

第三种情况:降水时程分配有利于作物生长的典型年,需要播前灌溉。

此时可求得辐射区小麦、玉米总经济效益为423万元,计算结果见表3-21～表3-23。

表3-21 作物种植模式和实际产量

作物	小麦	玉米
种植面积(hm²)	220	220
相对产量(绝对产量)	0.863 1(5 985)	0.881 8(8 175)
水分生产率	2.28	2.42

注:绝对产量单位为kg/hm²,相对产量单位为%。

表3-22 优化灌溉定额(毛) （单位:m³/hm²)

阶段	播前	1	2	3	4	5	6	灌溉定额
小麦	450	0	0	0	480		0	930
玉米	450	0	525	510				1 485

表3-23 作物不同生育期配水量(毛) （单位:万 m³)

阶段	播前	1	2	3	4	5	6	Σ
小麦	9.9	0	0	0	10.5		0	20.4
玉米	9.9	0	11.5	11.2				32.6

第四种情况:降水时程分配有利于作物生长的典型年,不需要播前灌溉。

此时可求得项目区小麦、玉米总经济效益为449万元,计算结果见表3-24～表3-26。

表3-24　作物种植模式和实际产量

作物	小麦	玉米
种植面积(hm²)	220	220
相对产量(绝对产量)	0.884 0(6 120)	0.968 1(8 970)
水分生产率	2.48	2.53

注:绝对产量单位为 kg/hm²,相对产量单位为% 。

表3-25　优化灌溉定额(毛)　　　　　　　　(单位:m³/hm²)

阶段	播前	1	2	3	4	5	6	灌溉定额
小麦	0	0	0	0	390	375	0	765
玉米	0	0	900	750				1 650

表3-26　作物不同生育期配水量(毛)　　　　　　　　(单位:万 m³)

阶段	播前	1	2	3	4	5	6	Σ
小麦	0	0	0	0	8.6	8.3	0	16.9
玉米	0	0	19.8	16.5				36.3

2.75%代表年

第五种情况:降水时程分配不利于作物生长的典型年,需要播前灌溉。

此时可求得项目区小麦、玉米总经济效益为353万元,计算结果见表3-27～表3-29。

表3-27　作物种植模式和实际产量

作物	小麦	玉米
种植面积(hm²)	220	220
相对产量(绝对产量)	0.578 1(4 005)	0.817 8(7 575)
水分生产率	2.84	2.53

注:绝对产量单位为 kg/hm²,相对产量单位为% 。

表3-28　优化灌溉定额(毛)　　　　　　　　(单位:m³/hm²)

阶段	播前	1	2	3	4	5	6	灌溉定额
小麦	375							375
玉米	360							360

表 3-29　作物不同生育期配水量(毛)　　　　(单位:万 m³)

阶段	播前	1	2	3	4	5	6	Σ
小麦	8.3	0	0	0				8.3
玉米	7.9	0	0	0				7.9

第六种情况:降水时程分配不利于作物生长的典型年,不需要播前灌溉。

此时可求得项目区小麦、玉米总经济效益为 387 万元,计算结果见表 3-30～表 3-32。

表 3-30　作物种植模式和实际产量

作物	小麦	玉米
种植面积(hm²)	220	220
相对产量(绝对产量)	0.630 7(4 365)	0.903 3(8 370)
水分生产率	2.91	2.88

注:绝对产量单位为 kg/hm²,相对产量单位为%。

表 3-31　优化灌溉定额(毛)　　　　(单位:m³/hm²)

阶段	播前	1	2	3	4	5	6	灌溉定额
小麦	0	0	0	0	465		0	465
玉米	0	0	270	0				270

表 3-32　作物不同生育期配水量(毛)　　　　(单位:万 m³)

阶段	播前	1	2	3	4	5	6	Σ
小麦	0	0	0	0	10.2		0	10.2
玉米	0	0	5.9	0				5.9

第七种情况:降水时程分配有利于作物生长的典型年,需要播前灌溉。

此时可求得项目区小麦、玉米总经济效益为 330 万元,计算结果见表 3-33～表 3-35。

表 3-33　作物种植模式和实际产量

作物	小麦	玉米
种植面积(hm²)	220	220
相对产量(绝对产量)	0.644 6(4 455)	0.688 4(6 375)
水分生产率	2.27	2.66

注:绝对产量单位为 kg/hm²,相对产量单位为%。

表 3-34　优化灌溉定额(毛)　　　　　　　　　（单位:m³/hm²)

阶段	播前	1	2	3	4	5	6	灌溉定额
小麦	375							375
玉米	360							360

表 3-35　作物不同生育期配水量(毛)　　　　　　　（单位:万 m³)

阶段	播前	1	2	3	4	5	6	Σ
小麦	8.3	0	0	0				8.3
玉米	7.9	0	0	0				7.9

第八种情况:降水时程分配有利于作物生长的典型年,不需要播前灌溉。

此时可求得项目区小麦、玉米总经济效益为 362 万元,计算结果见表 3-36 ~ 表 3-38。

表 3-36　作物种植模式和实际产量

作物	小麦	玉米
种植面积(hm²)	220	220
相对产量(绝对产量)	0.662 6(4 590)	0.788 4(7 305)
水分生产率	2.27	3.10

注:绝对产量单位为 kg/hm²,相对产量单位为% 。

表 3-37　优化灌溉定额(毛)　　　　　　　　　（单位:m³/hm²)

阶段	播前	1	2	3	4	5	6	灌溉定额
小麦	0	0	0	0	420		0	420
玉米	0	0	315	0				315

表 3-38　作物不同生育期配水量(毛)　　　　　　　（单位:万 m³)

阶段	播前	1	2	3	4	5	6	Σ
小麦	0	0	0	0	9.3		0	9.3
玉米	0	0	7.0	0				7.0

(三) 结果分析

(1)根据模型,下式应当成立:

$$W \cdot \eta = A \cdot D \tag{3-14}$$

式中　W——作物全生育期分配水量;

　　　η——灌溉水利用系数,取 $\eta = 0.80$;

　　　A——作物实际种植面积;

　　　D——作物实际灌水定额。

以优化结果分别对小麦、玉米进行验证,上式成立,表明计算结果正确(由于误差存在,二者不可能完全相等,提高离散水平,可提高精度)。

（2）从优化结果可知,50%、75%代表年缺水情况下,作物种植面积都达到允许最大种植面积,即缺水不影响种植面积,只影响作物单产。按作物生长规律,当缺水达到一定限度时,缺水将影响作物种植面积。

（3）8种情况下的小麦、玉米总经济效益比较见表3-39和表3-40。

表3-39 小麦、玉米总经济效益比较 （单位:万元）

代表年	播前土壤含水量	
	50%	75%
50%代表年	457	471
75%代表年	353	387

注:本表采用典型年降水时程分配不利于作物生长。

表3-40 小麦、玉米总经济效益比较 （单位:万元）

代表年	播前土壤含水量	
	50%	75%
50%代表年	423	449
75%代表年	330	362

注:本表采用典型年降水时程分配有利于作物生长。

分析表3-39和表3-40可见,对于50%、75%代表年两种情况,小麦、玉米总经济效益变化较大,即代表年对小麦、玉米总经济效益影响较大。50%、75%代表年的小麦、玉米总供水量相差约70%（50%典型年为2 415 m^3/hm^2、75%典型年为735 m^3/hm^2,见表3-14）,而其总经济效益却只相差20%左右,因此在缺水地区可适当降低作物灌溉定额,以提高作物水分生产率。

从"不利"情况得到的效益与从"有利"情况得到的效益相差不大。进一步分析发现,从"不利"情况得到的效益比"有利"情况得到的效益要高,这是因为本文选用的"不利"情况是指天然降水不利于小麦的自然利用,但天然降水有可能有利于玉米,本书代表年年内降水过程就属这种情况。因此,可针对玉米的生长期,选用有利与不利两种典型年,再做进一步研究。

对于需要播前灌溉和不需要播前灌溉两种情况,小麦、玉米总经济效益变化不大,即播前土壤含水量对小麦、玉米总经济效益影响不大。这是由于在保证作物出苗的情况下,播前土壤含水量与小麦、玉米全生育期灌水总量相比,所占比例较小。

第四章 地表水、地下水联合优化调度大系统管理模型

地表水、地下水优化调度涉及社会经济、环境和技术等方面诸多因素,地表地下水系统是复杂的大规模系统,随着近代控制理论与大系统理论的发展,这一方法才广泛应用于地表水和地下水联合运用问题中。建立便于应用最优方法的系统数学模型,是系统分析的关键。自 20 世纪 60 年代以来,地下水和地表水联合运用问题的研究,已取得了较大的进展。许多专家对地表水和地下水联合运用的规划与管理问题进行了深入的研究。1973年,Chaudhry 利用空间分解和多级优化技术确定印度河流域一个子系统的联合运用优化设计及运行调度问题。1974 年,Yu 和 Haimes 运用大系统分解协调技术研究了地面水和地下水的联合管理运行问题。1977 年,Haimes 和 Dreizin 研究了由河流、含水层和下游水库组成的联合运用系统,各子系统操作上级分配的地表水量,并决定地下水开采,目标是本区费用最小,上级协调器协调各区开采的相互影响,同时考虑由管理机构征税用于人工回灌。1980 年,Jamshidi 应用分解协调技术解决 Grande 流域开发问题,首先将流域按空间分解为多个子系统,然后再将每个子系统按时间分解,构成三级谱系结构;1983 年,Bredehoeft 将大系统优化理论用于灌溉农业的管理;1992 年,Joy 将该理论用于加利福尼亚州 Mad 流域的规划。

1987 年,程玉慧等研究了河北省岗南、黄壁庄水库与石津灌区地面水和地下水的多目标最优联合调度问题;同年,茹履绥在进行井渠双灌区扩建规划时,对地表水、地下水大系统进行了按水源和按地域分解的重叠分解技术,对按水源分解的供水系统采用调节计算,而对按地域分解的系统进行逐层优化,将灌溉可用水量作为重叠分解最高协调层的协调变量。1988 年,贺北方在河南豫西地区建立了区域可供水资源年优化分配的大系统逐级优化模型。1989 年,曾赛星、李寿声等针对内蒙古河套灌区永联试区的具体情况,运用大系统分解 – 协调方法建立了灌区优化灌溉制度及地面水、地下水联合运用的谱系模型,模型中第一层子系统优化采用动态规划方法确定各种作物的灌溉制度,第二层平衡协调模型,通过线性规划方法确定了各时段地面水引水量、地下水抽水量及最优种植模式,以求达到灌区年净效益最大的目标。1990 年,林学钰等在河南平顶山市外方山东段沙河冲积平原上建立了地表水、地下水多目标规划模型,并利用线性加权法进行求解。1993 年,刘建民等在京津唐地区建立了水资源大系统供水规划与调度优化三级递阶模型和三层递阶模拟模型,提出了模拟技术和优化技术相结合的求解方法,并对已建水库群和地下水含水层进行了优化调度。1995 年 3 月,朱文彬、周之豪以大系统递阶优化控制理论为基础,将区域内的水资源系统与用水系统作为一个整体进行统一研究。按供水与用水在空间上和时间上的变化特性,将所研究的大规模地表水、地下水联合系统分解为若干个子系统,并分别建立各子系统的优化管理模型,依据各子系统之间的相互关系与整个水资源系统的管理目标,在最高阶上设置总协调级模型,协调各子系统之间的关系,进而实现较满意

的优化结果。1995年12月,沙鲁生等应用系统分析中的模拟技术,建立了微山湖、骆马湖水资源多目标系统模拟模型,具有较好实用价值。1996年4月,石玉波等根据系统响应函数理论,提出了应用于地表水、地下水联合管理问题的广义响应函数概念,将优化模型耦化,从而使复杂的联合管理问题得到简化。

近20年来,胶东半岛区由于工业与生活用水迅速增加,城市生活水平不断提高,水资源日趋紧缺。特别是胶东半岛沿海经济发达区,原来用于农业灌溉的大中型水源工程基本转向城市供水,农业用水受到严重影响;随着经济的发展和城市化进程的加快,农村劳动力逐渐向城市转移,农业灌溉只能依靠分散的小水源,灌溉保证率低,农业产量低而不稳,农业发展受到严重影响。面对沿海经济发达地区水资源紧缺、劳动力缺乏的特点,如何缓解沿海经济发达区水资源供需矛盾,保持农业持续发展,使有限水资源合理配置、高效利用,已成为此类地区重要的研究课题。

本项研究采用地表水、地下水大系统递阶管理模型对胶东半岛区域典型区农业地表水和地下水配水进行优化调度。这里以威海市环翠区羊亭镇为例进行阐述说明。

第一节 典型区水资源开发利用基本情况分析

一、典型区水资源开发利用特点

地表水和地下水联合调度应用区位于威海市羊亭河流域下游,为山前冲积扇,羊亭河流域面积较小,可利用的地表水、地下水匮乏,且无任何客水资源可供利用。尽管多年平均降水量在700 mm以上,但年际变化大(近10年平均591 mm),年内分配不均,降雨多集中在汛期中。河道源短流急,拦蓄条件差,地表水不能充分利用,仅雨后短期内有水,灌溉需水季节却无水可用。可提取的浅层地下水动水位埋深15~25 m,由于地处沿海,为防止海水倒灌,也必须限量开采;拦蓄利用地表水和截取浅层地下水的大口井(方塘)出水能力随季节变化,经常干涸;拦河坝只能拦蓄部分地面径流和潜流,抬高地下水位,供灌溉季节应用,但效益发挥不充分。

根据当地区域生活、生产用水发展要求,城镇用水集中、农业灌溉用水分散的特点,大中型水源地已基本转向为城镇生活、工业供水,农业灌溉只能依靠小水源供水,这种大水源服务于城镇生活、工业供水,小水源用于农业灌溉的宏观水资源配置,支持了区域经济的发展。由于农用水资源的大量减少,为了保持农业的稳定与发展,政府大力投资、积极鼓励兴建小水源,开发地下水资源,发展节水灌溉。然而,由于胶东半岛沿海区域水资源有限,无节制地开采地下水,挤占生态用水,致使当地局部地下水资源枯竭,海咸水内侵,生态环境恶化。不仅如此,农业灌溉的分散管理难以使水资源合理配置,灌溉季节的争水抢水,导致农村生活与工副业用水困难,农业用水得不到保障,严重制约了当地农村经济的发展。水资源的统一管理与合理配置成为解决当地农村用水和经济发展的关键,只有对分散的水源进行统一管理,地表水和地下水联合调配,才能保证当地水资源的可持续利用。

二、羊亭河流域水资源总量分析

羊亭河流域是一个封闭的小流域,羊亭河全长 10.6 km,流域面积 59 km²。

(一)地表水资源量

由于羊亭河流域内无实测径流资料,因此地表水资源量计算采用径流系数法,即地表径流系数乘以降水量为径流深,然后乘以流域面积为当地地表水资源量。根据同类型地区已有研究成果,多年平均地表径流系数取 0.34。则由此计算得多年平均地表水资源量为 1 406 万 m³。不同频率的地表径流系数分别采用 0.31、0.24,地表水资源计算结果见表 4-1。

表 4-1　羊亭示范区所在流域地表水资源计算结果

保证率	降水量(mm)	地表径流系数	径流深(mm)	流域面积 (km²)	地表水资源量 (万 m³)
多年平均	701.0	0.34	238.3	59	1 406
50%	687.0	0.31	213.0	59	1 257
75%	553.8	0.24	132.9	59	784

(二)地下水资源量

羊亭河流域相对独立、完整,流域内没有其他客水补给地下水,因此地下水资源量可认为是地下水的天然降水补给量。降水入渗补给量是指当地降水入渗到土壤后,在重力作用下渗透补给地下的水量,是该区地下水的唯一补给来源。主要有两个途径:一是降水直接下渗补给,二是降雨产生地表径流,被水利工程及坑塘拦蓄后,这些拦蓄量的直接下渗、侧渗以及灌溉回归补给。本次计算采用降水入渗补给系数法,根据不同保证率的降水量直接求出不同保证率的地下水资源量。由于降雨径流拦蓄水补给地下水量构成复杂,且又相互转化,因此本次计算中将这部分直接下渗、侧渗、灌溉回归补给一并考虑。计算结果见 4-2。

表 4-2　羊亭示范区所在流域地下水补给汇总　　　　　　(单位:万 m³)

保证率	降水入渗补给量	蓄水入渗补给量	地下水总补给量
多年平均	414	24.1	438.1
50%	405	24.1	429.1
75%	327	17.28	344.3

(三)水资源总量

水资源总量含地下水、地表水资源量,并扣除二者的重复计算量,流域水资源总量计算结果见表 4-3。

由表 4-3、表 4-4 可以看出,羊亭示范区所在流域多年平均水资源总量为 1 820 万 m³,产水模数为 30.8 万 m³/km²。人均水资源占有量为 715 m³,耕地每公顷水资源占有量为 10 414 m³,低于全国人均水资源占有量 2 200 m³、耕地每公顷占有量 27 000 m³ 水平,但高于山东省人均占有量 344 m³、耕地每公顷占有量 4 605 m³ 水平。

表 4-3 羊亭示范区所在流域水资源总量计算结果 （单位:万 m³）

保证率	地表水资源量	地下水资源量	地下水与地表水的重复量	水资源总量
多年平均	1 406	438.1	24.1	1 820
50%	1 257	429.1	24.1	1 662
75%	784	344.3	17.28	1 111

表 4-4 羊亭示范区所在流域人均、耕地单位面积水资源占有量

保证率	水资源总量（万 m³）	总人口数	耕地面积（hm²）	人均水资源占有量(m³/人)	耕地单位面积水资源占有量（m³/hm²）
多年平均	1 820	25 447	1 747	715	10 414
50%	1 662	25 447	1 747	653	9 519
75%	1 111	25 447	1 747	437	6 361

三、羊亭河流域水资源可利用量分析

羊亭河全长仅 10.6 km,独流入海,源短流急,流域地表水资源量的大部分作为弃水从河道排泄入海,地表水可利用量仅是水库、塘坝等拦蓄的兴利库容量,扣除其蒸发部分的量作为可利用的地表水资源量。现状条件下,羊亭河流域内无大、中、小(一)型水库,有小(二)型水库 11 座,集雨面积 21.35 km²,兴利库容 208 万 m³;拦河橡胶坝 2 座,拦蓄河道库容 20 万 m³;塘坝 90 座,库容 116 万 m³;共可增加拦蓄量 344 万 m³。根据有关研究成果,不同典型年水库蒸发量为其库容量的 9.79% ~ 10.61%,则一律采用 10%,故地表水实际可利用量为拦蓄量的 90%。

地下水资源可利用量是基于具有可开采价值的地下水区域考虑的。地下水可利用量采用开采系数法计算,即为地下水总补给量扣除潜水蒸发量后与地下水开采利用系数的乘积。为了避免与地表水可利用量重复计算,地下水总补给量应扣除与地表水资源量重复部分水量。潜水蒸发量的极限埋深一般为 3 m,项目区地下水埋深一般在 3 m 以下,本次计算对此量忽略不计。开采系数采用类似地区的取值, 取 0.8。不同频率水资源可利用量计算结果见表 4-5。

表 4-5 不同频率水资源可利用量计算结果 （单位:万 m³）

保证率	地表水可利用量	地下水可利用量	水资源可利用总量
多年平均	309.6	331.2	640.8
50%	309.6	324.0	633.6
75%	259.2	261.6	520.8

四、典型区水资源开发利用现状分析

典型区水资源可利用量仅占总量的30%,其地表水资源开发利用的形式主要为兴建拦蓄工程,如水库、塘坝、拦河闸(拦河闸既为地表水源工程又为地下水源工程,因为它既拦蓄洪水,又拦蓄平日河道基流水)等。地下水开采现状本区以开采松散岩类地下水为主,较少开采基岩裂隙水,开采方式为分散开采,用于农田灌溉、厂矿企业生产、生活用水、农村生产用水及城市供水等,开采井多沿河流第四系发育地区呈线状分布。现状条件下,机井、大口井102眼,出水量在30~50 m^3/h。

(一)农业用水量分析

农业用水是流域用水大户。农业用水量由农业种植作物结构、不同作物灌水定额和灌溉面积决定,其用水量可用下式表达:

$$W = \sum_{j}^{n} \sum_{i=1}^{12} b_j q_{ij} F_{ij}$$

式中　n——作物种类总数;

　　　j——某种作物;

　　　i——月份;

　　　b_j——作物比例;

　　　q_{ij}——灌水定额;

　　　F_{ij}——灌溉面积。

根据目前的灌水技术水平和各水平年发展水平,拟定各水平年灌溉定额,进而对全镇不同水平年的农业用水量进行分析,如表4-6所示。

由表4-6可以看出,现状年多年平均农业用水量为361.28万 m^3,$P=50\%$、$P=75\%$水平年农业用水量分别为361.28万 m^3、675.28万 m^3。

(二)乡镇用水量分析

流域内乡镇企业主要包括渔具、服装、汽配等轻加工业,2002年项目区所在羊亭镇城镇工业总产值为18.5亿元,通过对镇内典型企业用水进行核算,综合万元产值耗水量为10.7 m^3。由此求得现状年羊亭镇工业用水量为197.95万 m^3。

(三)城镇生活用水量分析

羊亭镇人口2 313人,根据项目区城镇家庭和公共设施用水量标准,采用城镇生活综合用水定额为170 L/(人·d),故现状年城镇生活用水量约为年14.35万 m^3。见表4-7。

(四)农村人畜饮用水量分析

羊亭河流域内农村人口23 134人,大牲畜628头,小牲畜876头。根据现状年农村人畜用水调查,并结合国家有关标准,确定了项目区农村生活用水定额为60 L/(人·d),大牲畜、小牲畜用水定额分别为40 L/(头·d)、20 L/(头·d),现状年农村人畜饮用水量约为年71.22万 m^3。见表4-7。

(五)用水总量及构成分析

羊亭示范区所在流域现状不同水平年各业用水量及用水构成,见表4-8。

表 4-6　羊亭示范区所在流域现状不同水平年农业灌溉用水量计算成果

作物	水平年	实灌面积 （hm²）	毛灌溉定额 （m³/hm²）	灌溉需用水量 （万 m³）
冬小麦	50%	586.4	1 500	87.96
	75%	586.4	3 000	175.92
	多年平均	586.4	1 500	87.96
夏玉米	50%	613.6	750	46.02
	75%	613.6	1 500	92.04
	多年平均	613.6	750	46.02
花生	50%	586.4		0
	75%	586.4	750	43.98
	多年平均	586.4		0
果树	50%	501.3	1 500	75.2
	75%	501.3	3 000	150.4
	多年平均	501.3	1 500	75.2
蔬菜	50%	405.6	3 750	152.1
	75%	405.6	5 250	212.94
	多年平均	405.6	3 750	152.1
合计	50%			361.28
	75%			675.28
	多年平均			361.28

表 4-7　羊亭镇城镇生活及农村人畜饮用水量

项目	城镇生活	农村生活	大牲畜	小牲畜
数量（人、头）	2 313	23 134	628	876
用水定额（L/（人（头）·d））	170	60	40	20
用水量（万 m³）	14.35	50.66	1.38	19.18
合计（万 m³）	14.35	71.22		

表 4-8　项目区所在流域现状不同水平年用水总量及构成　　（单位:万 m³）

水平年	农业		工业		城镇生活		农村人畜		合计
	用水量	比例（%）	用水量	比例（%）	用水量	比例（%）	用水量	比例（%）	
50%	361.28	56	197.95	31	14.35	2.2	71.22	10.8	644.8
75%	675.28	70.4	197.95	20.6	14.35	1.5	71.22	7.5	958.8
多年平均	361.28	56	197.95	31	14.35	2.2	71.22	10.8	644.8

　　由表 4-8 可以看出,现状年多年平均用水总量为 644.8 万 m³,其中农业用水量最大,达 361.28 万 m³,占总用水量的 56%;工业用水总量次之,为 197.95 万 m³,占总用水量的

31%;其余为城镇及农村人畜饮水消耗。

五、水资源供需平衡分析

水资源供需平衡的原则是优先满足居民生活和工业用水的需要,其次用于发展农业灌溉。

根据以上水资源可利用量及需水量的分析结果,对项目区所在流域水资源供需状况进行平衡分析,如表4-9所示。

表4-9　现状年水资源供需平衡分析成果

水平年	可供水量 (万 m³)	需水总量 (万 m³)	余缺水量 (万 m³)	缺水率 (%)
50%	633.6	644.8	-11.2	1.7
75%	520.8	958.8	-438	46
多年平均	640.8	644.8	-4.0	0.6

由表4-9可知,项目区所在流域现状年平水年水资源基本平衡,一般干旱年($P = 75\%$)缺水438万 m³,缺水率46%,缺水相当严重,必须进行地表水和地下水联合调度。

第二节　地表水、地下水优化效益大系统管理模型

一、系统概化

根据典型区地表水、地下水系统特点及水资源工程现状,将水资源系统作如下概化:

(1)来水与储水系统:来水主要为羊亭河;储水系统包括浅层地下水含水层、水库和塘坝等蓄水工程。

(2)输水系统:示范区水利化发展较快,基本实现了输水管道化,输水系统由干管、支管等各级管道系统及管理系统组成。

(3)用水系统:由于项目示范区(672 hm²)水利设施较完备,在工程形式上既有地表水工程,又有地下水工程,且可基本实现地表水和地下水的联合调控,因此将项目示范区作为一个大区进行考虑。

(4)作为优化配置模型输入的各种数据、经济技术指标、水文及水文地质参数等均为已知。

二、模型结构

羊亭示范区地表水和地下水联合调度大系统由水资源系统、用水系统两部分组成。水资源系统分地表(水库)水和地下水两种水源;用水系统根据作物组成情况分为小麦、玉米、果树、蔬菜、其他(主要为花卉和苗圃)等作物,这样就将示范区地表水和地下水联合调度系统分解成三个层次、两个子系统的多层递阶结构,见图4-1。

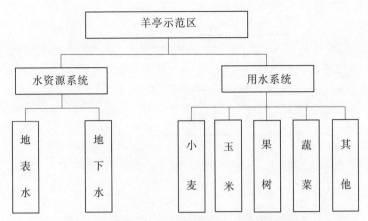

图 4-1　地表水和地下水联合调度递阶结构图

　　根据模型结构及示范区特点,确定模型目标函数、决策变量与约束条件,在满足约束条件的基础上确定作物种植布局预方案,然后根据现状年不同作物的灌溉需水定额,推求该方案下的作物灌溉需水总量,通过与现状年可供水资源量的比较,确定是否满足水资源供需平衡和模型精度的要求,否则,调整作物的种植布局方案,重新试算,直至满足精度 E_p 要求,最终确定示范区最优的作物种植布局方案,并在此基础上对地表水、地下水可供水资源量进行优化分配。图 4-2 为总体思路框图。

三、目标函数

　　由于水资源系统是一个多目标、多效益、多矛盾的系统,因而在整个系统内,各个部门都有各自不同的利益要求和期望目标。尽管这些目标和要求往往相互矛盾、相互竞争,但通过分析可以找出最主要的目标。区域水资源联合调用就是为了满足区域农业经济的发展和人民生活水平的提高。因此,根据本示范区区域经济发展计划总体要求,地表水和地下水联合调度大系统递阶管理模型中,选择经济效益作为目标函数,且将区域灌溉年总净效益最大作为目标函数。模型目标函数可表达为:

$$\max f(x) = \sum_{i}^{n} \varepsilon \gamma_i y_i \times A_i V_i - \sum_{t}^{n_t} C_m W_{tm} - \sum_{t}^{n_t} C_{qm} W_{tqm} \qquad (4\text{-}1)$$

即　$\max f(x)$ = 供水效益 – 地表水的供水成本 – 地下水的供水成本

　　其中

$$C_m = C_{gm} + C_{wm} + C_{tm} \qquad (4\text{-}2)$$

$$C_{qm} = C_{qsm} + C_{qwm} + C_{qtm} \qquad (4\text{-}3)$$

式中　$f(x)$——灌溉工程的年综合供水净效益;

　　　i——示范区作物种植类型的序号;

　　　n——示范区种植作物种类的总数,$n = 5$;

　　　n_t——管理时段数,按月分,$n_t = 12$;

　　　ε——灌溉效益分摊系数;

　　　γ_i——第 i 种作物考虑副产品收入后的产量扩大系数;

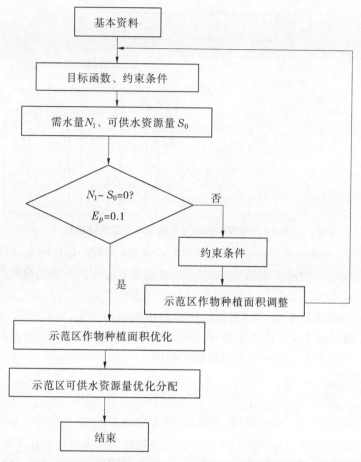

图4-2　地下水和地表水联合优化调度多目标大系统管理模型解题思路框图

y_i——第 i 种作物单位面积产量,kg/hm²;

A_i——第 i 种作物的优化种植面积,hm²;

V_i——第 i 种作物的价格,元/kg;

C_m——地下水的单方提水成本,元/m³;

W_{tm}——第 t 时段地下水的开采量,万 m³;

C_{qm}——地表水的供水单价,元/m³;

W_{tqm}——第 t 时段地表水的供水量,万 m³;

C_{gm}——抽取地下水的动力费用,元/m³;

C_{wm}——抽取地下水的维修费用,元/m³;

C_{tm}——井灌工程的投资折算费用,元/m³;

C_{qsm}——引用地表水的动力和管理费用,元/m³;

C_{qwm}——引用地表水灌溉的维修费用,元/m³;

C_{qtm}——引用地表水灌溉的投资,元/m³。

四、决策变量

调度模型的决策变量包括运行决策变量(各水源各时段优化配水量)和产业结构变量(农作物的优化种植结构和种植面积)。示范区各种作物的优化种植面积 $x_1,x_2,\cdots,x_5$ (hm^2);以月为作物灌溉时段,地表水各时段的引水量 $x_6,x_7,\cdots,x_{17}$ (万 m^3)和地下水各时段的开采量 $x_{18},x_{19},\cdots,x_{29}$ (万 m^3)。决策变量设置见表4-10。

表 4-10　地表水地下水联合调度优化模型决策变量设置

作物	冬小麦	玉米	果树	蔬菜	其他
面积(hm^2)	x_1	x_2	x_3	x_4	x_5
时段	1 月,2 月,$\cdots$,12 月				
地表水引水量(万 m^3)	$x_6,x_7,\cdots,x_{17}$				
地下水开采量(万 m^3)	$x_{18},x_{19},\cdots,x_{29}$				

五、主要约束方程

实现水资源科学分配与合理配置的优化方案应该是在满足一定的约束条件下,目标函数达到最大(或者最小)值。根据示范区实际情况,特制定以下约束条件。

(一)水源约束

(1)各时段示范区引用地表水的水量不超过该时段地表水的农业灌溉最大可能供水量。

$$\sum_{t=1}^{n_t} W_{tqm} \leqslant W_{st}^* \tag{4-4}$$

(2)周年地下水年开采量不超过地下水允许开采量。

$$\sum_{t=1}^{n_t} W_{tm} \leqslant W_{dkk}^* \tag{4-5}$$

(3)各时段水库、塘坝的供水量之和不超过相应时段内水库、塘坝的蓄水量。

$$\sum_{r=1}^{n_r} WR_{tr} \leqslant \sum_{r=1}^{n_r} WR'_{tr} \tag{4-6}$$

(二)作物种植面积约束

羊亭示范区种植作物面积不大于(或小于)该种作物的规定种植面积。

$$F_i \leqslant \lambda_i F_p \tag{4-7}$$

(三)作物需水量约束

各时段的地表引水量、地下水抽水量与有效降水量之和必须满足作物的田间耗水量需求。

$$\eta W_{tqm} + \eta' W_{tm} + \sum_{i=1}^{n} \alpha P_t F_i - \sum_{i=1}^{n} E_{ti} F_i \geqslant 0 \tag{4-8}$$

(四)非负约束

所有决策变量都应大于等于0。

主要符号意义见表4-11。

表4-11　主要符号意义

符号名称	意义及说明
W_{tqm}	第 t 时段引用的地表水量
W_{st}^*	第 t 时段示范区地表水的最大可能供水量,按多年平均考虑
n_t	管理时段数
W_{tm}	第 t 时段抽取的地下水量
W_{dkk}^*	示范区地下水可开采量
F_i	第 i 种作物的优化种植面积
F_p	可种植面积
λ_i	第 i 种作物的规定最小(或最大)种植比例
η	地表水的田间水利用系数
η'	地下水的田间水利用系数
α	降水有效利用系数
P_t	第 t 时段的降雨量
E_{ti}	第 t 时段第 i 种作物的田间耗水量
r	第 r 个水库(塘坝)
n_r	水库、塘坝数目
WR_{tr}	第 t 时段第 r 个水库(塘坝)供水量
WR'_{tr}	第 t 时段第 r 个水库(塘坝)最大蓄水量

第三节　地表水、地下水优化管理模型的计算与分析

一、模型基本参数的确定

(一)灌溉工程效益分摊系数的确定

示范区灌溉工程属于地表水、地下水相结合的水利工程,包括地表水灌溉工程和地下水灌溉工程。地表水灌溉工程包括水库、塘坝及羊亭河拦蓄工程的蓄水、输水、配水及田间节水灌溉工程;地下水灌溉工程包括机电井、大口井等的钻井工程及水泵房、输电线路和配套设备等。示范区 7 个行政村的水利工程完备,运行良好,工程效益得到充分发挥。根据示范区灌溉工程投资调查结果和灌溉工程经济效益分析,取多年平均的灌溉工程效益分摊系数为 0.45。

(二)各种作物平均最大产量、价格及扩大系数的确定

作物产量与作物耗水量及作物生长期内的气候特点、土壤类型及施肥水平等有关,根

据山东省有关科研部门对主要农作物需水量与灌溉制度试验资料的分析,并调查示范区周边地区作物灌溉和产量情况,确定示范区各种作物灌溉条件下的平均最大产量。

随着我国加入 WTO 和市场经济体制的逐步完善,近几年的农产品收购和市场价格也发生了较大的变化,这给我们分析水资源和农作物结构优化配置带来了较大困难。为了寻求一个相对基准价格作为分析研究水资源分配的基础,我们选用 2002 年作物平均价格为基准,示范区经济效益评价均在此价格基础上乘以涨价因子。不同作物的扩大系数根据调查的资料和农产品与农副产品的比例关系以及农副产品的价格换算。主要作物现状平均情况下的最高产量、价格及扩大系数见表 4-12。

表 4-12　示范区主要作物平均最高产量、价格及扩大系数

作物	冬小麦	玉米	果树	蔬菜
最高产量(kg/hm^2)	7 500	10 500	31 500	60 000
价格(元/kg)	1.30	1.10	1.30	0.60
扩大系数(γ_i)	1.18	1.28	1.30	1.03

(三)地下水及引地表水费用

地下水及地表水的水费根据各自的供水成本核算。供水成本包括动力费(电费)、运行管理费、大修费和折旧费等,由于我国水利工程的现行体制,农业供水成本中不计税金和利息。根据供水成本核算的水费单价为年供水成本与年均引水(提水)量之比。

根据对示范区港头村、大西庄、羊亭村等地的调查资料分析,核算的示范区单方地下水的开采费用为 0.45 元,每取用 1 m^3 地表(库)水的费用为 0.25 元。

(四)示范区最大农业可能供水量

根据示范区水资源分配原则,最大农业可供水量为总可供水量减去生活和工业用水量所剩余部分水量。现状居民和人畜生活用水靠地下水解决,工业用水基本上一半由地表水(羊亭河水)、一半由地下水解决。则根据前文计算有关结果,确定的地表水、地下水最大农业可供水量计算结果见表 4-13。

表 4-13　示范区地表水、地下水最大农业可供水量计算结果　　　(单位:万 m^3)

保证率	总可供水量			生活用水量			工业用水量			最大农业可供水量		
	地表水	地下水	合计	地表水	地下水	合计	地表水	地下水	合计	地表水	地下水	合计
多年平均	107.6	79.1	186.7	0	19.9	19.9	9.2	9.3	18.5	98.4	49.9	148.3
50%	107.6	77.8	185.4	0	19.9	19.9	9.2	9.3	18.5	98.4	48.6	147.0
75%	83.4	64.7	148.1	0	19.9	19.9	9.2	9.3	18.5	74.2	35.5	109.7

由表 4-13 可以看出,多年平均情况下最大农业可供水量为 148.3 万 m^3,其中地表水供水 98.4 万 m^3,地下水供水 49.9 万 m^3。

(五)作物种植面积的确定

根据羊亭镇农业总体规划,羊亭镇以发展果树为主,但粮食作物仍应占有一定的比

例,以满足示范区粮食需求。根据示范区规划,华宝花卉、亚特蔬菜、苗圃都规定了一定面积,据此确定的果树、蔬菜等作物最大种植面积和冬小麦、夏玉米最小种植面积如表4-14所示,各种作物优化的种植面积一般不应超过(或低于)规划所确定的面积。

表4-14　示范区规划确定的最大(最小)作物种植比例与种植面积

作物	粮食	果树	蔬菜	其他
种植比例(%)	15	60	10	15
种植面积(hm²)	100.8	403.2	67.2	100.8

注:粮食作物主要为冬小麦和夏玉米,这两种作物周年连作;蔬菜有大棚蔬菜和露地蔬菜,平均一年两茬;其他为华宝花卉和苗圃等;果树、蔬菜和其他为最大种植比例;冬小麦和夏玉米为最小种植比例。

(六)作物需水模比系数的确定

根据山东省水利科学研究院在胶东地区北邢家灌溉试验站的灌溉试验资料,胶东地区冬小麦各月日耗水强度见表4-15,夏玉米不同生育阶段日耗水强度见表4-16所示。根据各时段(月)生育期天数和作物需水强度确定各种作物在不同时段(月)的需水模比系数,见表4-17。示范区蔬菜有大棚蔬菜和露地蔬菜,蔬菜类型较多,不同蔬菜类型耗水量也有所不同。

表4-15　冬小麦各月日耗水强度

月份	1月	2月	3月	4月	5月	6月	7月	8月	9月	10月	11月	12月
耗水强度(mm/d)	0.24	0.36	1.75	4.55	5.22	4.41	/	/	/	1.23	1.28	0.18

注:以上为北邢家灌溉试验站试验资料。

表4-16　夏玉米各生育阶段日耗水强度

生育阶段	出苗期	幼苗期	拔节期	抽雄期	灌浆期
耗水强度(mm/d)	4.36	4.32	5.12	5.51	4.44

注:以上为北邢家灌溉试验站试验资料。

表4-17　各种作物不同时段的需水模比系数

作物	月份											
	1	2	3	4	5	6	7	8	9	10	11	12
冬小麦	4	6	10	25	28	10	/	/	/	7	7	3
夏玉米	/	/	/	/	/	14.7	28.3	32.2	24.3	/	/	/
果树	0	0	0	13.4	13.7	14.9	15.5	15.8	14.7	12.0	0	0
蔬菜	5	13.2	5.8	9.5	10.7	10.7	10.7	10.7	9.7	5	4.2	4.8

注:由于示范区发展果树以优质苹果为主,灌水技术采用滴灌,因此优化时以苹果为代表,需水模比系数参考水利水电出版社1995年出版的《中国主要作物需水量与灌溉》中表11-27"苹果生育期各月平均需水强度与模比系数"(沿海)折算。

（七）作物灌溉制度的确定

作物灌水量与作物不同生育期需水量、生育期降水量、降水有效利用系数等密切相关。示范区降水年内分配不均，难以满足作物全生育期用水需求，因此需要人工灌溉一定水量来满足作物的生长发育。针对大田作物，如小麦、玉米等，有关科研单位已经开展了大量的灌溉试验研究工作，据此确定作物灌溉制度。一般干旱年由于农业供水量不能满足作物用水需求，但为了保证作物灌溉面积和灌水次数，采取减少灌水量的办法确定作物灌溉定额，如表4-18所示。

表4-18　不同作物灌溉制度　　　　　　（单位：mm）

作物种类	$P=50\%$			$P=75\%$		
	灌水次数	平均灌水定额	灌溉定额	灌水次数	平均灌水定额	灌溉定额
冬小麦	3	40	120	3	20	60
夏玉米	1	45	45	1	30	30
果树	4	35~40	150	4	20	80
蔬菜	12	80~100	1 050	12	100~150	1 500
其他	12	10	120	12	12~14	150

（八）作物降水有效利用系数的确定

作物对降水的有效利用与作物生育期降水量、降水强度以及种植面积的土壤质地等有关，根据胶东半岛有关资料，各种作物降水有效利用系数见表4-19。

表4-19　各种作物降水有效利用系数

作物	冬小麦	玉米	花生	果树	蔬菜	其他
降水有效利用系数	0.80	0.45	0.45	0.45	0.45	0.45

二、地表水和地下水联合调度运行规则

示范区的供水水源有地表蓄水和地下水，用水有居民生活用水、工业用水和农业灌溉用水，根据示范区现有工程和用水现状，对现状年水资源进行优化分配，分配调度的规则为：

（1）区域水资源调配的原则为优先保证示范区居民生活用水和工业用水，其次为农业用水，由于可供水量的计算中已留出了羊亭河段生态环境用水，因此本次水量分配仅在农业灌溉用水户之间进行优化分配。

（2）示范区华宝花卉公司温室大棚供水以地下水为主，由于该工程配套建有雨水蓄积系统，根据其雨水蓄积能力和供水规划原则，供水分配为利用地下水70%，蓄积系统雨水30%。

（3）根据示范区地表径流特点，同时考虑地表蓄水工程的蓄水能力，地表水、地下水

的调配原则为：汛期之前由于地表蓄水工程来水较少，优先利用地下水，这样有利于腾空地下库容，汛期接纳降雨入渗补给；汛期以后(7~10月)以利用地表蓄水为主，这样可以腾出地表蓄水库容，有效拦蓄地表径流和羊亭河河道来水。

(4)农业水资源短缺年份，如一般干旱年，为了保证示范区灌溉面积，可采取非充分灌溉制度，但华宝花卉、苗圃、蔬菜等经济作物应保证充分灌水，只有在灌溉水量不能满足经济作物充分灌溉时，可考虑采取非充分灌溉。

三、模型求解与成果分析

根据上述概化模型和数学模型及优化调度原则，对示范区现状供水工程条件下多年平均的作物种植面积进行了优化计算，表4-20为不同作物种植面积优化结果。

表4-20　羊亭项目示范区不同作物的优化种植面积(多年平均)

作物	冬小麦	夏玉米	果树	蔬菜	其他
面积(hm^2)	134.7	134.7	403.2	33.3	100.8

注：蔬菜为一年两茬。

根据示范区作物种植结构调查，现状年2002年粮田播种面积为259.7 hm^2，主要为冬小麦、夏玉米，果园面积292.3 hm^2，蔬菜面积62.8 hm^2，苗圃面积57.2 hm^2，粮经比为52∶48。由表4-20可以看出，优化后的多年平均作物种植面积为：冬小麦134.7 hm^2，夏玉米134.7 hm^2，果树403.2 hm^2，蔬菜(两茬)33.3 hm^2，其他(花卉、苗圃)面积为100.8 hm^2，复种指数为1.25，粮经比为2∶8。优化后与现状种植结构相比，粮食作物面积减少，经济效益较高的果树面积增大。

根据优化的多年平均作物种植面积结果，对平水年和一般干旱年农业水资源按不同时段和作物进行了优化分配，计算结果分别见表4-21~表4-24。

表4-21　羊亭示范区地表水、地下水优化分配方案($P=50\%$)　　(单位：万 m^3)

水源	月份												
	1	2	3	4	5	6	7	8	9	10	11	12	合计
地表水	0	0	4.99	5.39	16.13	9.39	3.33	3.33	19.46	2.00	14.11	5.39	83.5
地下水	3.34	3.67	12.80	3.67	9.06	1.01	1.01	1.01	1.01	2.34	3.67	3.67	46.3

由表4-21看出，若作物种植结构和比例依据多年平均的优化结果，平水年地表水和地下水的灌水量分别为83.5万 m^3 和46.3万 m^3，分别占地表水、地下水农业可供水量的85%和95%，较现状农业灌溉节省出灌溉水量29.7万 m^3，可用于发展区外农业灌溉面积或扩大工业生产。表4-22为平水年($P=50\%$)不同作物地表水、地下水各时段优化分配结果。

表4-22 羊亭示范区不同作物地表水、地下水各时段优化分配结果（$P=50\%$）

（单位:万 m^3）

项目		月份												合计
		1	2	3	4	5	6	7	8	9	10	11	12	
冬小麦	地下水	0	0	0	0	5.39	0	0	0	0	0	0	0	5.4
	地表水	0	0	0	5.39	0	0	0	0	0	0	0	5.39	10.8
	合计	0	0	0	5.39	5.39	0	0	0	0	0	0	5.39	16.2
夏玉米	地下水	0	0	0	0	0	0	0	0	0	0	0	0	
	地表水	0	0	0	0	0	6.06	0	0	0	0	0	0	6.1
	合计	0	0	0	0	0	6.06	0	0	0	0	0	0	6.1
果树	地下水	0	0	9.12	0	0	0	0	0	0	0	0	0	9.1
	地表水	0	0	4.99	0	16.13	0	0	0	16.13	0	14.11	0	51.4
	合计	0	0	14.11	0	16.13	0	0	0	16.13	0	14.11	0	60.5
蔬菜	地下水	2.33	2.67	2.67	2.67	2.67	0	0	0	0	1.33	2.67	2.67	19.7
	地表水	0	0	0	0	0	3.33	3.33	3.33	3.33	2.00	0	0	15.3
	合计	2.33	2.67	2.67	2.67	2.67	3.33	3.33	3.33	3.33	3.33	2.67	2.67	35.0
其他	地下水	1.01	1.01	1.01	1.01	1.01	1.01	1.01	1.01	1.01	1.01	1.01	1.01	12.1
	地表水	0	0	0	0	0	0	0	0	0	0	0	0	0
	合计	1.01	1.01	1.01	1.01	1.01	1.01	1.01	1.01	1.01	1.01	1.01	1.01	12.1

由表4-23 看出,作物种植结构和比例依据多年平均的优化结果,一般干旱年农业需水量不能满足作物用水需求,但为了保证作物的灌溉面积和灌水次数,采取减少灌水量的办法,据此地表水和地下水的灌水量分别为 73.98 万 m^3 和 35.49 万 m^3。表4-24 为一般干旱年（$P=75\%$）不同作物地表水地下水各时段优化分配结果。

表4-23 羊亭项目区各时段地表水地下水优化分配方案（$P=75\%$）（单位:万 m^3）

水源	月份												合计
	1	2	3	4	5	6	7	8	9	10	11	12	
地表水	0	0	2.88	2.69	7.56	10.04	6.00	6.00	14.06	6.00	12.06	6.69	73.98
地下水	3.88	4.54	9.72	4.88	8.50	0.31	0.41	0.31	0.31	0.21	1.21	1.21	35.49

表4-24　羊亭示范区不同作物地表水地下水优化分配结果($P=75\%$)（单位:万 m³）

项目		月份												合计
		1	2	3	4	5	6	7	8	9	10	11	12	
冬小麦	地下水	0	0	0	0	0	0	0	0	0	0	0	0	0.0
	地表水	0	0	0	2.69	2.69	0	0	0	0	0	0	2.69	8.1
	合计	0	0	0	2.69	2.69	0	0	0	0	0	0	2.69	8.1
夏玉米	地下水	0	0	0	0	0	0	0	0	0	0	0	0	0.0
	地表水	0	0	0	0	0	4.04	0	0	0	0	0	0	4.0
	合计	0	0	0	0	0	4.04	0	0	0	0	0	0	4.0
果树	地下水	0	0	5.18	0	3.19	0	0	0	0	0	0	0	8.4
	地表水	0	0	2.88	0	4.87	0	0	0	8.06	0	8.06	0	23.9
	合计	0	0	8.06	0	8.06	0	0	0	8.06	0	8.06	0	32.3
蔬菜	地下水	2.67	3.33	3.33	3.67	4.00	0	0	0	0	0	0	0	17.0
	地表水	0	0	0	0	0	5.00	5.00	5.00	5.00	5.00	4.00	4.00	33.0
	合计	2.67	3.33	3.33	3.67	4.00	5.00	5.00	5.00	5.00	5.00	4.00	4.00	50.0
其他	地下水	1.21	1.21	1.21	1.21	1.31	0.31	0.41	0.31	0.31	0.21	1.21	1.21	10.1
	地表水	0	0	0	0	0	1.00	1.00	1.00	1.00	1.00	0	0	5.0
	合计	1.21	1.21	1.21	1.21	1.31	1.31	1.41	1.31	1.31	1.21	1.21	1.21	15.1

第四节　多水源联网供水的优化分配

由前面的章节知道,典型区要保证区域经济的可持续发展,必须实施区域地表水和地下水联合调度。从典型区水源现状分析,区域内虽有几种水源可供灌溉利用,如大口井、方塘、地表拦蓄工程等,但由于各自供水能力有限,特别是在需水关键期,单独运行均不能满足灌溉需要。因此,从资源高效配置、有效利用的角度出发,有必要对分散的水源进行工程联网,统一调配,真正从工程实践上实现区域地表水和地下水的联合调度。

典型区乡镇工副业发达,经济实力较强,完全有能力建成多水源联网的输供水工程;当地工业化、城市化水平较高,对灌溉用水实行统一管理,联网调度,不仅是社会发展的需要,而且也是完全可行的。

因此,我们提出了将分散的小水库、塘坝、拦河坝、大口井、方塘、浅机井等多种灌溉水源进行因地制宜的联网,使分散的水源得到集中控制,使有限的水资源实现合理配置,从而提高灌溉的保证程度。

一、多灌溉水源联网工程技术原则

影响多灌溉水源能否联网统一供水的主要影响因素有:当地地表水、地下水水源情况;单一水源是否满足控制灌溉面积用水需求;水源工程的现行管理体制等。因此,多灌溉水源联网应遵守以下原则:

(1)水源的联网调度要考虑工程的权属与管理的方便。在以集体经济为主体建设的农村水利工程中,其建设形式是民办公助,管理方式为以集体为主的多种形式。在联网调度中要充分考虑他们各自的利益关系,调动协作共管的积极性。

(2)联网工程要经济实用。经济是实现水资源合理配置的手段。核心目标是提高用水效率和经济效益,即水资源开发利用应寻求成本最小和益本比最大,实现水资源开发利用的低成本。同时使工程的投资和资源使用最经济,确定多种水源的合理使用。

(3)联网工程要高效。高效是实现水资源合理配置的目标。尤其在水资源、土地资源和人力资源均较紧缺的沿海经济发达区,高效运行是联网调度的主要目标之一。一是通过水资源配置工程系统提高水资源的开发效率,减少工程系统在水资源调控过程中的损失;二是提高水资源的利用效率,使调控后的水资源得到高效利用,使有限的资源最大限度地发挥效用,提高单位水资源的经济产出。

二、多灌溉水源联网的形式

各水源之间用于联网的输水主管道的适宜联网形式,决定了管网运行是否最优。根据山东水科院等单位的研究成果,多水源联网的形式基本上可分为三种,即树状管网、环状管网和混合管网。树状管网的管线长度短,构造简单,供水直接,但当某处管段发生故障时,其下游管线将会断水,供水可靠性差,投资相对较低;环状管网,每条管均可由两个方向供水,如果一个方向发生故障,还可由另一方向供水,供水可靠性较好,投资相对较高;树状管网和环状管网组成的混合管网,在主要供水区采用环状管网,在不影响其他供水的边沿区采用树状管网,以便在提高供水可靠性的同时节省投资。在农田灌溉工程中,由于供水多是阶段性的,对供水的可靠性要求不高,允许供水间断,因而多采用树状管网。当投资增加不大时,灌溉工程也可采用混合管网。

三、多灌溉水源联网供水优化分配模型

(一)模型概述

在现状水资源供需平衡的基础上,首先利用地表水、地下水联合运用优化调度模型,对时段地表地下水资源进行优化分配,优化后的需水量为区域供水量。首先将联网区域内的水资源系统概化为供水系统和需水系统两个子系统,供水系统由联网区内的水源组成,需水系统根据区域内的田间配水工程现状和特点,分为各自独立的用水区域。由于水源之间实现了联网控制,单一水源可以向任意一个或多个用水区域供水,某一用水区域也可由任意一个或多个水源向其供水。

　　当单一联网区域水源供水能力大于其控制范围内的用水需求时,该联网工程可以向其他联网工程调水,当小于其控制范围内的用水需求时,也可由其他联网工程向其调水。不同联网工程之间的水量调配,以不同联网工程的连接结点为输水纽带,在进行不同联网工程之间的供水调度时,将缺水联网工程概化为一用水区域,将余水联网工程概化为一供水水源。缺水联网工程(概化后的用水区域)参与余水联网工程的水源供水优化分配,余水联网工程(概化为水源)参与缺水联网工程的水源供水优化分配。

(二)目标函数

　　多灌溉水源联网后,水源之间可互相供水,对于某一用水区域可由任意一个或多个水源向其供水,某个水源也可向任意一个或多个用水区域供水。由于水源与各用水区的距离不等,输水条件不同,其单位输水费用也不相同。因此,联网水源供水应以输水费用最小为目标函数,即

$$\min z = \sum_{j=1}^{n} \sum_{i=1}^{m} c_{ijt} x_{ijt} \quad (t = 1,2,\cdots,12) \tag{4-9}$$

式中　z——多水源联网工程的总输水费用;

　　　c_{ijt}——第 t 时段第 i 水源向第 j 用水区域供水的单位输水费用;

　　　x_{ijt}——第 t 时段第 i 水源向第 j 用水区域的供水量;

　　　m——联网水源的总数;

　　　n——划分的单一用水区域总数。

(三)决策变量

　　时段内第 i 水源向第 j 用水区域的供水量 x_{ij} 即为决策变量。

(四)约束条件

　　第 t 时段第 i 水源向各用水区的供水量之和应小于或等于该水源的供水能力,即

$$\sum_{j=1}^{n} x_{ijt} \leqslant Q_{it} \quad (i = 1,2,\cdots,m) \tag{4-10}$$

式中　Q_{it}——第 t 时段第 i 水源的供水能力。

　　第 t 时段各水源向第 j 用水区域的供水量之和应满足需求量要求,即

$$\sum_{i=1}^{m} x_{ijt} \geqslant q_{jt} \quad (j = 1,2,\cdots,n) \tag{4-11}$$

式中　q_{jt}——第 t 时段第 j 用水区域的用水量需求。

　　第 t 时段联网水源的总体供水能力应大于或等于用水区域的用水量总需求,即

$$\sum_{i=1}^{m} Q_{it} \geqslant \sum_{j=1}^{n} q_{jt} \quad (t = 1,2,\cdots,12) \tag{4-12}$$

　　供水合理性约束:考虑分质供水等因素确定的某(类)水源不向某用水区域供水,或者某用水区域不接受某(类)水源的供水,即供水量为0。

　　第 t 时段第 i 水源向第 j 用水区域的供水量应大于或等于0,即

$$x_{ijt} \geqslant 0$$

　　水源优先供水约束:当联网系统内既有地表水源,又有地下水源时,水源供水应遵循一定的原则,即汛前优先利用地下水源,汛期、汛后利用地表水供水或补源,为此需要增加

相应的约束条件。

(五)模型基本参数确定

1.输水费用

单位输水费用主要与输水管线的长短、输水条件等有关。因此,该参数的确定主要考虑输水管线的输水成本。

2.用水区域的用水需求

用水区域的用水需求根据该用水区域时段内的不同作物种植面积、优化后不同作物灌溉需水量及各自需水模比系数确定。

四、模型求解

上述模型为确定性的线性规划模型,根据计算确定的基本参数可分别对联网工程内各时段各水源向不同用水区域的供水量进行求解。

以示范区内新建的多水源联网工程应用为例(见图4-3)。该工程控制灌溉面积83.53 hm²,控制联网水源主要有 3 个,水源 1 为已建橡胶坝蓄水水源,水源 2 为方塘,水源 3 为小(二)型水库水源。3 处水源通过管道连接,每个水源均可自行向其他水源供水,功能区内任何地点均可由单个或多个水源供水。为了以备与其他联网工程进行网络相连,预留了出水口(进水口),在联网管道经亚特公司和华宝花卉附近处预留出水口,并安装手动闸阀。由于联网前单一水源在各自控制范围内形成自身网络配水结构,因此按其各自以前供水面积确定用水区,水源 1 控制面积为 53.8 hm²,种植作物为果树 33.4 hm²,粮食作物 20.4 hm²(玉米);水源 2 控制面积 6.47 hm²,种植蔬菜;水源 3 控制面积为41.27 hm²,种植果树 23.87 hm²,粮食作物 17.4 hm²(小麦与花生复播)。

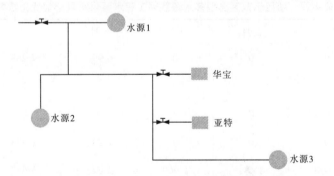

图 4-3　羊亭示范区典型多水源联网系统结构示意图

水源 1 来水量受羊亭河来水影响,因此可供水量由扬水泵、橡胶坝蓄水能力和时段来水量决定;水源 2 出水能力为 50 m³/h,供水能力按月停泵 10 天,每天运行 16 h 计;水源 3 为水库,时段可供水量与来水量和蓄水能力有关,该水库蓄水能力为 15 万 m³,水库来水量根据水库控制流域面积多年平均来水量系列确定。

输水费用根据供水线路长短确定,如表 4-25 所示。

表 4-25　示范区典型多水源联网工程水源单位输水费用　　（单位：元/m³）

C_{11}	C_{12}	C_{13}	C_{21}	C_{22}	C_{23}	C_{31}	C_{32}	C_{33}
0.02	0.08	0.1	0.08	0.01	0.05	0.05	0.08	0.01

注：C_{ij} 指第 i 水源向第 j 用水区域供水的单位输水费用。

各用水区域不同时段的农业需水量根据区域作物种植面积、优化后的农业灌溉需水量和不同时段的需水模比系数确定，如表 4-26 所示。

表 4-26　示范区典型多水源联网工程各用水区域不同时段需水量　　（单位：m³）

分区	1 月	2 月	3 月	4 月	5 月	6 月
1 区	0	0	0	8 236.44	10 258.2	12 903.12
2 区	1 697.5	4 481.4	1 969.1	3 225.25	3 632.65	3 632.65
3 区	809.1	1 566	1 592.1	10 557.42	14 334.3	11 589.51
合计	2 506.6	6 047.4	3 561.2	22 019.11	28 225.15	28 125.28
分区	7 月	8 月	9 月	10 月	11 月	12 月
1 区	14 798.16	11 734.92	10 395	7 094.16	0	0
2 区	3 632.65	3 632.65	3 293.15	1 697.5	1 425.9	1 629.6
3 区	10 187.73	9 768.51	8 910.45	9 793.38	1 931.4	1 070.1
合计	28 618.54	25 136.08	22 598.6	18 585.04	3 357.3	2 699.7

根据以上参数计算结果，利用前述的数学模型可对时段内不同水源各自供水量进行优化分配，表 4-27 为该典型多水源联网工程水源供水量分配优化结果。

表 4-27　项目示范区典型多水源联网工程水源供水量分配优化结果　　（单位：m³）

供水量	1 月	2 月	3 月	4 月	5 月	6 月
x_{11}	0	0	0	6 998	7 283	8 005
x_{12}	0	0	0	0	0	0
x_{13}	0	0	0	0	0	0
x_{21}	0	0	0	1 238	2 975	4 898
x_{22}	1 698	4 481	1 969	3 225	3 633	3 633
x_{23}	0	0	0	5 309	8 872	5 586
x_{31}	0	0	0	0	0	0
x_{32}	0	0	0	0	0	0
x_{33}	809	1 566	1 592	5 249	5 462	6 004

续表 4-27

供水量	7 月	8 月	9 月	10 月	11 月	12 月
x_{11}	14 400	11 735	10 395	7 094	0	0
x_{12}	0	0	0	0	0	0
x_{13}	0	0	0	0	0	0
x_{21}	0	0	0	0	0	0
x_{22}	3 633	3 633	3 293	1 697	1 426	1 630
x_{23}	0	0	0	3 035	0	0
x_{31}	398.16	0	0	0	0	0
x_{32}	0	0	0	0	0	0
x_{33}	10 188	9 769	8 910	6 759	1 931	1 070

注：x_{ij} 指第 i 水源向第 j 用水区域的供水量。

第五节　地表水、地下水调度的监测与管理

随着经济的发展,胶东半岛大量开发利用水资源,进入 20 世纪 80 年代后,随着降水量的连年偏枯,水资源的供需矛盾日趋紧张。必须结合胶东半岛水资源的时空变化特征,以建立和保持区域良性生态环境系统为宗旨,地表水和地下水资源联合调度时空调配运用,取得水资源利用经济、社会和环境等综合效益的高效统一。但在此项技术的应用推广中,地下水的动态变化观测非常关键,地下水位数据是指导地表水和地下水联合调度管理的关键性指标。因此,项目区集成应用了先进、成熟的水情传感器、遥测自动化、数据通信、计算机等技术,构筑建设了地下水监测网络系统,实时监控区域地下水位的变化,通过对示范区观测井水位变化的信息自动采集、数据处理,为区域地下水和地表水的优化调配科学运行提供决策依据。建立了区域水资源信息管理系统,实现多水源联合运用优化调度控制,使有限的水资源得到优化配置,实现项目示范区高效用水。

一、地下水位动态监测管理

(一)威海市羊亭项目区地下水监测网络系统

为监测区域地下水的变化状况,实现区域水资源的优化配置,实施雨洪水合理存蓄利用的工程技术、地下水回灌补源调控技术、回灌补源调控工程技术与运行管理技术,提供决策依据,利用现代信息与传感技术,在项目区建成了区域现代化地下水监测网络体系。

1.地下水监测网络系统的组成

地下水监测网络系统采用了 WS－1040 地下水动态自动监测仪和 GSM 通信系统。WS－1040 地下水动态自动监测仪能对地下水的水位和水温的动态变化进行连续、长期、自动监测。仪器为全数字、全自动化、定时自动测量,定时周期可任意设定;具有高分辨率、高精度、高稳定性、抗干扰能力强、体积小、功耗低、使用简便等特点。通信设备配合

WS–1040地下水动态自动监测仪使用,在监测现场,其通信系统使用中国移动通信公司的GSM公共通信网,实现数据无线传输;在监测中心站可以通过有线调制解调器完成监测数据的回收和监测设备的管理。

2.站网规划和通信组网

在项目区根据地下水位观测井的布设,配置1#、2#、3#、4#、5#、6#、7#、8#、9#、10#、11#、12#等12个地下水情自动监测站(见图4-4)。根据资料分析和现场勘察,各站点之间需多处跨越河道和主要公路,采用各自动监测站通过GSM通信系统可完成监测数据的回收和监测设备的管理。

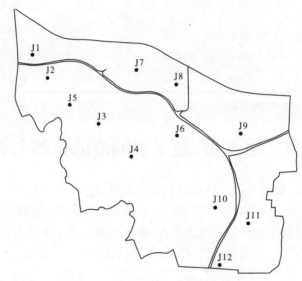

图4-4　项目区地下水监测站分布

3.WS–1040仪器工作原理

WS–1040地下水动态自动监测仪主机内部的自控系统在每次定时时间达到时,将启动主机内的信号处理单元,通过液位并将探头内传感器中的水位压力值和水温值转变为电信号,由电缆送入仪器主机内的信号处理单元,经处理单元处理并转换为数字信号后送入数据存储单元保存。待回收数据时通过通信接口上传到计算机中。自控系统内的定时间隔及其他参数可通过通信接口进行设置、调整。信号传输电缆采用多芯导气电缆。由于采用压力式传感器为探头的核心部件,因此存在着大气压及温度变化的影响,天气剧烈变化时尤为明显,这个数值已经严重干扰了仪器观测的正确性,所以将采用导气电缆以平衡大气变化的影响。

现场安装如图4-5所示。将探头投入孔内水下某一深度且固定不变,探头至孔口的高度(探头埋深)为 H_0,孔内水面至探头的高度为 h,仪器系统测量出此 h 值,则孔内的水位埋深值 H 即为 $H=H_0-h$。按要求输入孔口标高和探头埋深后,仪器将自动换算出孔内的水位标高及水位埋深值。

水位标高 = 孔口标高 − 水位埋深

水位埋深 = 探头埋深 − 水柱高度(仪器测量值)

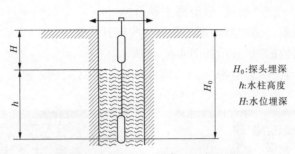

H_0:探头埋深
h:水柱高度
H:水位埋深

图 4-5　WS-1040 仪器现场安装示意图

4. WS-1040 仪器技术性能及特点

1)WS-1040 仪器的技术性能

WS-1040 仪器的技术性能见表 4-28。

表 4-28　WS-1040 仪器的技术性能

项　目		测量范围	分辨率	精　度
水　位		0~40 m	±1 cm	0.5%
水　温		-15~60 ℃	0.1 ℃	0.5%
记录容量		8 000 次数据		
通信方式		RS-232 通信接口或 GSM 数据通信		
使用环境	温　度	-15~60 ℃(主机)		
	湿　度	10%~95%		
电　源	主机电池	5~8 年或 40 000 次监测数据		
	通信系统	电源适配器或太阳能电池板		

2)WS-1040 仪器的工作特点

WS-1040 地下水动态自动监测仪功能齐全,性能稳定,功耗低,可靠性强,自动化程度高,全自动无人值守工作、定时周期任意设定,微功耗,电池供电。领先于国内同类产品,技术水平档次上也更高一筹。与国际上较为先进的同类产品相比,本仪器也具有以下三大优势:

(1)不受大气压变化的影响,而荷兰的产品没有这种功能,要想消除大气压变化的影响需同时安装两套仪器。

(2)使用中文界面,操作简便,容易掌握,适合国内使用。

(3)价格便宜,在全国地下水监测网点使用,有利于进行售后服务,便于指导安装。

5. WS-1040 仪器程序安装与使用

启动"WS-1040 地下水监测"程序后,便进入仪器安装的开始界面。将通信电缆连接到计算机串口,打开仪器的顶盖,将通信电缆的另一端插入监测仪的通信插座上。如未能在 30 s 内接通监测仪,程序将给出"警告"。点击"确定"程序将退出,点击"取消"程序将继续等待。连接成功后,将在显示"欢迎使用"及仪器型号后进入仪器操作的主界面。

1)各按键的使用

(1)显示仪器时间。点击"显示仪器时间",可查看仪器内的当前时间、下次监测数据的采集时间及时间间隔等参数。

此键用于检查仪器内的当前时间、下次监测数据采集时间及时间间隔等参数。此键只能查看不能修改。点击"确认"后退回主界面。

(2)读取监测数据。将仪器内部的数据回收到计算机中。

点击"读取监测数据"后显示如图4-6(a)所示。

请先输入"井位名"然后点击"确定"将显示如图4-6(b)所示。点击"取消"将退回主界面。

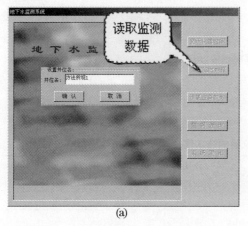 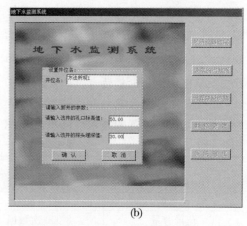

(a)　　　　　　　　　　　　　　　　(b)

图4-6　系统读取监测数据界面图

如果此监测井的"井位名"是第一次输入,程序将要求输入新"井位名"的"孔口标高"及"探头埋深"值。

点击"确认",仪器内部的数据将被读到计算机中并显示出来。点击"数据入库返回",数据则进入"C:\地下水监测数据"文件夹中,见图4-7,并自动在已生成的"井位名.mdb"的文件中追加入新的"井位名"参数。

图4-7　系统地下水监测数据界面图

点击"数据不入库返回"程序将退回主界面,而所读出的数据没有进入数据库中。

当下次输入相同的"井位名"时,程序将会提示,此井已经被计算机记录,其"孔口标高"和"探头埋深"值将会自动显示出来而不需要再次输入。仪器内的数据在同一次的操作中可以多次重复读出,并可以使用不同的井位名多次入库。但在同一"井位名"的数据库文件中,同一时间段的数据只可入库一次。

如果你没有将所读出的数据进入数据库,并且重新进行了"设置监测参数"的操作,那么仪器内的数据将被清除。

(3)设置监测参数。设置仪器内的当前时间、下次数据监测时间及时间间隔等参数。

点击"设置监测参数"后,可在下次采集数据时间、数据采集时间间隔等栏内,依次填入你要求的下次监测系统开始进行数据采集的时间和以后所需的时间间隔。

如果为首次使用或仪器内部的数据尚未读出时仪器将会给出"警告"。如确认仪器内的数据已经不需要,可点击"继续"进入监测参数的设置界面。

其中"校正仪器时间"为计算机内的系统时间。它不可在设置界面上修改,它将随计算机系统时间的变化而改变。

仪器内部默认的"下次数据监测时间"为明日的"0:00",即今日夜间的12:00整。"时间间隔"的默认值为1日,即24小时。仪器的当前时间将以你的计算机中的系统时间为基准。如果你用一台计算机或几台时间经过相互校准的计算机去对所有仪器进行设置的话,那么所有仪器将可同步进行数据采集(±2 s)。

仪器参数的设置可按你所需进行修改。其时间间隔从1分钟～1年任意选择。在设置时,"下次数据监测时间"和"当前仪器时间"之间的间隔应当大于2～3 min,以便你能在设置后使用"显示仪器时间"按键检查设置的参数正确与否和进行"系统退出"的操作,使监测系统进入自动工作状态。

6.地下水监测网络系统的功能

1)自动监测站功能

(1)自动监测站按照设定的工作方式和采样模式自动采集传感器的信息,并分析处理、存储和控制通信单元,向中心站发送最新监测信息。

(2)数据采集终端单元支持现场总线,将压力水位传感器模拟信号转换成数字信号传输,并且可以现场通过 RS-232 接口直接连接计算机进行数据回收。

2)中心站功能

能够进行数据采集、处理,实时接收自动监测站发来的数据包,自动检查数据的帧格式,并进行合理性判断,分类自动存储,可以实时显示。

(1)数据存储:在数据库中存储水情信息。

(2)显示输出:显示各种实测、历史、人工输入数据和过程线。包括单站数据、多站数据,水位过程线、遥测站设备工作状态、通信信道工作状态等内容。

打印输出:生成报表和各种过程曲线,打印输出。

(3)报警输出:当数据越限、遥测对象发生故障时自动报警。

(4)数据库维护:管理维护实时数据库、历史数据库,支持数据库的备份,数据记录的增加(插补)、查询、修改、删除等功能。

(5)数据检索和统计:查找各种特定历史数据,统计、汇总各种数据。

（6）系统设置：设置遥测站点基本参数，数据采集处理、通信及控制的功能参数。

（7）帮助说明等功能。

7. 地下水监测网络系统站点基本配置

1）自动监测站配置

各自动监测站的配置要适于野外无人值守的运行方式，自动监测终端采用低功耗、多功能、高可靠性、高集成度的先进 WS – 1040。本仪器包含以下几个部分：主机、复合式水位水温探头和 GSM 通信系统。监测仪的主机、复合式水位水温探头及信号传输电缆为一个整体，仪器的探头放入水下，主机在水面以上，通过信号传输电缆与探头连接。监测仪主机通过 RS – 232 通信接口连接计算机或 GSM 通信系统。

2）中心站配置

为了满足调度中心强大的数据处理、存储、通信服务等功能，需要配置遥测服务器、工作站、网络设备、通信设备、输出设备和电源系统，组成计算机局域网。G 系列通信设备在使用时，在室内中心站需要一条有线电话线和一台有线调制解调器，见图4-8。

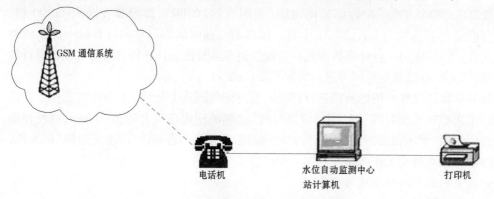

图4-8　系统中心站基本配置图

8. 地下水监测网络系统运行结果分析

地下水监测网络系统所生成的数据文件为"Microsoft Access"文件，其所在目录为"C:\WS – 1040 监测数据"，见图4-9。

其中"井位参数.mdb"文件包含所有井位的参数，" *.mdb"为每个井的记录数据，数据以时间为序排列。当每次读取新的数据时，程序将按照文件名及时间自动将数据放入相应的文件中。数据库中的文件可以用"Microsoft Access"的程序打开，并可以绘制各观测点的地下水位变化曲线。

根据项目区的水位、地质条件等，在项目区内布设 1 ~ 12 号 12 个地下水情自动监测站，各自动监测站通过 GSM 通信系统可完成监测数据的回收和监测设备的管理。地下水动态自动监测仪能对地下水的水位动态变化进行连续、长期、自动监测。仪器为全数字、全自动化、定时自动测量；具有高分辨率、高精度、高稳定性、抗干扰能力强、体积小、功耗低、使用简便等特点。

（二）威海市羊亭村区域地下水监测结果

项目示范区 2004 年 9 月 8 日地下水位等值线见图 4-10，从图中可以看出，地下水流

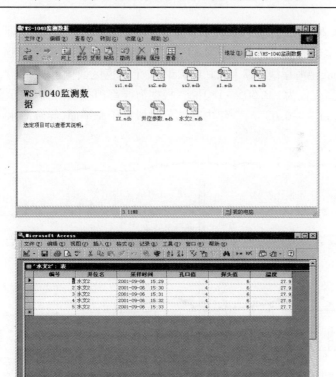

图4-9　系统地下水监测数据存储位置及形式图

向为东南至西北,沿羊亭河流向入海,地下水位等高线由东南部向西北部逐渐降低。

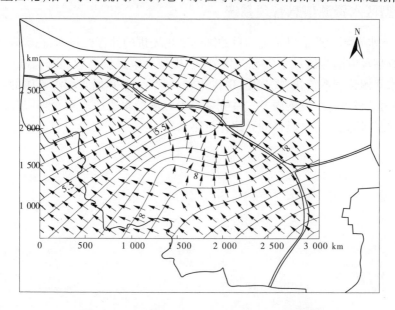

图4-10　示范区 2004 年 9 月 8 日地下水位等值线

项目示范区 2004 年 3 月~2005 年 3 月 1#(坤园)、6#(方塘)、8#(港头)、9#(华垦)、12#(亚特)地下水位的变化趋势见图 4-11，12#(亚特)观测井位于示范区东南部，地下水位高程 11~12 m，距海岸线约 7 km；1#(坤园)位于示范区西侧(滨海区)，距海岸线 2 km 左右，地下水位高程仅为 -0.505~1.0 m。根据海洋部门提供的资料，示范区西侧海平面高程维持在 -0.11~-0.03 m，一年内有部分时段低于海平面，导致海水入侵，见图 4-11。

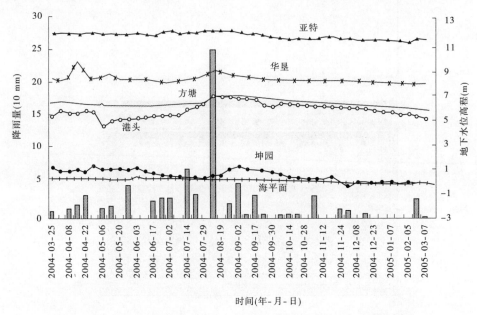

图 4-11　示范区 2004~2005 年度各观测井点地下水位变化趋势

二、典型区水资源信息管理系统

建立地下水资源管理信息系统的目的即是利用先进的计算机技术，在宏观决策、微观应用、统筹管理等方面为区域水资源开发管理、规划决策提供高效、实时、准确的信息服务，使区域水资源管理系统化、规范化、现代化和科学化，以实现区域水资源的合理配置，从而更好地为区域可持续发展服务。系统主要为区域的水资源规划管理服务，同时为上级管理部门提供信息支持。具体的介绍详见第八章。

第五章 现代化节水高效的灌溉制度

根据理论研究与生产实践的结果,灌水量较少、水分不足时,产量随灌水量或耗水量的增大迅速增大;当灌水量达到一定程度后,随着灌水量的增加,产量增加的幅度开始变小;当产量达到极大值时,灌水量再增加,产量不但不增加反而有所减少。因此,应避免过量灌溉造成不必要的水的浪费,在推广农业节水灌溉工程技术的同时,配套研究高效节水灌溉制度。

不同作物对水的需求量不同,有的作物比较耐旱,缺水对其产量影响较小;有的作物不太耐旱,一旦缺水就会严重影响产量。另外,对具体的某种作物,还存在一个(有些作物有两个)对缺水最敏感、影响产量最大的时期,称为需水关键期(或需水临界期)。同时不同的灌溉工程措施,单位面积次灌水量也有所不同,对应的不同作物的灌溉定额也不一致。因此,需针对不同节水灌溉工程措施(地面畦灌、喷灌、微灌等),研究改进胶东半岛主要农作物的节水灌溉制度,以保证区域有限的农业水资源发挥最大的效益。

第一节 山东省充分灌溉条件下的节水灌溉制度

根据经济发展要求,调整作物种植结构,经过优化,在首先确定单项作物灌溉制度的基础上叠加后,选取一个综合灌溉定额较小的综合灌溉制度,是规范中对节水灌溉制度一种比较可行的界定。这样做概念清晰,方法简单,可以完全按照国家标准规定的程度作出计算论证。调整作物种植结构是确定节水灌溉制度的核心,由于各地自然条件和经济发展水平的差异,不可能在较大范围内采取统一的结构模式,必须区别对待,使之与当地农业经济发展速度、规模、结构相适应。

当然,对一种具体作物和灌溉水平来讲,理论上的节水灌溉制度在实践上往往难以实现,现实中的灌溉制度往往不一定最优,改变传统的灌溉制度,按照作物需水量和需水规律确定科学、合理、可行的灌溉制度,考虑生产实际和参考大量的试验成果,确定经济合理的灌溉制度也应当是节水灌溉制度的内容。

山东省水利科学研究院、山东省水利厅农村水利处"六五"科技攻关项目"主要农作物高产省水灌溉技术研究",给出了主要农作物冬小麦、夏玉米、棉花不同水文年型灌溉制度。

一、冬小麦节水灌溉制度

山东省冬小麦分区,25%、50%、75%、95%保证率的灌溉制度如表5-1所示。

表 5-1　冬小麦灌溉制度成果

分区名称	频率（%）	灌溉定额（mm）	灌水次数	不同生育期灌水定额（mm）			
				越冬水	拔节水	抽穗水	灌浆水
鲁西南	25	120	2		60	60	
	50	180	3		60	60	60
				60	60	60	
	75	210	3		75	75	60
				60	75	75	
	95	270	4	60	75	75	60
鲁北	25	210	3		75	75	60
				60	75	75	
	50	270	4	60	75	75	60
	75	285	4	60	90	75	60
	95	315	4	75	90	75	75
鲁中	25	225	3	75	75	75	
				75	75	75	75
	50	270	4	60	75	85	60
	75	300	4	75	75	75	75
	95	330	4	75	90	90	75
鲁南	25	150	2		75	75	
	50	210	3		75	75	60
				60	75	75	
	75	240	4	60	60	60	60
	95	285	4	60	75	75	75
胶东	25	120	2		60	60	
	50	180	3	60	60	60	
					60	60	60
	75	225	3	75	75	75	
					75	75	75
	95	270	4	60	75	75	60

二、夏玉米节水灌溉制度

山东省夏玉米分区,25%、50%、75%、95%保证率的灌溉制度如表 5-2 所示。

表 5-2 夏玉米灌溉制度成果

分区名称	频率（%）	灌溉定额（mm）	灌水次数	不同生育期灌水定额（mm）			
				出苗水	拔节水	抽雄水	灌浆水
鲁西南	25						
	50	50	1	50			
	75	100	2	50		50	
	95	150	3	50	50	50	
鲁北	25	50	1	50			
	50	100	2	50		50	
	75	150	3	50	50	50	
	95	240	4	60	60	60	60
鲁中	25	50	1	50			
	50	100	2	50		50	
	75	120	2	60		60	
	95	240	4	60	60	60	60
鲁南	25						
	50						
	75	50	1	50			
	95	120	2	60		60	
胶东	25						
	50	50	1	50			
	75	100	2	50		50	
	95	150	3	50	50	50	

三、棉花节水灌溉制度

山东省棉花分区,25%、50%、75%、95%保证率的灌溉制度如表5-3 所示。

四、灌水下限指标、计划湿润层深度

根据山东省多年的研究成果,三种主要农作物冬小麦、夏玉米、棉花的灌水下限指标和计划湿润层深度,如表5-4 ～ 表5-6 所示。

表 5-3　棉花灌溉制度成果

分区名称	频率 (%)	灌溉定额 (mm)	灌水 次数	不同生育期灌水定额(mm)					
				播前	幼苗	现蕾	开花	结铃	吐絮
鲁西南	25	60	1	60					
	50	120	2	60		60			
	75	180	3	60		60	60		
	95	300	5	60	60	60	60	60	
鲁北	25	60	1	60					
	50	180	3	60		60	60		
	75	240	4	60		60	60	60	
	95	360	6	60	60	60	60	60	60
鲁中南及 其胶东	25	45	1	45					
	50	120	2	60		60			
	75	180	3	60		60	60		
	95	280	5	60	40	60	60	60	

表 5-4　冬小麦灌水下限指标和计划湿润层深度

项目		生育期						
		苗期	分蘖期	越冬期	返青期	拔节期	抽穗期	灌浆期
灌水 下限 指标	土壤含水率 (%)	70	70	70	55	70	70	55
	土壤张力 (cmH$_2$O)	250~350	250~350	250~350	450~650	250~350	250~350	450~650
计划湿润层深度(cm)		40	40	40	40	60~80	60~80	60~80

注:1 cmH$_2$O=98.1 Pa,下同。

表 5-5　夏玉米灌水下限指标和计划湿润层深度

项目		生育期				
		出苗期	幼苗期	拔节期	抽雄期	灌浆期
灌水 下限 指标	土壤含水率 (%)	60	50	65	75	65
	土壤张力 (cmH$_2$O)	350~500	500~700	300~450	200~300	300~450
计划湿润层深度(cm)		40	40	60	80	80

表5-6　棉花灌水下限指标和计划湿润层深度

项目		生育期				
		出苗期	幼苗期	现蕾期	花铃期	吐絮期
灌水下限指标	土壤含水率（%）	70	60	60	65	45
	土壤张力（cmH$_2$O）	250~350	350~500	350~500	350~450	600~800
计划湿润层深度(cm)		40	40	60	60	60

第二节　山东省非充分灌溉（限额灌溉）条件下的灌溉制度

在供水量小于作物需水量的前提下,不能说用水量越小越节水,如果灌溉水量减少造成作物大幅度减产,也就失去了节水的意义。冬小麦生长期如果能减少灌水次数,无疑可以显著节省灌溉用工,特别是在大中型灌区更有必要。通过试验研究如能进一步证实既不影响产量又能节水,将会给灌溉制度带来一场重大的变革。但这个问题目前还处于一个值得深入探讨的阶段。

非充分灌溉是在供水能力不能充分满足一定条件下的作物需水量时,而采取的一种常规做法。比如灌溉设计保证率50%为在100年将可能有50年不能按作物正常需要供水,在这些不能充足供水的年份只能实行非充分灌溉,把低于正常水平的供水量,安排在作物对水分需求相对更敏感的时期,以争取在全灌区范围内取得较高的产量。由于非充分灌溉没有一个固定的标准,只能根据当年实际降水和供水量加以科学地灵活运用,从根本上讲不是什么新概念,而是我国北方许多地区在干旱年份供水能力不能满足设计要求时,经常采用的做法。20世纪80年代初期北方许多地区开展的关键水试验、有限灌溉试验以及减产试验等,也正是为了解决供水不足时,把有限水量用在"刀刃"上,实现有限水量的最大产出,这实际上就是实施非充分灌溉。

非充分灌溉(NO – Full Irrigation)可以减少灌溉用水,虽然单产有所降低,但因灌溉面积扩大了,总产会有所提高。但应当看到,这是一个非常复杂的社会经济问题。一是在我国这样一个人多地少的大国,能不能把农业产量的提高建立在单产的降低上就是一个值得深入研究的问题;二是我们把灌溉面积的扩大建立在损害原有灌区农户利益的基础上,也值得认真研究;三是现阶段灌区用水的浪费,并不是因为按规范即按作物正常需水要求设计的灌溉制度定额偏高,而主要是传输损失和田间灌水量人为偏大造成的;四是非充分灌溉还没有一个可用于灌区设计的规范。

当然,在水资源紧缺的地区,由于历史的原因,或由于经济发展的需要,不得不用有限的水量多灌溉一些土地,或在减少灌溉水量的情况下确保部分灌溉面积,必要时经过论证也可以考虑采用规范中规定的灌溉设计保证率低限,以降低设计水平年的灌溉定额,扩大灌溉面积。这样就可以按照现行设计规范的规定,把非充分灌溉设计纳入"有章可循"。还可以按照已有的试验研究成果,计算出低于设计水平年的、不同频率降水和供水年份的各种非充分灌溉制度,作为必须实行非充分灌溉年份制订灌溉计划的参考。

一、研究和应用非充分灌溉条件下节水灌溉制度的重要性

虽然非充分灌溉和节水灌溉并没有必然的联系,但在水资源不足、供水"多元化"、农业用水严重不足的情况下,或干旱年份里往往实施非充分灌溉,因此研究非充分灌溉条件下的灌溉制度有着现实意义。

表 5-7 给出了山东省冶源水库灌溉试验站不同灌水次数和灌水组合的产量结果。

表 5-7　冶源水库灌溉试验站冬小麦灌溉制度试验结果　（单位:kg/hm²）

灌水处理	组合产量	组合产量	组合产量	组合产量	组合产量	组合产量	组合产量
灌 1 水	拔 2 955	孕 2 610	抽 2 790	灌 2 190			
灌 2 水	拔+灌 3 495	冬+拔 3 330	冬+抽 4 110	冬+灌 4 200	返+抽 3 495	拔+抽 5 175	返+抽 3 495
灌 3 水	冬+拔+抽 5 430	冬+拔+灌 5 475	冬+孕+灌 5 700				
灌 4 水	冬+起+孕+灌 5 460	冬+拔+抽+灌 5 700	冬+拔+灌+熟 5 745				

注:拔—拔节期、抽—抽穗期、孕—孕穗期、冬—越冬期、灌—灌浆期、熟—乳熟期、起—起身期、返—返青期。

从表 5-7 可以看出,在供水较充分(3 水、4 水)时,不同灌水组合对小麦产量影响不大,产量较为接近,在 5 430 ~ 5 745 kg/hm² 之间;非充分供水(1 水、2 水)时,灌水组合或灌水时间对产量影响较大,灌 2 水组合最高产量为最低产量的 1.55 倍,灌 1 水组合最高产量为最低产量的 1.35 倍,这和山东省已有的研究成果是一致的。由此可见,在非充分灌溉条件下,灌溉制度对作物产量影响很大。

夏玉米灌溉制度试验成果表明,苗期灌水比对照增产 5.8%,拔节期灌水比对照增产 10%,抽雄期灌水比对照增产 12%,灌浆期灌水平均比对照增产 11%。由此可见,不同生育期灌水对产量有一定增产作用,但差别不太大。试验和生产中还表明,夏玉米的耐旱能力比冬小麦差,造墒水对夏玉米的生长至关重要,抽雄期缺水可造成玉米大幅度减产甚至绝产,所以,夏玉米虽然生育期降雨量较大,但由于时空分配不均,仍需研究供水不足情况下的节水灌溉制度。

二、作物水分生产函数的研究与应用

在水资源配置、产量预测和灌溉制度的确定中,作物产量与水分的关系即水分生产函数的研究成为基础性、关键性的工作,故对作物水分生产函数的研究尤为重要。

（一）作物水分生产函数的研究现状

国外在水分生产函数的研究方面大致经历了三个阶段：第一阶段，20 世纪 50 年代以前，主要研究作物产量与降水量、产量与有效降水量的关系；第二阶段，20 世纪 50 年代至 70 年代，研究产量（或干物质重）与实际蒸散量之间的关系；第三阶段，20 世纪 80 年代至今，主要研究非充分灌溉条件下的作物产量与水分关系的多种模型。在国内，灌溉试验在 20 世纪 80 年代相继恢复，并对水分生产函数进行了初步研究，特别是 20 世纪 90 年代，随着我国国民经济的进一步发展，水资源供需矛盾加剧，灌溉用水不足促进了对水分生产函数研究的进程。在利用试验资料借助电子计算机确定水分生产函数、利用水分生产函数进行产量预测和确定灌溉制度等方面有了一定进展。但由于试验资料系列等条件的限制，直接用于灌区管理的实例较为少见。利用山东省已有大量的灌溉试验资料，结合各地的水资源、灌区工程状况、作物种类等建立适合当地类型区的水分生产函数，并直接应用于生产实践有重要意义。

（二）作物水分生产函数的建立方法

根据精度要求和灌区管理水平的不同，通常可用三种方法确定作物水分生产函数：一是调查法。通过对区内作物品种、土壤类型、用肥状况等农业生产措施基本一致条件下的产量与供水量（含有效降水量）调查，用回归分析法确定产量与供水量之间的关系，这对于试验资料缺乏或根本没有试验资料的灌区，虽精度不高，但较符合实际，确定的水分生产函数也很实用。二是田间灌溉试验法。通过布置田间小区试验，设置不同灌溉定额、不同灌水组合的试验处理，通过多年的试验资料，用回归分析法可确定作物水分生产函数，这种方法精度高，对试验条件要求较高，一般由灌溉试验站来做。三是综合法，用临近的、在土壤类型、种植结构、气候状况相近的试验站（点）的水分生产函数，再用本地的调查数据进行检验、修正，也可获得满足生产要求的作物水分生产函数。

（三）作物水分生产函数的类型及特点

1. 线性关系

对大量试验资料进行分析，其线性关系的相关性并不太好，但对某一年度或某一供水量范围内建立产量与耗水量关系，相关性较好。以山东省冶源水库灌溉试验站夏玉米试验资料为例，回归方程为：

$$Y = -152.75 + 2.28E \tag{5-1}$$

此方程式，$n = 23$，$R = 0.94$。

从图 5-1 可知，线性关系的基本表达式为：$y = a + bE$，Y 为产量，E 为耗水量（或供水量），a、b 为回归系数。E 轴的截矩反映的是土壤蒸发和作物形成产量以前的蒸腾水量，即在形成籽粒产量以前要付出一定的水量。事实上，即使作物绝产，也有一定的蒸发量，因为作物生长初期地面覆盖不完全，把这部分水量认为是棵间蒸发是合理的。该直线的斜率反映产量与水量的关系，部分消除了棵间蒸发的影响，这正是节水灌溉所要研究的重要内容，即作物产量与耗水量之间的关系。

由于作物的产量不可能随着供水量的增加而无限增加，故此式仅在一定的范围内成立，一般适用于管理水平不太高的灌区。但从理论上讲，线性关系反映了产量与耗水量的本质关系。20 世纪 90 年代初，我国的农田灌溉专家曾按"SPAC"理论的思路，考虑作物

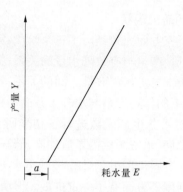

图 5-1　产量与耗水量线性关系图

生长特性、生产水平和环境学等方面的因素,以植物环境物理学和生物学为基础,对产量与水量关系进行试验和机理分析,认为在一定的作物品种、生产技术和自然条件下,生产单位重量的粮食所必须消耗的水量大致是一个常数,这个关系是基本不变的。

2.抛物线关系

对不同试验点的试验资料进行综合分析表明,用二次抛物线来拟合产量与耗水量的关系(见图5-2),相关密切,可用下式表示:

$$Y = aE^2 + bE + c \tag{5-2}$$

式中　　a、b、c——回归系数;

其余符号意义同前。

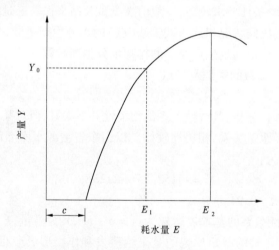

图 5-2　产量与耗水量抛物线关系图

该曲线反映的物理意义是:当形成籽粒产量时,必须付出一定的水量 E;当 E 开始增加时,Y 增加,但边际产量逐渐减少;当 E 大于 E_2 时,产量降低,边际产量为负值。这说明,在水资源较为充分的灌区或某个丰水年份,产量达到一定程度后若再增产,仅靠增加水量是不行的,此时,除水以外的其他农业措施已成为限制作物产量增长的因素,在农业措施没有大的变革的情况下,过多供水有害无益。表5-8给出了山东省雪野水库、唐村水库、北邢家水库试验站水分生产函数。

表5-8　不同作物水分生产函数

代表点	作物	回归方程	数据组数	相关系数	F检验值
雪野水库	冬小麦	$Y = 18.87 + 3.61E + 0.072E^2$	14	0.88	8.53
	夏玉米	$Y = -88.83 + 13.54E - 0.38E^2$	12	0.98	24.8
唐村水库	冬小麦	$Y = -12.53 + 2.95E - 0.06E^2$	14	0.87	13.8
	夏玉米	$Y = -92.18 + 14.41E - 0.42E^2$	8	0.95	26.62
北邢家水库	冬小麦	$Y = -21.49 + 3.62E - 0.068E^2$	8	0.99	15.5
	夏玉米	$Y = -92.52 + 12.99E - 0.33E^2$	23	0.99	29.33

3. 幂函数关系

在分析产量与耗水量关系时,有时用幂函数曲线进行回归相关性较好,通常其表示式为:

$$Y = c + aE^b \tag{5-3}$$

式中符号意义同前。

此函数曲线的物理意义是:耗水量为零时,仍有一定的产量 c,这显然不合理,也是不可能的;当耗水量增加到某一数值 E_0 时,产量猛增,这说明除水以外其他因素在起作用,实际上模糊了产量与耗水量的关系。这也就是说,在充分供水条件下,其他措施发挥良好的增产作用。此种类型曲线在实践中应用较少,在此不再赘述。

4. Doorenbos 和 Stewat 模型

作物生育阶段供水不同可能对产量造成一定影响,相应产量及其总耗水量也不相同,故产生如下两种模型:

Doorenbos 模型表示式

$$1 - \frac{Y}{Y_m} = k_y \left(1 - \frac{E}{E_m} \right) \tag{5-4}$$

Stewat 模型表示式

$$\frac{Y}{Y_m} = 1 - \beta_0 + \beta_0 \frac{E}{E_m} \tag{5-5}$$

式中　k_y——产量反映系数;

　　　Y——实际产量;

　　　E——实际耗水量;

　　　Y_m——最高产量;

　　　E_m——最高产量水平下的耗水量(无水分亏缺);

　　　β_0——经验系数。

将上述两式初等变换,可表示为下式:

$$\frac{Y_m - Y}{Y_m} = k \left(\frac{E_m - E}{E_m} \right) \tag{5-6}$$

式(5-6)实际上反映了产量的增量和耗水量的增量呈线性关系。

（四）作物产量与各生育阶段耗水量之间的关系

仅有产量与总耗水量之间的关系难以定量反映作物不同生育阶段的水分亏缺对产量的影响,通常用相加和相乘模型来表示产量与不同生育阶段耗水量的关系。

（1）相加模型。表达式如下：

$$\frac{Y}{Y_m} = \sum_{i=1}^{n} k_{Yi}\left(\frac{ET_i}{ET_{mi}}\right) \tag{5-7}$$

式中　Y——实际产量；

　　　Y_m——供水充分条件下的最高产量；

　　　ET_i——第 i 阶段的耗水量；

　　　ET_{mi}——第 i 阶段的最大耗水量；

　　　k_{Yi}——敏感系数；

　　　n——作物生育期划分阶段数。

建立产量与阶段耗水量关系模型,同建立产量与总耗水量相比,本身就是一种进步,但从其物理意义来看,把本来连续的生长过程划分为若干个独立的生长阶段,若某一生育阶段因严重受旱而绝产,而产量仍有一定的计算值,这与事实不符,但作为一种计算方法,在一定的范围内应用有其实用性,西北农业大学康绍忠博士在我国北方进行产量预测结果表明,其标准误差小于6%。

（2）相乘模型（jensen 模型）。作物在某个生育阶段受旱后,会对以后的生长过程产生影响,每个生育阶段都是人为划分的,不是孤立的,因此考虑模型为：

$$\frac{Y}{Y_m} = \prod_{i=1}^{n}\left(\frac{ET_i}{ET_{mi}}\right)^{\lambda_i} \tag{5-8}$$

式中　λ_i——第 i 阶段作物水分亏缺反映的敏感指数；

　　　其余符号意义同前。

从物理意义上来讲,相乘模型优于相加模型。相加模型中的 k_{Yi} 可据已有的试验资料,用多元线性回归法求得；求相乘模型中的 λ_i,可将该模型数学式进行数学变换（等式两边取对数）,也可以转化为线性回归问题,借助计算机很容易求得。

（五）果树水分生产函数

龙口市北邢家水库灌区试验站对果树的灌溉制度进行试验研究,提出了长把梨、苹果、红杏三种作物的水分生产函数（见表5-9）。

表5-9　不同果树水分生产函数

果树名称	数据组数	水分生产函数	相关系数
长把梨	18	$Y = -0.026\,7E^2 + 31.549E - 6\,358.2$	$R = 0.982$
苹果	18	$Y = -0.026\,4E^2 + 28.609E - 4\,935$	$R = 0.973$
红杏	15	$Y = -0.021\,5E^2 + 22.806E - 4\,050.9$	$R = 0.952$

注：Y 为产量, kg/hm²；E 为耗水量, m³/hm²；R 为相关系数。

三、作物非充分灌溉制度的确定方法

(一)根据对比试验成果直接确定作物节水灌溉制度

灌水次数及相应的最佳灌水时间是灌溉制度的重要内容,同时,确定灌溉制度还要考虑土壤、水文、栽培条件和生产水平等因素的变化,该灌溉制度适宜于无异常气候条件、当前的栽培水平和生产水平。在特殊情况下还需根据作物的需水规律来调整灌水决策,应根据作物生长、气候状况、土壤类型和墒情而定,同时,应结合灌溉预报进行灌水决策。

1. 冬小麦不同灌水次数的增产效益及最佳灌水时间

通过不同灌水次数和灌水时间试验,分析其增产效果和生长发育状况,得出如下结论:灌 1 水比对照不灌增产 10%~20%,最高增产 48%,最佳灌水时期为拔节期,其次为孕穗期、抽穗期,再次为冬灌期。灌 2 水比对照不灌增产 20%~40%,较灌 1 水平均增产 15%,灌 2 水最佳组合若前期墒情好,其最佳灌水组合为拔节、抽穗和拔节、灌浆;若前期墒情较差,土壤水分偏低,则以冬灌、拔节和冬灌、孕穗为宜。灌 3 水一般年份即为充分灌溉,但在特旱或中等干旱年份,也难以实行充分灌溉,其最佳灌水组合为冬灌、拔节、抽穗或冬灌、孕穗、灌浆。

2. 夏玉米不同灌水次数的增产效益及最佳灌水时间

如前所述,夏玉米的耐旱能力较差,生长期内雨热同步,一般年份和干旱年份灌水 1~2 次,最佳灌水期为抽雄期和灌浆期,其次为拔节期。另外,5、6 月份一般气候干旱,一般需灌造墒水,可结合小麦的灌浆水套种。

(二)在已有作物水分生产函数的基础上,用边际分析法确定灌溉制度

根据作物生产函数和边际分析理论,利用价值生产函数的关系,确定经济灌溉定额,经济灌溉定额确定后,即可根据前述对比试验成果确定的最佳灌水时间,制定节水灌溉制度,或用数学模型计算确定灌溉制度。

1. 经济灌溉定额的确定

在水资源供给不充分时,以灌区最大农业生产效益为目标而合理确定作物的灌溉定额、灌水定额、灌水时间,即经济灌溉制度,也就是说,确定的经济灌溉制度,允许作物一定生长期内遭受一定程度的水分亏缺,从而减少蒸发耗水量,节约灌溉用水,扩大灌溉面积,虽然单位面积产量可能因此而降低,但灌区总的农业效益最大。因此,需要首先确定经济灌溉定额。

对一个灌区来说,确定经济效益最大时灌溉定额,应从如下两个方面进行考虑:一是灌溉面积和最大可供水量一定,确定灌溉定额和可供水量;二是供水量和最大可能的灌溉面积一定,确定灌溉定额及相应的灌溉面积,使总效益最大。

根据以上思路,求某种作物的经济灌溉定额,可建立如下两个目标函数:

$$F = A_0 \left[(P_1 + \alpha P_2) Y - C_a - C_w M \right] \tag{5-9}$$

约束条件:

$$M A_0 / \eta \leqslant W \tag{5-10}$$

或者

$$F = (\eta W / M) \left[(P_1 + \alpha P_2) Y - C_a - C_w M \right] + (A_0 - \eta W / M) \left[(P_1 + \alpha P_2) Y_0 - C_0 \right] \tag{5-11}$$

约束条件：$\qquad\qquad\qquad\qquad W\eta/M \leq A_0$ $\qquad\qquad\qquad$ (5-12)

式中　A_0——在式(5-9)中为灌溉面积，在式(5-11)中为最大可能灌溉面积；

$\qquad\quad\eta$——灌溉水利用系数；

$\qquad\quad M$——灌溉定额，m^3/hm^2；

$\qquad\quad W$——在式(5-10)中为可供水量，式(5-11)、式(5-12)中为分配于该作物的总用水量，m^3；

$\qquad\quad P_1$——作物主产品价格，元/kg；

$\qquad\quad P_2$——作物副产品价格，元/kg；

$\qquad\quad\alpha$——作物副、主产品产量比值；

$\qquad\quad Y$——作物单产，是灌溉定额 M 的函数，kg/hm^2；

$\qquad\quad C_a$——除灌溉以外(田间管理、肥料、种子、农药等)的单位面积生产费用，元/hm^2；

$\qquad\quad C_w$——供水费用，元/m^3；

$\qquad\quad Y_0$——非灌溉面积上的产量，kg/hm^2；

$\qquad\quad C_0$——非灌溉面积上的农业费用，元/hm^2。

若假定在作物全生育期内，土壤水及地下水盈亏平衡，则耗水量 $E = P + M$（P 为降雨量）。对试验资料的分析结果表明，产量 Y 与耗水量($P + M$)可用二次抛物线关系拟合，关系式为：

$$Y = a(M + P)^2 + b(M + P) + c \qquad\qquad (5-13)$$

对式(5-9)求极值，并与式(5-13)联立求解，整理后可得效益最大时的灌溉定额：

$$M = \{[C_w/(P_1 + \alpha P_2) - b]/(2a) - b\}/(2a) - P \qquad (5-14)$$

其相应总供水量 MA_0/η 必须满足：$MA_0/\eta < W$，否则应取 $M = W\eta/A_0$。

对式(5-11)求极值，并与式(5-13)联立，也可得到效益最大时的灌溉定额：

$$M = \sqrt{[(C_a - C_0)/(P_1 + \alpha P_2) - (aP^2 + bP + c - Y_0)]/(-a)} \qquad (5-15)$$

其相应灌溉面积 A 必须满足：$A \leq A_0$，否则应取 $M = W\eta/A_0$。

假定非灌溉面积上的净效益为零，即($P_1 + \alpha P_2$)$Y_0 - C_0 = 0$，则有：

$$M = \sqrt{[C_a/(P_1 + \alpha P_2) - (aP^2 + bP + c - Y_0)]/(-a)} \qquad (5-16)$$

式中符号意义同前。

2. 确定经济灌溉制度的实例

下面以山东省龙口市北邢家试验站的实测资料来说明产量与耗水量关系的建立及经济灌溉定额的确定方法。该试验站设置 8 个处理，耗水量与产量见表 5-10。

表 5-10　试验站各处理的实测资料

处理	I	II	III	IV	V	VI	VII	VIII
耗水量(m^3/hm^2)	1 881	2 631	3 381	4 131	4 881	5 631	6 381	7 131
产量(kg/hm^2)	763.5	2 241	4 312.5	4 753.5	5 500.5	5 859	5 895	5 715

将各处理的产量与耗水量按 $Y = f(E)$ 函数关系进行回归计算，回归方程为二次抛物线，即

$$Y = -0.004\ 49E^2 + 3.623E - 332.33, n = 8, R = 0.993\ 9 \tag{5-17}$$

从图 5-3 也可看出产量 Y 与耗水量 E 的相关关系。

式(5-17)中,$a = -0.004\ 49$,$b = 3.623$,$c = -332.33$,若 $P = 1\ 881\ \text{m}^3/\text{hm}^2$,$P_1 = 0.54$ 元/kg,$P_2 = 0.12$ 元/kg,$\alpha = 0.22$,$C_a = 1\ 775.1$ 元/hm^2,$C_w = 0.2$ 元/m^3,则可用于冬小麦的灌溉水量为 607.5 万 m^3,可灌溉面积 $A_0 = 1\ 220$ hm^2。

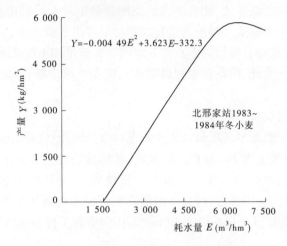

图 5-3　产量与耗水量关系图

按灌溉面积全灌考虑。将上述参数代入式(5-14)得,$M = 3\ 580.5\ \text{m}^3/\text{hm}^2$,此时耗水量为 5 461.5 m^3/hm^2,查图 5-3,产量为 5 775 kg/hm^2,说明产量较高,而用水量 $MA_0 = 3\ 580.5 \times 1\ 220 = 436.8$(万 m^3),取 $\eta = 0.5$,则总供水量为 873.6 万 m^3,而可供水量仅有 607.5 万 m^3,故应取 $M = 607.5 \times 10^4 \times 0.5/1\ 220 = 2\ 490$(m^3/hm^2),耗水量为 4 371 m^3/hm^2,查图,$Y = 5\ 100$ kg/hm^2,总产量 $Y = 622.2$ 万 kg,其相应的效益 $F = 69.9$ 万元。

按最佳控制面积确定。设非灌溉效益为零,用式(5-16)计算,求得 $M = 2\ 809.5\ \text{m}^3/\text{hm}^2$,此时的灌溉面积 $A = 1\ 080$ hm^2,$A \leqslant A_0$,耗水量 4 690.5 m^3/hm^2,产量 5 400 kg/hm^2,总产 583.2 万 kg,其相应净效益 $F = 77.9$ 万元。

由以上分析可知,若参考净效益最大,应取 $M = 2\ 809.5\ \text{m}^3/\text{hm}^2$,这样,就需舍弃 140 hm^2 土地而对其余部分灌溉。

第三节　胶东半岛主要农作物的节水高效灌溉制度

胶东半岛种植的主要农作物为冬小麦、夏玉米及经济作物(果树、温室大棚蔬菜),由于该区域经济较发达、工业发展迅速、经济实力雄厚、劳动力缺乏、农村生产水平高,农村产业结构调整较快,高效高产值农业种植面积相对较大,现代化农业节水工程发展较快,农作物大面积发展管道输水灌溉及喷灌,经济作物主要推广应用微喷、滴灌等节水灌溉工程,因此本书主要针对冬小麦、夏玉米、果树、温室蔬菜,在不同节水灌溉工程措施下的高效灌溉制度进行介绍。

一、冬小麦、夏玉米低压管道输水工程（畦灌）的节水高效灌溉制度

（一）低压管道输水灌溉采用标准化畦田工程的适宜性分析

传统的地面灌溉方式粗放,田间水量渗漏损失大,灌溉水的利用率很低,灌溉水的浪费现象相当严重,因此对其进行研究和改善,近 20 多年来对大田农作物主要采用了低压管道输水加标准化畦田的灌溉形式,此种形式的关键是确定适宜的畦田标准。畦灌仍是平原井灌区目前灌溉的主要形式。畦田的适宜长宽与单井出水量大小、土壤质地、畦田平整状况、田面坡降及灌水定额有密切关系。在一定的单宽流量和土壤状况下,畦田的长度随灌水定额增大而增加。为此,山东省水利科学研究院在龙口市项目区进行畦田标准优选的模拟试验。

1.畦田灌水技术田间试验

畦田灌溉试验区位于胶东半岛项目区山东省龙口市,试验地块属山前平原机井灌区。地势西北高东南低,地面坡度为 7‰左右。经测定,试验地块的土质为中壤土,土壤容重为 1.5 g/cm³,土壤田间持水率 21.5%（重量比）。田块规整,地势较为平坦,种植作物主要为冬小麦和玉米,主要为畦田种植,根据当地的种植习惯和机耕播种机械规格,畦田宽度一般为 2 m。试验区机井供水量一般为 50 m³/h,田间灌溉工程为低压管道输水灌溉。

2.地面灌水模拟

为更好地分析地面灌水的特点,利用美国农业部灌溉研究中心开发的地面灌溉模拟模型 SRFR 软件进行了数值模拟,并与实测结果进行对比分析。

1）模拟模型

地面灌溉水流在水力学中属于渗透板上的明渠非恒定流。对水流在田间地面流动进行数学描述,以零惯量模型的应用最为广泛。其控制方程为:

$$\begin{cases} \dfrac{\partial A}{\partial t} + \dfrac{\partial Q}{\partial x} + I = 0 \\ \dfrac{\partial y}{\partial x} = S_0 - S_f \end{cases} \tag{5-18}$$

式中　A——过水断面面积,m²;

$\quad\quad Q$——流量,m³/s;

$\quad\quad I$——单位长度入渗率, m³/(s·m);

$\quad\quad t$——时间,s;

$\quad\quad x$——水流推进距离,m;

$\quad\quad y$——水深,m;

$\quad\quad S_0$——地面坡度;

$\quad\quad S_f$——摩阻坡度。

在采用数值法对零惯量模型求解的基础上,美国农业部灌溉研究中心开发了地面灌溉模拟模型 SRFR 软件。该软件需要输入以下三类数据:畦田的几何尺寸,包括长度、宽度、微地形条件;灌溉管理参数,包括灌溉时的作物需水量、入畦流量及畦田供水时间;土壤参数,包括糙率系数、土壤入渗参数。

采用 SRFR 软件,畦田的长度和宽度按实际观测数据输入,畦田微地形条件按畦长方向不同观测点的地面高程输入。作物灌溉需水量根据土壤墒情和灌溉制度确定,入畦流量按实测流量过程输入,畦田供水时间按实测值输入,通过 SRFR 软件模拟灌水时的水流推进过程,与试验实测资料进行拟合,可反求推算土壤入渗参数和畦田糙率。

2)模拟与实测结果对比

利用 SRFR 软件,模拟灌水时的水流推进过程,并与试验实测资料进行拟合,反求推算土壤参数,见表5-11 ~ 表5-13。

表5-11　冬小麦冬灌地面灌水模拟与灌水实测值对照

处理		推进距离(m)											停水距离(m)	入畦单宽流量(L/(s·m))	K(mm/hm²)	α	n
		0	20	40	60	80	100	120	130	140	150	160					
		到达时间(min)															
1#畦	实测	0	5.5	13	24	32	44.5	54		65.6	71	76.5	150	3	66	0.463	0.130
	模拟	0	5.7	12.8	21.4	30.2	40.2	52.6		65.1	71.6	78.3	150	3			
7#畦	实测	0	3.9	9.5	15.8	21.8	27.3	32.8	35.7	38.6		47	130	5	65	0.466	0.13
	模拟	0	3.5	9.2	14.8	20.6	26.2	32.5	35.5	39.4		46.9	130	5			
11#畦	实测	0	4.8	13.3	24.4	32.9	43.3	55.2		67.2	74	82.3	150	2.5	56	0.47	0.131
	模拟	0	6.0	13.8	22.8	32.2	43.0	53.5		67.0	74.6	82.5	150	2.5			
平均值															62.3	0.466	0.13

表5-12　冬小麦拔节期地面灌水模拟与灌水实测值对照

处理		推进距离(m)												停水距离(m)	入畦单宽流量(L/(s·m))	K(mm/hm²)	α	n
		0	20	40	60	80	100	110	120	130	140	150	160					
		到达时间(min)																
1#畦	实测	0	5.9	12.2	21.7	32.5	48.7		60		71.6	77.5	83.3	150	4	94	0.48	0.172
	模拟	0	5.6	13.5	22.5	32.2	42.7		56.6		70.1	77.6	84.8	150	4			
7#畦	实测	0	3.7	9.8	16.2	21.5	26.8	29.7	32.7		39.8		48.7	110	6	91	0.483	0.133
	模拟	0	3.6	9.1	14.6	20.2	26.5	29.8	33.4		40.7			110	6			
11#畦	实测	0	4.5	11.8	19.8	26.3	33.2		41.2	45.8	50		59.2	130	4	71	0.478	0.138
	模拟	0	4.5	10.8	17.6	25.0	32.9		41.0	45.2	50.5		61.5	130	4			
平均值																85.3	0.48	0.147

从结果可以看出,SRFR 软件模拟灌水时与实际水流的推进过程吻合很好;利用SRFR 软件反求的土壤参数符合实际情况。试验区在冬小麦冬灌期间,由于种植时翻耕土地,土壤入渗的初渗力较强,故此时的土壤入渗参数 $K = 56 \sim 66$ mm/hm², $\alpha = 0.463 \sim 0.47$,畦田糙率 $n \approx 0.13$;在冬小麦拔节期间,由于大田土壤经过冬季冻融疏松,土壤入渗的初渗力仍较大,此时的土壤入渗参数 $K = 71 \sim 94$ mm/hm², $\alpha = 0.478 \sim 0.483$,畦田糙率 $n \approx 0.147$;在冬小麦孕穗期间,由于大田土壤经过灌溉和降雨,土壤表面存在板结和压实,土壤入渗的初渗力相对较小,此时的土壤入渗参数 $K = 57 \sim 65$ mm/hm², $\alpha = 0.491 \sim 0.498$,畦田糙率 $n \approx 0.147$。

表 5-13　　冬小麦孕穗期地面灌水模拟与灌水实测值对照

处理		推进距离(m) 到达时间(min) 0	20	40	60	80	100	105	120	140	150	160	停水距离(m)	入畦单宽流量(L/(s·m))	K(mm/hm²)	α	n
1# 畦	实测	0	5.6	13	25	33	45		56	66.3	71	78	150	3	57	0.491	0.184
	模拟	0	5.6	14.0	22.9	31.8	41.4		53.5	65.5	71.5	78.4	150	3			
7# 畦	实测	0	3.9	10.9	18.1	24.4	31		37	43	50		120	5	86.5	0.498	0.129
	模拟	0	3.7	9.8	15.8	22.2	29.2		37	45.8		57.0	120	5			
11# 畦	实测	0	3	6.5	11.6	16.5	20.7	23	25.6	30.5		36.5	105	5.9	65	0.497	0.128
	模拟	0	3.4	7.5	12.3	17.0	22.1	23.5	27.1	32.7		40	105	5.9			
平均值															69.5	0.495	0.147

3) 模拟结果分析

利用试验实测(或拟合反求)得到的土壤入渗参数和糙率,通过地面灌溉模拟模型 SRFR 软件对几种典型条件(具有一定的地域代表性)的畦田进行地面灌水模拟分析,提出壤土不同地形条件下的地面灌水技术要素。见表 5-14。

表 5-14　冬小麦冬灌期壤土畦田灌水技术要素

畦宽为 1.5～2.5 m　　畦田糙率 $n=0.13$　　土壤渗吸系数 $k=62.3$ mm/h　　$\alpha=0.466$

坡降 (‰)	灌水定额 (mm)	单宽流量 (L/(s·m))	畦长 (m)	停水成数 (%)	灌水均匀度 (%)
0	60	3	40	80	93
0	60	3	50	76	90
0	60	4	40	76	94
0	60	4	50	72	92
0	60	6	40	70	96
0	60	6	50	66	94
0.5	60	3	40	83	93
0.5	60	3	60	75	94
0.5	60	3	70	72	94
0.5	60	4	40	78	92
0.5	60	4	75	67	90
0.5	60	4	40	71	91
0.5	60	6	75	62	90
0.5	60	6	85	60	87

　　评价畦灌灌水技术科学合理性,主要考察其灌溉均匀度和灌溉效率。亦即畦灌灌水技术要素选择是否合理,主要是看能否将符合设计灌水定额的水量均匀地灌入畦田。因此,可以从如下几个方面分析评价:灌入的水量是否接近设计灌水定额;沿畦长方向分布是否均匀;是否会冲刷畦田。

　　根据试验测试资料和 SRFR 软件模拟分析结果,在灌水定额一定的条件下,地面坡降较大的畦田的灌水均匀度较低,同一坡降的畦田在坡降较大时,入畦单宽流量较小的灌水均匀度较好;同样情况下,短畦的灌水均匀度高于长畦的灌水均匀度;对于地面坡降小于0.5‰的畦田,在按一定的停水成数灌水时,在保证灌水均匀度不小于90%的前提下,畦田的长度应不大于 70 m,入畦单宽流量控制在 3 ~ 6 L/(s·m)比较适宜。

(二)冬小麦的节水高效灌溉制度试验

1.试验处理

2003 年 10 月 5 日 ~ 2004 年 6 月 10 日在莱阳农学院电动防雨棚内进行,防雨棚内池栽,测坑为砖砌水泥无底池,每个池面积 2 m × 2 m = 4 m²,深 2 m,无底;土壤为中壤土,0 ~ 20 cm 土壤容重为 1.35 g/cm³,土壤田间持水量为 25%(占干土重),地下水埋深 2 ~ 3 m。

　　试验设 9 个处理,每处理设 3 个重复,采用随机区组法进行试验设计,试验处理设计见表 5-15。

表 5-15　试验不同灌水处理的灌水量　　　　　(单位:mm)

灌水时期	处理 1	处理 2	处理 3	处理 4	处理 5	处理 6	处理 7	处理 8	处理 9
底水	50	50	50	50	50	50	50	50	50
冬水	50	50	50	50				50	50
起身	50	50							
拔节	50	50	50	50	50	50	50	50	50
抽穗	50			50	50	50	50		
灌浆	50	50		50		50			50
落黄	50		50			50	50		
合计	350	250	200	250	200	250	200	150	200

　　池栽每池种 8 行,平均行距 25 cm,播前施肥量按有机肥 60 t/hm²,纯 N 200 kg/hm²,P₂O₅ 300 kg/hm²,K₂O 300 kg/hm²,于整地前一次性施入,其他栽培管理措施与大田一致。采用定时定量灌水,全生育期控制灌水。

2.试验成果分析

1)不同灌水对小麦群体发展变化的影响

　　由表 5-16 小麦群体发展动态及干物质积累变化可以看出,春季最高分蘖数因灌水时期不同而差异较大。灌 7 水的处理 1 春季分蘖数最高;只灌底水而未灌冬水的处理 5、处理 6、处理 7 分蘖数低于其他处理。结果表明,在冬小麦拔节前增加灌水次数,能够促进小麦春季分蘖的发生。

表 5-16 不同灌水对小麦群体发展动态变化的影响

处理编号	基本苗 (万/hm²)	冬前分蘖 (万/hm²)	春季最高分蘖 (万/hm²)	穗数 (万/hm²)
1	199.5	981	2 644.8	627
2	199.5	978	2 643.15	624
3	199.5	981	2 492.1	597
4	199.5	978	2 503.05	606
5	199.5	979.5	2 323.8	558
6	199.5	981	2 313.15	565.5
7	199.5	985.5	2 303.7	568.5
8	199.5	982.5	2 493.6	583.5
9	199.5	982.5	2 504.85	610.5

2) 不同灌水对小麦旗叶叶绿素含量和光合速率变化的影响

由表 5-17 可以看出,各处理旗叶叶绿素含量和光合速率自挑旗期逐渐升高到开花期达到最大值,开花后就转入下降趋势。不同处理之间比较,灌 7 水的处理 1 和灌 3 水的处理 8 旗叶叶绿素含量和光合速率最低,并且开花后下降迅速,表明灌水过多或过少均不利于光合作用的提高。灌 5 水的处理 2、处理 4 和处理 6 比较,以处理 4 较高,其次为处理 6,处理 2 最低,表明前期灌水过多和后期灌水过多均不利于光合作用的提高。

表 5-17 不同灌水对小麦旗叶叶绿素含量和光合速率变化的影响

处理编号	叶绿素(SAPD 值)				光合速率($\mu molCO_2/(m^2 \cdot s)$)				
	挑旗期	开花期	花后15天	花后30天	挑旗期	开花期	花后10天	花后20天	花后30天
1	55.4	59.3	51.3	35.5	21.76	21.79	19.22	14.04	7.42
2	55.9	58.8	53	35.3	21.83	21.84	20.72	14.99	7.95
3	58.7	59.8	55.1	35.5	22.92	22.75	21.38	15.3	8.13
4	59.3	61.8	56.3	37.6	23.75	22.9	22.02	16.37	10.16
5	57.4	58.2	56.9	37.9	22.65	22.59	21.35	15.32	9.23
6	57.6	56.3	56.1	36.1	22.95	22.9	22.12	16.04	10.02
7	56.6	59.3	57.3	36.9	22.24	22.72	22.18	15.87	9.51
8	55.7	57.6	52.3	35.7	19.01	19.58	17.09	13.81	7.23
9	57.1	60.6	57.3	37.1	22.38	22.75	22.27	15.96	9.67

3) 不同灌水对小麦产量及产量构成因素的影响

由表 5-18 看出,灌 7 水的处理 1 和灌 3 水的处理 8 籽粒产量最低,表明灌水过多或过少均影响小麦籽粒产量的提高。灌 5 水的处理 2、处理 4 和处理 6 比较,以处理 4 产量最高,也是在所有处理中最高的,其次为处理 6,处理 2 最低,表明在小麦生长前期灌水较多的处理 2 由于前期营养生长过旺,导致穗粒数和千粒重降低而降低产量,而处理 6 在小麦生长前期灌水少后期灌水多,造成前期营养生长不足,导致每公顷穗数下降而降低产量,处理 4 由于前期和后期灌水科学合理,既能保证足够的穗数,又能够有较高的穗粒数和千粒重,因而产量最高。灌 4 水的处理 3、处理 5、处理 7 和处理 9 比较,以处理 9 的籽粒产量最高,其次为处理 5,处理 3 和处理 7 较低,其原因也是处理 9 灌水时间科学合理。

上述结果表明,灌水量的多少和灌水的时期对小麦籽粒产量影响很大,灌水过多尤其是前期灌水过多,容易引起小麦群体过大,严重影响穗粒数和粒重的提高,导致产量下降;前期灌水过少、后期灌水较多虽有利于千粒重的提高,但往往由于每公顷穗数不足,而导致产量下降。因此,从灌水量和灌水时期分布综合考虑,认为在小麦一生中以灌 4~5 水比较适宜,其中灌 5 水时以灌底水、冬水、拔节水、抽穗水和灌浆水为宜;灌 4 水时以灌底水、冬水、拔节水和灌浆水为宜。

表 5-18 不同灌水对小麦产量构成因素及产量的影响

| 处理编号 | 小麦产量构成因素 | | | | | 产量 (kg/hm²) |
	穗数(万/hm²)	穗粒数	小穗数/穗	不孕数/穗	千粒重(g)	
1	627	34.4	20.4	3	38.04	6 276.15
2	624	34.6	20.2	5	38.65	6 382.8
3	597	35.4	19.7	3.2	39.62	6 405.75
4	606	38.8	20.2	2.2	41.63	7 487.1
5	558	36.6	19.6	2.3	42.12	6 581.25
6	565.5	36.6	20.5	2.5	42.46	6 686.55
7	568.5	36.8	19.2	3.5	40.32	6 453
8	583.5	36.2	18	3.4	37.18	6 007.5
9	610.5	36.6	19.2	3.7	40.1	6 853.95

4) 不同灌水对小麦水分生产率的影响

表 5-19 看出,灌水量和灌水分布时期对小麦灌溉水分生产率均具有显著影响,处理 9 灌水 4 次,比对照多灌一次,增加的灌水的水分生产率达到 1.695 kg/m³,处理 4 灌水增加两次,增加的灌水水分生产率达到 1.479 kg/m³,而处理 1 仅为 0.134 kg/m³,说明随着灌水量的增多产量反而降低,灌水量相同的处理因灌水时期不同其灌溉水分生产率也有较大差别,如处理 3 与处理 9。由此可以分析出,冬小麦灌水量要适中,不是越多越好,灌水时间要合理,要灌关键水。

表 5-19　不同灌水对小麦水分生产率的影响

处理编号	籽粒产量 （kg/hm²）	增产量 （kg/hm²）	灌水量 （m³/hm²）	比对照增加 灌水量 （m³/hm²）	增加水分生产率 （kg/m³）
1	6 276.15	268.65	3 500	2 000	0.134
2	6 382.8	375.3	2 500	1 000	0.375
3	6 405.75	398.25	2 000	500	0.797
4	7 487.1	1 479.6	2 500	1 000	1.479
5	6 581.25	573.75	2 000	500	1.149
6	6 686.55	679.05	2 500	1 000	0.679
7	6 453	445.5	2 000	500	0.892
8	6 007.5		1 500		
9	6 853.95	846.45	2 000	500	1.695

3. 冬小麦节水高效灌溉制度

冬小麦节水高效灌溉制度主要考虑到冬小麦不同生育阶段耗水量的差异、适宜的水分指标和麦田水分动态变化规律，充分利用自然降水和土壤储水的作用。

在华东北部半湿润偏旱井渠结合灌区麦田底墒充足的情况下，在一般气候年份灌 2～3 水即可获得 7 500 kg/hm² 以上的高产，其关键是确定小麦最佳灌溉期和灌水量。在实施过程中，应根据土壤墒情、小麦生长状况和降雨情况灵活运用。

（1）底墒水。小麦播种底墒水充足时，可以不灌溉，进行抢茬播种，减少裸露土壤的时间而减少水分消耗；在底墒不足的情况下，应结合玉米蜡熟灌水，保证小麦播种底墒充足，利于小麦苗全苗壮，为构建合理的群体结构打好基础。

（2）越冬水。一般气候年份小麦个体健壮、群体适宜，可以不浇越冬水，但必须进行冬前除草划锄，减少土壤水分的蒸发；当越冬前旱情严重时，可以考虑浇越冬水，浇后及时划锄。

（3）返青水。一般不宜浇返青水。小麦返青期主要是促根早发，该期根系的生长随着温度的升高而逐渐加快，根系发达，利于吸收养分和水分，满足地上部生长需要，而形成壮苗。返青期主要管理措施是划锄和镇压，起到提墒保墒增温的作用，促进壮苗早发。

（4）起身、拔节、挑旗水。小麦起身后开始转入旺盛生长时期，从拔节到抽穗是小麦生长量最大，也是产量形成的关键时期，对肥水需求迫切，反应敏感，因此是小麦最重要的追肥浇水时期。

起身期肥水对增加分蘖已基本无效，其效应主要是提高分蘖成穗率，增加穗数和促穗大，一般在地力条件和苗情较差的中低产田宜在起身期追肥浇水。

拔节期的肥水效应主要是能显著减少不孕小穗数和不孕小花数，是促穗大、增加穗粒数的关键期，并有延缓叶片衰老、改善群体受光状况的作用，且不会造成小麦贪青和倒伏的不利影响。因此，在高产田苗情较好的情况下，宜在拔节期追肥浇水。拔节期土壤最低含水量应保持在60% ~ 65%,一般年份都达不到,所以拔节水必须浇足浇透。

挑旗期是小麦需水临界期,此期缺水会加重小花退化,降低结实率,减少每穗粒数,影响千粒重。挑旗水能延长小麦生育后期绿色器官的功能时间,提高旗叶光合速率,促进籽粒灌浆,是提高粒重的主要措施。所以一般情况下宜浇挑旗水。

(5)灌浆落黄水。小麦灌浆期往往遇旱,灌溉是提高粒重的重要措施。一般气候年份,浇过挑旗水后,以后再浇一次即可。假若考虑下茬作物(玉米)的播种,宜在小麦灌浆中后期进行。

由以上成果综合分析认为,防雨棚中冬小麦一生中灌4~5水比较适宜。灌5水以灌底水、冬水、拔节水、抽穗水和灌浆水为宜;灌4水以灌底水、冬水、拔节水和灌浆水为宜,既能够提高小麦籽粒产量,又能保证较高的水分生产率。

考虑降雨、地下水利用,平水年地面畦灌条件下冬小麦节水高效灌溉制度见表5-20。

表5-20　地面畦灌条件下冬小麦节水高效灌溉制度

灌水时期	越冬水	拔节水	抽穗水	全生育期
灌水量(mm)	60	60	60	180

(三)夏玉米的节水高效灌溉制度试验

1. 试验基本情况

2004年在莱阳农学院高产大田和测坑试验区进行试验。

测坑试验区为防雨棚池栽,测坑为砖砌水泥,有底池,面积2 m × 2 m = 4 m²,深2 m;土壤为中壤土,0 ~ 20 cm土壤容重为1.35 g/cm³,土壤田间持水量为25%(占干土重)。

高产玉米大田实行全程土壤水分动态追踪测定;在大型防雨棚内设定定量灌水和目标灌水试验。

2. 试验处理设计

处理1为高产玉米灌水大田:在夏玉米生育期内,在天然降水情况下根据大田需要灌水。

处理2为高产玉米对照大田:在夏玉米生育期内,在天然降水情况下不灌水。

处理3为防雨棚内定量灌水:夏玉米全生育期灌水量为539.5 mm,分9次灌溉。

处理4为防雨棚内目标灌水:在夏玉米全生育期0 ~ 100 cm土层土壤含水量控制在田间持水量的75% ± 5%。

3. 试验方法

在试验小区内定点埋设铝管,铝管深度为150 cm。采用美国产503DR型中子仪分层测定土壤水分,层距20 cm。从播种期至收获期,在玉米各生育时期及灌水前后定期测定各层土壤水分。

高产玉米大田耗水总量利用为播前土壤储水量 + 灌水量 + 生育期内降雨量 − 收获期土壤储水量之和,防雨棚池栽区耗水总量利用为播前土壤储水量 + 灌水量 − 收获期土壤储水量。

4. 试验成果分析

由表5-21可见,夏玉米高产大田及池栽产量水平均在10 500 kg/hm²以上,表明本试验结果可以代表夏玉米高产田的情况。由表 5-22 可见,2004 年夏玉米生育期间降雨量为453.3 mm,生育期内降雨分布较均匀,灌水量 80 mm,灌水 2 次。夏玉米田间供水主要依靠自然降雨。因此,对照与灌水的处理比较产量变化不大,防雨棚内定量灌水与目标灌水比较产量变化不大。

表 5-21　夏玉米高产田及池栽产量及其构成因素

地块		穗数 （个/hm²）	穗粒数 （个）	千粒重 （g）	产量 （kg/hm²）	生物产量 （kg/hm²）
大田	高产对照田	72 375	512.5	365.3	10 596	19 126.35
	高产灌水田	72 375	528.4	371.5	11 388	20 408.55
防雨棚	定量灌水	72 000	520.4	375.4	11 187	19 941.15
	目标灌水	72 000	526.8	376.7	11 500.5	20 287.65

表 5-22　夏玉米生育期内供水量分布　　　　　　　　（单位:mm）

生育阶段	高产灌水大田		防雨棚内定量灌水	防雨棚内目标灌水
	灌水量	降水量	灌水量	灌水量
播种—拔节	0	81.5	83.3	78.5
拔节—大口	40	37.1	85.5	97.6
大口—开花	0	83.8	83.3	106.6
开花—乳熟	0	140	135.5	131.5
乳熟—成熟	40	110.9	151.9	145.4
合计	80	453.3	539.5	559.6

高产夏玉米全生育期需水量在 500 mm 左右,生育期间常年降水量 400～450 mm,尚需补充灌水 50～100 mm,每次灌水 40 mm 左右,需要灌水 1～2 次,灌水时期应重视底墒水、大喇叭口、开花水,保证乳熟、蜡熟水。具体灌水应依据降雨分布及不同生育阶段适宜土壤含水量指标等确定。

5. 夏玉米节水高效灌溉制度

华东北部半湿润偏旱区夏玉米生育期基本与降水季节吻合,玉米所需水分主要靠自然降雨供给。但是不同年份、不同地区降雨情况各异,因此在降水较少或雨季分布与玉米需水时期不吻合时,以及由于其他原因造成土壤水分不足的情况下,必须以灌溉来弥补土壤水分的不足,才能满足玉米对水分的要求,获得高产。为此,根据高产玉米需水规律、不同生育时期对水分的要求和华东北部半湿润偏旱区的降水特点,制定了玉米节水高效灌溉制度。

(1)小麦灌浆落黄水与玉米播种水合理衔接,起到一水两用的作用,合理灌好该水有利于小麦粒重的提高,又可保证玉米达到苗全、苗齐、苗壮,为实现玉米高产稳产打好基础。

（2）玉米拔节期或大喇叭口期结合追肥进行灌溉，可以促进玉米营养体迅速生长，积累大量的同化产物，为雌、雄穗分化创造良好的条件。

（3）玉米抽雄开花期，植株体内代谢旺盛，对水分反应极为敏感，是需水高峰期，此期缺水的情况下进行灌溉是玉米高产的关键，因此此期缺水宜进行灌溉。

（4）玉米籽粒灌浆期水分不足对产量的影响仅次于抽雄开花水，因此此期缺水必须进行灌溉，最好结合下茬小麦底墒水进行。

经综合分析，平水年地面畦灌条件下夏玉米节水高效灌溉制度见表5-23。

表5-23 地面畦灌条件下夏玉米节水高效灌溉制度

灌水时期	拔节期	抽雄开花期	全生育期
灌水量（mm）	40	40	80

二、冬小麦、夏玉米喷灌条件下的节水高效灌溉制度

（一）胶东半岛大田作物发展喷灌工程的适宜性分析

喷灌是一种先进的灌水方法，与地面灌水方法相比，它具有节约用水、节约劳动力、少占耕地、可提高产量、对地形和土质的适应性强、能保持水土等优点。

1. 提高产量

喷灌可以采用较小的灌水定额进行农作物的浅浇勤灌，便于严格控制土壤水分，保持肥力，不破坏土壤表层的团粒结构，又可促进作物根系在浅层发育，有利于充分利用土壤表层肥分。而且喷灌可以调节田间小气候，增加近地表层空气湿度，在炎热季节起到凉爽作用，并能冲掉茎叶上的尘沙，有利于植物的呼吸和光合作用，因此能达到增产的效果。对于各种作物和不同地区有不同的耕作方法，增产的幅度变化很大，冬小麦、夏玉米采用喷灌比一般沟畦灌增产20%～30%。

2. 节约用水

由于喷灌基本上可以不产生深层渗漏和地面径流，灌水比较均匀，均匀度可以达到80%～90%；加之多用管道输水，输水损失较小，所以灌溉水有效利用系数高，一般为60%～85%，比明渠输水的地面灌溉省水30%～50%，在透水性较强、保水能力差的砂质土地上还可以省水70%以上。

3. 节约劳动力

由于喷灌的机械化程度高，可以大大减少灌水的劳动强度，从而节约大量劳动力。仅小型移动式喷灌机组就可以提高工效20～30倍，如大面积采用固定式喷灌系统工效会更高些。此外，喷灌不需要在田间修建临时渠道和沟、畦、埂等，还可以省去这些田间工程的劳动力。如果利用喷灌设备施肥和喷洒农药还可以节省更多的劳动力。

4. 少占耕地

采用喷灌可以大大减少沟渠畦埂占地，不仅节省土石方工程，而且还能腾出总面积7%～13%的土地种植农作物。

5. 适应性强

喷灌是将水直接喷洒到田间每个点上，它的灌水均匀度与其他点的地形和土壤透水

性无关,因此在地形坡度很陡和土壤透水性很大难于采用地面灌水方法的地方也可以喷灌,在大平小不平的田块也不必进行土壤平整就可以喷灌。

6. 保持水土

喷灌可以根据土壤质地的轻重和透水性大小调整水滴直径及喷灌强度的大小,可以做到不破坏土壤团粒结构,不产生土壤冲刷,使水分都渗入土层内,避免水土流失。在有可能产生次生盐碱化的地区,采用喷灌严格控制湿润深度,消除深层渗漏,可以防止地下水位上升和次生盐碱化。

由于胶东地区多为低山丘陵区,山前冲积平原耕地土壤为沙壤土,入渗能力强,保水能力差,土地平整难度大,而当地水资源又非常紧缺,为了能使有限的水资源发挥更大的效益,对于大田作物采用喷灌是当地目前首选并被群众认可的最好的灌溉方式。随着将来水资源农业分配量的日趋减少,对于此类经济较发达地区来讲,劳动力缺乏,土地资源紧张,大面积粮田作物发展喷灌将越来越普及。

（二）冬小麦适宜喷灌制度的试验研究

2000 年 3~6 月在羊亭村冬小麦固定式喷灌试区,进行了不同灌水次数的喷畦灌试验,分析喷灌 6 水组合下各处理的生理生态、产量、土壤水分、全生育期有效降水量、水分生产率等,提出喷灌较畦灌的增产、节水效果及最佳喷灌模式。

试区土壤为轻粉砂壤土,肥力中等偏上,0~60 cm 土壤容重 1.48 g/cm^3,田间持水量 16.85%(干土重),凋萎系数 6.3%,供试作物品种为济南 17 号。地下水埋深 1.9~2.0 m。冬小麦畦田长 150~170 m,畦宽 1.4 m。畦灌灌水量采用 MCLZB-100 玻璃转子流量计计量。喷灌采用管道式喷灌,喷头为 ZY-2 型,喷嘴直径 6.0/3.1 mm,工作压力 0.25~0.3 MPa,射程 17.3~18.5 m,流量 2.71~2.97 m^3/h。组合间距为 16 m×22 m。供水及量测设备为多水源联网自动控制系统中提供。

1. 冬小麦喷灌试验处理

1)处理设计

冬小麦喷灌试验处理设计见表5-24。

表5-24　冬小麦喷灌试验处理设计

处理		返青 (日期03-17)	拔节 (日期04-13)	孕穗 (日期04-30)	抽穗 (日期05-09)	灌浆 (日期05-24)	麦黄 (日期06-02)	备注
喷灌	Ⅰ		√					灌水定额 375 m^3/hm^2 灌溉定额 2 250 m^3/hm^2
	Ⅱ		√			√		
	Ⅲ		√		√	√		
	Ⅳ		√	√	√	√		
	Ⅴ	√	√	√	√	√		
	Ⅵ	√	√	√	√	√	√	
对照								不灌

2）观测内容

（1）降水前后、灌水前后及播种前、收获后土壤水分。

（2）冬小麦生态、株高、株数。

（3）全生育期降水量、灌水量、土壤水利用量。

（4）收获期产量结构调查及穗数、穗长、穗粒数、千粒重（g）、产量（kg/hm²）等。

2．试验结果分析

1）喷灌冬小麦生态及产量构成

试验表明：喷灌6水不同的组合处理中，冬小麦株高均随着灌水次数增加而增高，穗数随喷灌次数的增加由403.05万/hm²增加到503.1万/hm²；株高喷灌比对照高4～18 cm，穗数喷灌比对照多19.95万/hm²～142.2万/hm²；喷1～3水的穗长接近，为7.3～7.75 cm，喷灌4～6水的穗长为7.78～8.6 cm，比对照区7 cm增加0.78～1.6 cm；单穗粒数随喷灌灌水次数增加而增多，喷灌1～6水，穗粒数由36.4个增加到44.1个，喷灌数比对照穗粒数多4.4～12.1个；喷灌1～4水千粒重为35～41 g，喷灌5～6水千粒重较高，为41.18 g、38.5 g，比对照区高出6～12 g，见表5-25。

表5-25　喷灌冬小麦生态及产量构成

处理	株高 （cm）	穗数 （万/hm²）	穗长 （cm）	穗粒数 （个）	千粒重 （g）	产量 （kg/hm²）
Ⅰ（喷1水）	56	403.05	7.30	36.4	35.17	4 125
Ⅱ（喷2水）	57.5	410.85	7.40	28.4	38.94	4 650
Ⅲ（喷3水）	59.5	457.35	7.75	36.5	37.43	5 430
Ⅳ（喷4水）	67.5	525.3	8.60	43.2	35.72	6 120
Ⅴ（喷5水）	65	423	7.78	36.5	41.18	6 330
Ⅵ（喷6水）	70	503.1	8.37	44.1	38.52	6 510
对照	52	383.1	7.00	32.0	29.15	2 250

2）冬小麦喷灌不同处理灌水量（I）、产量（Y）与边际产量（M）

试验表明：在喷水定额一定（375 m³/hm²）的前提下，冬小麦喷灌产量随喷灌次数的增加而增高，见表5-26。其产量与喷灌水量的关系曲线为二次抛物线，其回归方程为$Y = -0.013I^2 + 3.725\ 7I + 163.4$（$R^2 = 0.983\ 3$），关系曲线见图5-4。

表5-26　冬小麦喷灌不同处理灌水量（I）、产量（Y）与边际产量（M）

处理	对照	喷1水	喷2水	喷3水	喷4水	喷5水	喷6水
I（m³/hm²）	0	375	750	1 125	1 500	1 875	2 250
Y（kg/hm²）	2 250	4 125	4 650	5 430	6 120	6 330	6 510
$M = \mathrm{d}Y/\mathrm{d}I$		5.0	1.4	2.08	1.84	0.56	0.48

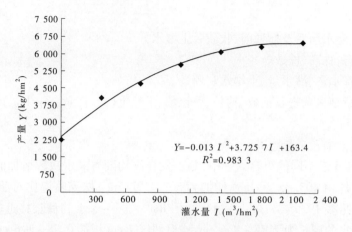

图5-4　喷灌水量与产量关系

　　用边际效益原理分析喷灌水量(I)与产量(Y)的关系,得出边际产量 $M = dY/dI$,随着喷灌水量的增加,呈现由大变小的趋势,即 M 由 5.0 逐步减小到 0.48,由表 5-25、图 5-4 看出,喷灌 4 水(1 500 m^3/hm^2)到喷灌 5 水(1 875 m^3/hm^2)的边际产量 M 由 1.84 急降到 0.56,喷灌 4 水、5 水产量分别为 6 120 kg /hm^2、6 330 kg /hm^2,仅差 210 kg /hm^2。发展节水灌溉,既要实现水资源节约,又要获得较高产量。受旱比较严重的农作物虽然表现出较高的水分生产率,但单位面积产量太低。另一方面也不能把水的边际效益发挥到极点,这时边际产量为零或接近零,产量已接近最高,但水的产出效率又降低了。因此,从既节水又增产双重意义考虑,喷灌 4 水(拔节、孕穗、抽穗、灌浆)1 500 m^3/hm^2,单产 6 120 kg /hm^2的喷灌组合为效益最佳的喷灌模式。

　　3)冬小麦喷灌耗水量(ET_a)、产量(Y)及水分生产率(C_W)

　　作物耗水量一般指作物全生育期产出生物产量所消耗的植株蒸腾与棵间蒸发水量之和。依水量平衡原理,得出:

$$ET_a = \Delta W_s + P_0 + I - R - D - I_n$$

式中　　ΔW_s——作物全生育期土壤水利用量,mm,即

$$\Delta W_s = 10rH(\theta_B - \theta_E)$$

　　r——计划湿润层容重,g/cm^3;

　　H——计划湿润层深度,m;

　　θ_B——播种前计划湿润层土壤含水量(%);

　　θ_E——收获后计划湿润层土壤含水量(%);

　　I——作物全生育期灌水量,mm;

　　P_0——作物全生育期有效降雨量,mm;

　　R、D、I_n——地表径流量,mm,深层渗漏量,mm,作物冠叶截流量,mm,冬小麦均不
　　　　考虑。

　　冬小麦喷灌耗水量 ET_a,只计算 ΔW_s、P_0、I,计算结果见表 5-27。

表 5-27　冬小麦喷灌耗水量(ET_a)、产量(Y)及水分生产率(C_W)

处理	P_0 (m^3/hm^2)	I (m^3/hm^2)	ΔW_s (m^3/hm^2)	ET_a		Y (kg/hm^2)	C_W (kg/m^3)
				(m^3/hm^2)	（mm）		
Ⅰ（喷1水）	1 395	375	664.05	2 434.05	243.41	4 125	1.69
Ⅱ（喷2水）	1 395	750	994.35	3 139.5	313.95	4 650	1.48
Ⅲ（喷3水）	1 395	1 125	830.55	3 350.55	335.06	5 430	1.62
Ⅳ（喷4水）	1 395	1 500	868.8	3 763.8	376.38	6 120	1.63
Ⅴ（喷5水）	1 395	1 875	550.8	3 820.8	382.08	6 330	1.66
Ⅵ（喷6水）	1 395	2 250	482.1	4 127.1	412.71	6 510	1.58
对照	1 395	0	717.45	2 112.45	211.25	2 250	1.07

　　试验结果表明,冬小麦喷灌产量(Y)随耗水量(ET_a)增大而增高,其相关曲线为二次抛物式,见图 5-5,回归方程为：

$$Y = -0.006\ 8ET_a^2 + 4.914\ 9ET_a - 417.12 \qquad (R^2 = 0.945\ 7)$$

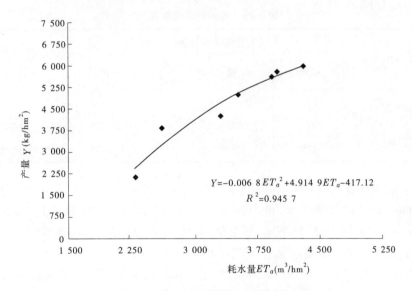

图 5-5　冬小麦产量与耗水量关系曲线

　　作物水分生产率是指作物全生育期单位水资源量所能带来的农作物产量,用公式可表示为：

$$C_W = Y/W = Y/(P_0 + I + \Delta W_s)$$

式中　C_W——作物水分生产率,kg/m^3;

　　　Y——作物产量,kg/hm^2;

　　　W——作物生产期消耗的水资源量,m^3/hm^2;

　　　P_0——有效降雨量;

　　　I——灌溉水量;

ΔW_s——土壤水利用量。

　　试验表明,用作物的水分生产率来衡量节水灌溉的实现程度及其管理水平的评价指标,必须建立在单位水资源量在一定的作物品种和栽培、耕作条件下所获得的产量基础上,必须考虑水资源标准,又要考虑产量标准,才是合理的。就环翠羊亭村百公顷固定式喷灌冬小麦试区,作物品种、栽培、耕作基本一致的条件下,处理 I(喷灌 1 水 375 m^3/hm^2,产量 4 125 kg/hm^2),处理 IV(喷灌 4 水 1 500 m^3/hm^2,产量 6 120 kg/hm^2),较处理 I 增产 1 995 kg/hm^2,水分生产率处理 I 1.69 kg/m^3 较处理 IV 1.63 kg/m^3 高 0.06 kg/m^3。处理 I 水分生产率高于处理 IV,单位面积耗水量也低于处理 IV,但却不能简单地认为处理 I 是节水灌溉,或者节水灌溉管理水平高。简单地用水分生产率来衡量节约用水达到的程度,极易得出灌水越少越节水,甚至不灌水最节水的错误结论。所以,水分生产率只有在灌区作物品种、栽培、耕作条件相同,产量水平一致的前提下,比较其单位耗水量和产量高低,才是客观合理的。

　　4)冬小麦喷灌灌溉制度

　　通过 1999 ~ 2000 年冬小麦喷灌对比试验,结合以往试验,综合分析试验结果,得出羊亭村不同水文年冬小麦喷、畦灌灌溉模式见表 5-28。

表 5-28　冬小麦灌溉模式

灌水方式	$P(\%)$	不同生育期灌水定额(m^3/hm^2)				灌溉定额 (m^3/hm^2)
		拔节	孕穗	抽穗 (开花)	灌浆	
喷灌	25	375			375	750
	50	375	375		375	1 125
	75	375	375	375	375	1 500

　　试验得出,冬小麦喷灌较传统畦灌不同水平年 $P = 25\%$、$P = 50\%$、$P = 75\%$ 分别节水 109.5 m^3/hm^2(12.74%)、594 m^3/hm^2(34.55%)、1 080 m^3/hm^2(41.86%)。节能分别为 -6.8 kWh、-6.1 kWh、-5.4 kWh。据 1999 年 10 月 ~ 2000 年 6 月,环翠区羊亭冬小麦喷灌和畦灌对比试验,得出一般干旱年($P = 75\%$),喷灌 4 次 1 500 m^3/hm^2、产量 6 120 kg/hm^2,较畦灌 3 次 2 580 m^3/hm^2、产量 5 625 kg/hm^2 增产 495 kg/hm^2,增产率 8.8%。由于畦灌改喷灌节水扩大了灌溉面积,每公顷节水 1 080 m^3,实际扩大灌溉面积 0.70 hm^2(可以扩大 0.72 hm^2),较不灌增产粮食 2 070 kg。这样节水增产加上节水扩灌共计 1.70 hm^2 增产粮食 3 202 kg,较项目实施前加权平均增产 44.5%。喷灌 4 水的冬小麦水分生产率达 1.63 kg/m^3,灌溉水利用系数达 0.86,灌水均匀度达 0.87。

　　(三)夏玉米喷灌灌溉制度

　　威海市环翠区水利局在夏玉米喷灌试验中,得出夏玉米生育期与雨热同步,一般丰水年不灌溉;平水年灌 2 遍水(拔节水或抽雄水),灌水定额为 375 m^3/hm^2;干旱年灌 3 遍水,一般在夏玉米生育需水关键期,即灌拔节、抽雄、灌浆 3 水。

　　根据大西庄半固定喷灌试验得出,玉米喷灌较传统畦灌,一次灌每公顷节水 485 m^3,

平水年每公顷节电 10.5 kWh,减产 195 kg。枯水年每公顷节电 21 kWh,减产 165 kg,考虑畦灌改喷灌年每公顷节水 969 m^3,扩浇 0.7 hm^2,增加玉米 997 kg,折算增加 832 kg,增产 7.9%。

三、果树微灌的节水高效灌溉制度

(一)果树采用微灌工程的适宜性分析

微灌,即是按照作物需水要求,通过管道输水系统与安装在末级管道上的特制灌水器,将水和作物生长所需的养分以较小的流量均匀、准确地直接输送到作物根部附近的土壤表面或土层中的灌水方法,与传统的地面灌溉和全面积都湿润的喷灌相比,微灌是局部灌溉。它只以少量的水湿润作物根区附近的部分土壤,最大限度地减少棵间蒸发和深层渗漏量,节约灌溉用水量。

微灌的特点是灌水流量小,一次灌水延续时间较长,灌水周期短,需要的工作压力较低,能够较准确地控制蓄水量,能把水和养分直接地输送到作物根部附近的土壤中去。

(1)微灌省水。微灌系统全部由管道输水,很少有沿程渗漏和蒸发损失。微灌属局部灌溉,灌水时一般只湿润作物根部附近的部分土壤,灌水流量少,不易发生地表径流和地下渗漏;另外,微灌能适时适量按作物生长需要供水,较其他灌水方法水的利用率高。因此,一般比地面灌溉省水 30% ~50%,比喷灌省水 15% ~25%。

(2)微灌节能。微灌的灌水器在低压条件下运行,一般工作压力为 50 ~150 kPa,比喷灌低,又因微灌比地面灌溉省水,灌水利用率高,灌水量少,对提水灌溉来说这意味着减少了能耗。

(3)微灌灌水均匀。微灌系统能够做到有效地控制每个灌水器的出水量,灌水均匀度高,均匀度一般达 80% ~90%。

(4)微灌增产。微灌能适时适量地向作物根区供水供肥,有的还可调节棵间的温度和湿度,不会造成土壤板结,为作物生长提供了良好的条件,因而有利于实现高产稳产,提高产品质量。许多地方的实践证明,微灌较其他灌水方法一般可增产 30% 左右。

(5)对土壤和地形的适应性强。微灌系统的灌水速度可快可慢,对于入渗率较低的黏性土壤,灌水速度可以放慢,使其不产生地面径流;对于入渗率很高的沙质土,灌水速度可以提高,灌水时间可以缩短或进行间歇灌水,这样做既能使作物根系层经常保持适宜的土壤水分,又不至于产生深层渗漏。由于微灌是压力管道输水,对地面平整程度要求不高。

(6)在一定条件下可以利用咸水资源。微灌可以使作物根系层土壤经常保持较高含水状态,因而局部的土壤溶液浓度较低,渗透压比较低,作物根系可以正常吸收水分和养分而不受盐碱危害。实践证明,使用咸水滴灌,灌溉水中含盐量在 2 ~4 g/L 时作物仍能正常生长,并能获得较高产量。

胶东半岛三面环海,气候良好,四季分明,由于受海洋的影响,与同纬度的内陆相比,气候温和,夏无酷暑,冬无严寒。在温度方面,半岛西部高于东部,北部高于南部,沿海高于内陆,日照量从半岛东部沿海向西北丘陵山地呈递减状态。由于其特殊的丘陵地形和气候,胶东半岛还盛产水果,如苹果、梨、桃、杏、柿、葡萄、樱桃、山楂等。不少水果风味独特,品质是国内其他城市的水果无法比拟的,如平度大泽山的葡萄、烟台的红富士苹果、莱阳梨,无不驰名全国。其中胶东半岛地区酿酒葡萄栽培面积最大,品种特优,著名的张裕、威龙、华东酒厂都在这个产区,王朝、长城在此区也有葡萄基地。

根据区域特色及相关资料的调查,该区果品种植的土壤质地主要为沙壤土为主,入渗能力强,保水、保肥能力差,由于水资源的贫乏,不宜进行地面大水漫灌,因此该区自20世纪80年代初以来,就大面积发展果树微灌如微喷、滴灌等节水灌溉工程措施,通过对果园进行综合节水灌溉试验,发现微灌比其他灌溉形式既增产又节水,特别是微喷可以进行"暮灌",对果实膨大、着色、改善品质效果非常显著。

由于所进行总结的试验资料有限,本书仅针对胶东半岛区的主要果树品种如梨、苹果、葡萄进行节水灌溉制度总结研究。

(二)黄金梨节水灌溉制度试验研究

1.试验内容和方法

1)试验区基本情况

试验区位于山东省威海市环翠区羊亭镇港头村,试验树种为梨树,主栽品种为黄金梨,树龄为4年生,株行距2 m×2 m,树形为网架开心形,树势整齐,生长正常。

梨园土质为轻粉沙壤土,土层深厚,肥力中等偏上,土壤0~60 cm的土壤容重为1.48 g/cm^3,田间持水率16.85%(重量比),试区地下水埋深2~2.5 m。

果园灌溉采用了喷水带喷微灌措施,灌溉条件良好,可有效地控制灌溉水量、灌溉时间。

2)试验设计

试验处理设计采用定时定量灌水方法,处理设计见表5-29。

表5-29 梨树灌溉试验处理设计

试验处理		灌水次数	不同灌水时间(月-日)的灌水量(mm)				灌溉定额(mm)
处理编号	灌水定额(mm)		03-27	04-12	05-20	10-10	
D	20	3	20		20	20	60
E	30	3	30		30	30	90
F	40	3	40		40	40	120
对照	40	4	40	40	40	40	160

注:试验于3月27日开始,节水灌溉措施相同。

3)观测内容

(1)土壤含水量:一般10天观测一次,降水前后、灌溉前后、收获前加测一次。

(2)梨树生理、生态项目观测。

(3)梨树的产量、品级及等级参数测定。

2.结果分析

果树对水分的需求有一定的规律。在北方,春末夏初较干旱的情况下,发芽开花前和幼果膨大期(5月份)的灌水非常重要。进入6月份以后,因花芽分化的需要,需水量变小,而6月以后降水增多。在正常年份,不必再考虑水的问题。直到果实成熟前,对水的需求量又有增大。因此,春末夏初灌水的多少对梨树生长发育和抗旱性影响较大。

1)不同灌水量对梨园土壤含水量的影响

不同灌水处理土壤含水量变化情况见表5-30~表5-32。

表5-30　不同灌水对梨园20 cm土层深处土壤含水量的影响

处理	不同时间(月-日)20 cm土层深处土壤含水量(%)													
	03-27	04-10	04-20	05-02	05-19	05-30	06-10	06-30	07-28	08-29	09-30	10-09	10-20	10-30	11-10
D	10.95	13.33	7.71	7.23	11.18	15.17	14.38	17.28	17.82	16.84	16.12	14.33	11.15	14.74	13.82
E	11.60	13.60	8.68	7.76	11.14	15.82	15.23	17.31	17.47	16.78	16.37	15.78	13.37	15.32	14.27
F	11.69	14.52	9.39	8.14	12.92	16.03	15.78	17.43	17.36	16.93	16.82	15.83	14.17	15.87	14.82
对照	9.10	14.51	9.72	8.35	11.13	16.01	15.24	17.46	17.54	16.87	15.80	14.23	15.73	14.52

注: 表中03-27至11-10各时间点对应列。

表5-31　不同灌水梨园40 cm土层深处土壤含水量变化

处理	不同时间(月-日)40 cm土层深处土壤含水量(%)													
	03-27	04-10	04-20	05-02	05-19	05-30	06-10	06-30	07-28	08-29	09-30	10-09	10-20	10-30	11-10
D	15.42	16.74	15.62	14.82	16.59	17.12	15.90	17.28	17.77	17.20	16.87	15.78	14.79	15.78	14.31
E	16.27	16.32	15.75	15.14	16.55	17.33	16.03	17.36	17.64	17.31	16.42	16.33	15.32	16.33	15.97
F	16.07	16.56	15.50	15.32	16.86	17.47	16.78	17.43	17.93	17.84	16.38	16.87	15.84	16.98	16.32
对照	16.44	16.69	16.10	15.41	16.94	17.46	16.56	17.55	17.89	17.64	16.62	16.59	15.67	16.47	16.25

表5-32　不同灌水梨园60 cm土层深处土壤含水量变化

处理	不同时间(月-日)60 cm土层深处土壤含水量(%)													
	03-27	04-10	04-20	05-02	05-19	05-30	06-10	06-30	07-28	08-29	09-30	10-09	10-20	10-30	11-10
D	13.12	13.36	14.22	14.15	14.83	15.42	15.23	16.12	17.42	17.38	16.44	16.14	15.87	15.44	15.82
E	13.31	13.38	14.40	14.31	15.14	15.78	15.77	16.37	17.57	17.49	16.58	16.72	16.02	15.78	15.13
F	13.47	13.53	14.87	14.42	15.78	15.49	15.32	16.13	17.34	17.99	16.72	16.39	16.32	15.93	15.38
对照	13.43	13.62	15.33	15.2.0	15.65	15.88	15.45	16.32	17.50	17.86	16.67	16.54	16.25	15.88	15.24

从表5-29~表5-32可以看到,在生长发育早期和秋末的干旱季节,在20 cm土层深度,灌水处理D(每次灌水20 mm)的土壤含水量,明显低于正常灌水的(对照)。而E和F,特别是F处理与对照差异不显著(5月4日~5月16日,连续降小雨两次)。40 cm深度的土壤含水量,在此时段内,与对照差异不显著。60 cm深度的土壤含水量又相对稳定,各处理与对照均表现为差异不显著。说明在梨树的水分关键期,在不影响梨树正常生长发育的前提下,可以减少每次的灌水量,每公顷可少灌水405 m³以上,且不影响梨树正常的生长发育,从而达到节水的目的。只要40cm深处的土壤含水量不低于80%(占田间持水量),就不会影响果树的生长发育。

2)不同灌水量对梨树生长和结果的影响

不同灌水量情况下,梨树的生长和结果情况见表5-33。

表 5-33　不同灌水量对梨树生长和结果的影响

日期:2003 年 5 月 19 日

处理	干茎增长 (cm)	叶绿素含量 (mg/100 g 鲜重)	新梢长度 (cm)	叶面积系数	坐果率 (%)
D	0.36	4.32	45.0	3.4	8.16
E	0.44	4.70	51.2	3.6	12.67
F	0.48	4.75	49.4	3.7	11.80
对照	0.49	4.72	49.6	3.8	11.84

从表 5-33 可以看出,各处理的干茎增长量,除灌水量最低的 D 处理外,其余两处理与对照无显著差异。新梢生长量也有类似表现。而坐果率以 E 处理为最高,D 处理最低,E 和 F 处理与对照均无显著差异。说明适度控水有利于提高坐果率。

3)不同灌水量对梨树抗旱性能的影响

不同灌水量处理情况下,梨树的光合速率、蒸腾速率、气孔导度及 CO_2 浓度测试结果见表 5-34。

表 5-34　不同灌水量对梨树生理指标的影响

日期:2004 年 5 月 19 日

处理编号	光合速率 (mmol/(m² · s))	蒸腾速率 (mg/(dm² · h))	CO_2 浓度(10^{-6})	气孔导度 (cm/s)
D	8.26	1.40	298.9	0.23
E	8.73	1.46	306.8	0.42
F	8.27	1.41	296.9	0.47
对照	8.72	1.46	291.7	0.58

从表 5-34 可见,各处理的光合速率与对照无显著差异。蒸腾速率对照较高,气孔导度以 D 处理最小,对照最大,E 和 F 居中。说明随灌溉水量加大气孔导度加大,蒸腾速率增加。

4)不同灌水对梨果实产量和质量的影响

不同灌水处理情况下,梨的产量和质量测定结果见表 5-35。

表 5-35　不同灌水对梨果实产量和质量的影响

处理编号	平均单果重 (g)	株产量 (kg)	折合产量 (kg/hm²)	果实外观	可溶性固形物含量 (%)
D	392.4	11.2	28 080	整齐光洁	11.4
E	408.3	12.8	32 145	整齐光洁	11.3
F	416.7	13.7	34 380	整齐光洁	11.4
对照	415.9	13.6	34 065	整齐光洁	11.4

从表 5-35 可见,在梨树需水关键期,D 处理的单果重、单株产量和折合产量均低于对照,而 E 和 F,特别是 F 处理与对照,果实外观和可溶性固形物含量,各处理之间无明显差异,证明在春、夏、秋末的干旱季节,采取限量灌水的方式,基本不影响产量和质量。各处理中以 F 处理为最佳,与对照相比,每公顷可少灌水 405 m³。E 处理表现较好,可比对照每公顷节约用水 705 m³,节水效果明显。D 处理表现较差,证明该灌水量(每次 20 mm)太少,不能满足梨树正常生长发育的需要。

3. 黄金梨节水高效灌溉制度

根据试验结果,提出如下灌溉制度:

(1)休眠期(11 月下旬～翌年 3 月下旬,即落叶后至萌芽前)。落叶后,灌封冻水一次,灌水量 30 mm。此次灌水是为了防止梨树在干旱寒冷冬季的生理干旱,防止枝干受冻和抽干,以保证梨树安全越冬和在休眠期树体内进行一系列的生理生化反应,为发芽、开花、结果和前期生长打下基础。此次灌水还可大量消灭地下越冬害虫,减少虫源。

(2)萌芽开花期(4 月上旬～下旬)。此期 40 cm 土层土壤含水量不低于田间持水量的 80% 时,一般不灌水。在容易发生梨花期霜冻的果园,在霜冻发生前,利用喷灌,提高温度,防止冻害。也可在临近开花期灌水一次,为避免地温过度下降,此次灌水量不宜太大,以 20 mm 为好。

(3)幼果膨大期(4 月下旬～6 月上旬)。此期为果实前期发育的关键期。结合施肥灌水 30 mm,此次灌水,可提高土壤肥料的利用率,促进幼果细胞的分裂,有利于果实体积的增大和以后果实的生长发育。

(4)新梢速长和花芽分化期(6 月上旬～7 月中旬)。为防止过旺的新梢生长和花芽分化,此期应适度控水,土壤含水量以 70%～80% 为宜。除非特别干旱的年份,花芽分化期一般不灌水。进入雨季后,要注意排水,防止引起积涝和死树。

(5)果实膨大期(7 月下旬～8 月下旬)。此期的肥水对果实的影响较大,在降雨正常的年份,一般不用灌水,只需在降雨前施肥即可。遇干旱年份,当土壤含水量长时间(5～7 天)处于较低水平时,应结合施肥,灌水 30 mm。此期水分充足,除有利于肥料的利用外,可促进果实细胞的迅速增大,从而增大果实体积。

(6)果实成熟期(9 月上旬～10 月上旬)。此期水分过多,影响果实的质量,含糖量低,硬度下降。如此期过度干旱,会严重影响果实的质量,主要影响果实的大小、外观、形状和质地。在正常年份,此期土壤含水量不会太低,一般不用灌水。如遇特别干旱年份,当土壤含水量降至 70% 以下时,应及时补水 30 mm,以保证果实后期的进一步发育,提高果实品质,增加产量。

(7)采后至落叶期。从 9 月下旬开始,北方又进入一个相对干旱的时期,此期缺水,叶片生长发育受阻,导致光合作用下降、叶片早衰,造成大量的有机养分损失。此期灌水,可促进土壤中有机物质的分解,促进梨树根部的正常生长发育,为第二年萌芽、开花、结果打下基础。应结合秋施基肥,将覆草翻入土中,并灌水 30～40 mm。

经过综合分析,考虑降水、地下水利用,平水年微灌条件下黄金梨节水高效灌溉制度见表 5-36。

表 5-36　　微灌条件下黄金梨节水高效灌溉制度

灌水时期	发芽前	幼果膨大期	果实成熟期	全生育期
	3月下旬	4月下旬~6月上旬	9月上旬~10月上旬	
灌水量(mm)	30	60	30	120

苹果与黄金梨的节水灌溉制度非常相似,本书不再赘述。

(三)葡萄滴灌灌溉制度试验研究

1. 试验内容和方法

1)试验区基本情况

试验区在龙口市兰高镇欧头孙家葡萄园,试验葡萄树为酿酒品种蛇龙珠,4年生,篱架、扇形整枝。管理水平较高,葡萄生长正常。

葡萄园土质为轻黏壤土,土层深厚,肥力中等偏上;葡萄园灌溉采用滴灌措施,灌溉条件良好,可有效地控制灌溉水量。

2)试验设计

试验处理设计采用定时定量灌水方法,处理设计见表5-37。

表 5-37　　葡萄滴灌试验处理设计

试验处理		灌水次数	不同时间(月-日)灌水量(mm)				灌溉定额(mm)
处理编号	灌水定额(mm)		03-25	04-20	05-20	10-10	
A	20	4	20	20	20	20	80
B	25	4	25	25	25	25	100
C	30	4	30	30	30	30	120
对照	40	4	40	40	40	40	160

3)观测项目

(1)土壤含水量:一般10天观测一次,降水前后、灌溉前后、收获前加测一次。

(2)葡萄树生理、生态项目观测。

(3)葡萄树的产量、品级及等级参数测定。

2. 成果分析

1)不同灌水量对葡萄园土壤含水量的影响

不同灌水处理土壤水分变化情况见表5-38~表5-40。

表 5-38　　不同灌水处理 20 cm 土层深处土壤含水量

处理	不同时间(月-日)20 cm 土层深处土壤含水量(%)														
	03-27	04-10	04-20	05-02	05-19	05-30	06-10	06-30	07-28	08-29	09-30	10-09	10-20	10-30	11-10
A	16.55	17.56	16.98	17.24	18.86	19.03	19.01	18.97	19.13	19.21	18.78	17.88	18.24	18.25	17.98
B	16.63	17.94	17.69	18.21	19.76	19.77	19.56	19.21	19.24	19.32	18.98	17.79	18.45	18.62	18.45
C	16.68	18.95	18.27	18.84	19.58	19.57	19.58	19.24	19.29	19.38	18.86	17.82	18.34	18.26	18.61
对照	16.49	18.83	18.22	18.86	19.54	19.65	19.60	19.34	19.37	19.46	19.25	17.83	18.64	18.61	18.83

注:从5月30日到8月29日降雨较多。

表5-39 不同灌水处理40 cm土层深处土壤含水量

处理	不同时间(月-日)40 cm土层深处土壤含水量(%)													
	03-27	04-10	04-20	05-02	05-19	05-30	06-10	06-30	07-28	08-29	09-30	10-09	10-20	10-30	11-10
A	16.96	18.78	17.02	18.02	18.64	18.76	19.34	18.65	18.55	18.46	18.24	17.58	17.68	18.01	18.64
B	16.94	18.71	19.03	19.23	19.68	19.89	19.56	19.49	19.51	19.47	19.36	19.64	18.97	18.98	18.21
C	17.06	21.05	20.24	20.21	20.13	20.23	19.34	19.64	19.64	19.46	19.56	18.92	19.04	19.86
对照	17.24	18.96	18.92	19.24	20.15	20.20	20.78	20.67	20.56	20.16	19.98	19.89	19.02	19..50	20.47

表5-40 不同灌水处理60 cm土层深处土壤含水量

处理	不同时间(月-日)60 cm土层深处土壤含水量(%)													
	03-27	04-10	04-20	05-02	05-19	05-30	06-10	06-30	07-28	08-29	09-30	10-09	10-20	10-30	11-10
A	21.90	19.12	19.16	20.29	21.24	22.26	22.55	21.85	21.56	20.98	21.24	21.64	22.23	21.51	21.21
B	21.88	21.91	21.98	21.82	21.45	21.88	22.43	22.32	22.61	22.21	22.56	22.43	22.14	21.98	22.73
C	22.04	23.45	22.58	23.23	23.25	23.12	23.08	22.38	22.45	22.36	22.89	22.57	22.43	22.23	22.81
对照	21.89	22.56	23.23	22.76	22.46	21.78	22.42	22.29	22.53	22.62	22.79	22.80	22.87	22.34	22.65

表5-38～表5-40反映出灌水量较多的处理C及对照在5月30日前20～60 cm土层含水量均高于处理A、B,处理A不同土层含水量则明显低于其他处理(不含汛期)。

2)不同灌水量对葡萄营养生长的影响

不同灌水处理葡萄营养生长情况测定见表5-41。

表5-41 不同灌水量对葡萄营养生长的影响

处理	新梢长度(cm)	新梢粗度(cm)	干茎增长(cm)	叶绿素含量(mg/100 g鲜重)	叶面积系数
A	64.2	0.62	0.23	4.12	3.6
B	68.6	0.73	0.34	4.28	3.7
C	72.3	0.78	0.36	4.29	3.8
对照	72.8	0.77	0.37	4.30	3.8

注:表中数据为架面形成,新梢摘心前的调查值。

从表5-41可以看出,处理A的新梢长度低于对照,而处理B、C则与对照差异不显著。从新梢粗度也看出,处理A明显低于对照,而处理B、C与对照差异不显著,叶绿素含量、叶面积系数和干茎增长也有同样的表现,说明适度控水不影响葡萄的正常营养生长。

3)不同灌水量对葡萄各项生理指标的影响

不同灌水量处理葡萄各项生理指标测定结果见表5-42。

表5-42 不同灌水对葡萄各项生理指标的影响

处理	光合速率(mmol/(m²·s))	蒸腾速率(mg/(dm²·h))	CO_2浓度(10^{-6})	气孔导度(cm/s)
A	9.12	1.03	298.3	0.25
B	9.31	1.39	276.4	0.32
C	9.58	1.25	251.8	0.27
对照	9.34	1.23	252.3	0.31

注:表中数据为5月25日测定值。

由表5-42分析可知,处理B和C与对照灌水的各项指标无明显差别,只有灌水量较小的处理A对生理代谢的正常进行有一定的影响。这说明限量灌水对葡萄的生理代谢影响较小,可在一定范围内限定灌水量,节约灌溉用水。

4)不同灌水量对葡萄产量和质量的影响

不同灌水量处理的葡萄产量和质量测定结果见表5-43。

表5-43　　不同灌水对葡萄产量和质量的影响

处理	平均穗重 (g)	平均粒重 (g)	20 m² 穗数	折合产量 (kg/hm²)	可溶性固形物含量 (%)
A	217.8	1.61	132	14 373	14.8
B	242.7	1.73	137	16 623	15.2
C	243.5	1.78	138	16 800	15.2
对照	242.4	1.73	130	15 750	15.15

从表5-43可以看出,除灌水量较少的A处理外,处理B和处理C的平均穗重、平均粒重、折合产量、可溶性固形物含量等稍高于对照;处理B比对照节水855 m³/hm²,处理C比对照节水705 m³/hm²,处理A则因在需水关键期灌水量不足,而影响产量和质量。证明在本地区,适当控制灌水量并不影响产量和质量,有时还有促进花芽形成和提高质量的作用。

3.葡萄节水高效灌溉制度

根据葡萄需水规律试验结果,提出葡萄的灌溉制度。

(1)树液流动期(3月中旬~4月上旬)。此期施保水剂450 g/hm²,施商品有机肥3 000 kg/hm²,施后灌水30 mm。此次灌水,可提高土壤中肥料的利用率,使保水剂吸足水分,为以后抗旱做准备,促进混合芽的进一步发育,为以后萌芽、长梢、开花、坐果奠定基础。

(2)萌芽、新梢生长、展叶期(4月中旬~5月上旬)。于5月初开花前,灌水30 mm。此次灌水主要是为葡萄的开花、坐果提供水分。

(3)开花坐果期(5月中旬~下旬)。葡萄花期要求较干燥的环境,因此此期不宜灌水。

(4)幼果生长期(5月下旬~6月上旬)。结合追肥,灌水30 mm。此期灌水,可促进幼果细胞的分裂,增加细胞的数量,为果实体积增大奠定基础。

(5)硬核期(6月下旬)。进入雨季后要注意葡萄园的排水,保持较低的空气湿度。在正常年份,此期不用灌溉。但在特别干旱的年份,缺水也影响葡萄种核的发育,同时影响果实的发育,不利于葡萄新梢的生长和花芽的形成,应及时补水。

(6)早、中、晚葡萄的成熟期(7~9月)。在北方的正常年份,进入7月也进入了雨季,葡萄也相继进入成熟期。在此阶段,因降雨较多,一般不灌水。重要的工作是做好排水。此期为防止病害,应加强夏季修剪,经常进行抹芽、去副梢、摘心、疏梢等夏季管理,以打开光路,保证透风透光,提高葡萄的果实质量。

(7)枝蔓成熟期(10~11月)。在北方10~11月份,天气一般较干旱。此期要结合施基肥,将覆草翻入土中,以增加土壤有机质含量,同时灌水30 mm。此次灌水,可增强根部的生长发育,保证叶片功能的正常发挥,产生较多的同化产物,有利于葡萄植株储存营养的积累。

(8)落叶后。在北方大部分的品种,为防冻害,需下架埋土防寒。此期如果遇上干旱,应及时补充水分,以防止葡萄在冬季的生理干旱,防止抽干。同时可减少病虫害,有利于葡萄休眠期的各种生理生化反应。

经过综合分析,考虑降雨条件,平水年滴灌条件下葡萄节水高效灌溉制度见表5-44。

表5-44　滴灌条件下葡萄节水高效灌溉制度

灌水时期	树液流动期	新梢生长期	幼果生长期	枝蔓成熟期	全生育期
	3月中旬~4月上旬	4月中旬~5月上旬	5月下旬~6月上旬	10~11月	
灌水量(mm)	30	30	30	30	120

四、温室大棚蔬菜微灌的节水高效灌溉制度

(一)温室大棚蔬菜微灌的适宜性分析

随着社会主义市场经济的发展,蔬菜作为商品已进入国内外市场。伴随人民生活水平的日益提高,人民需要周年供应无污染优质绿色食品。因此,党和政府十分重视"菜篮子"工程,广大菜农抓住这一良好机遇,大搞温室大棚蔬菜生产,极大带动了区域经济的发展。因此,胶东半岛大棚蔬菜的推广与建设一直走在山东省乃至全国的前列。在某种意义上讲,塑料大棚生产(亦称保护地栽培或设施园艺),已成为我国高产优质高效农业的重要组成部分,成为广大农民脱贫致富奔小康的有效途径。

目前,塑料大棚生产虽然发展较快,也取得较大效益,但是,传统的沟畦灌溉和栽培种植模式,致使棚内湿度大、地温低、病害多,农药施用频繁,土壤板结,养分流失,造成蔬菜产量低,且均有不同程度的污染。因此,寻求提高现代化的节水高效灌溉工程措施是温室蔬菜大棚发展的必然。微灌技术大面积用于蔬菜温室大棚是20世纪末期我国蔬菜生产的再一次革命,微灌技术的迅速发展大幅度提高了蔬菜大棚的单位面积产量,提高了蔬菜的品质和生产效率。

(1)微灌技术能够适时适量补充蔬菜生长所必需的营养成分。使用微灌系统(如滴灌)可以很方便地将水和各种营养成分及时施入作物根系活动层,因此可根据作物的需要及时补充水和各种养分,保证作物在最佳的环境下生长,并且可最大限度地减少水肥的漏失。

(2)微灌技术降低棚内空气湿度。由于微灌系统(如滴灌)可置于膜下进行灌溉,在作物行间无覆盖的地方土壤保持干燥,抑制了地面蒸发,降低了棚内空气湿度,可避免由于空气湿度高而引发的病害。

(3)微灌技术提高棚内温度。由于减少了无效蒸发,从而避免了不必要的热量消耗;由于降低了棚内空气湿度,因而不需要经常采取"换气"的办法降湿,可使棚内气温得到

提高。

(4)微灌技术可减少地温下降。使用微灌系统进行灌溉,可更方便地采用浅灌勤灌的方式,最大限度地减少地温下降,从而保证土壤微生物的活性,加快作物养分的吸收。

(5)微灌技术能够提高作物产量和品质。由于采用了微灌,温室大棚内的环境极大地得到改善,使作物在最佳条件下生长,极大地提高了作物的产量,一般增产幅度达30%～50%,同时提高了作物的品质,一般提高幅度达30%以上。正因为改善了蔬菜的生长环境,可使作物生长更快,可提早供应市场,一般可提前15～30天,取得较好的经济效益。

正因为温室大棚微灌有如此多的优点,国内对温室大棚微灌硬件研究开发较重视,已取得了较多的成果,然而对温室大棚蔬菜微灌节水灌溉制度(灌水定额、灌水间隔、灌水次数、灌溉定额)等研究较少,没有形成综合技术体系。鉴于此,本书以胶东半岛地区温室大棚蔬菜面积最大的番茄、黄瓜两种蔬菜为例,进行了节水灌溉制度的试验总结。

(二)温室大棚膜下滴灌条件下番茄节水灌溉制度试验

1.试验内容与方法

1)试验区概况

试验区位于威海市环翠区羊亭镇亚特科技园。科技园冬暖式大棚东西长68～90 m,南北种植区长度8 m。番茄品种为"金冠8号",三叶一心期定植于冬暖式大棚内,栽植密度为52 500株/hm^2,单干整枝。

番茄于2004年2月25日温室定植,缓苗后(定植10天)进行水分处理,大棚内的灌溉形式为膜下滴灌。

2)试验处理设计

试验采用随机区组试验设计,设4个处理,即番茄整个生育期内的灌水量分别为4 500、3 750、3 000、2 250 m^3/hm^2,营养生长期灌水3次,果实膨大期灌水4次,采收期灌水5次。其他管理采用常规田间管理方法。试验处理见表5-45。

表5-45　番茄灌溉试验处理设计

处理编号	灌溉定额 (m^3/hm^2)	营养生长期灌水定额(m^3/hm^2) 3月7日～4月9日			果实膨大期灌水定额(m^3/hm^2) 4月15日～5月16日				果实采收期灌水定额(m^3/hm^2) 5月22日～7月8日				
		1	2	3	1	2	3	4	1	2	3	4	5
A	4 500	375	300	225	450	450	450	450	450	450	300	300	300
B	3 750	300	255	195	450	375	375	300	375	300	300	300	225
C	3 000	300	187.5	112.5	450	300	300	300	300	300	150	150	150
D	2 250	225	112.5	112.5	450	150	150	150	300	150	150	150	150

3)观测项目

(1)土壤水分观测:每10天一次,灌前灌后加测。

(2)蔬菜的生理生态指标观测。

（3）蔬菜的产量和品质测定。

2.试验成果分析

4个处理植株的平均单果重和产量的测试结果（见表5-46）表明，随灌水量的减少番茄各穗果的平均单果重和单株产量均降低，灌水量越少，下降越明显。2 250 m³/hm² 灌水处理单果重和产量显著低于其他处理。

表5-46　灌水量对番茄平均单果重和产量的影响

处理编号	灌溉定额（m³/hm²）	平均单果重（g）			单株产量（g）
		第一穗果	第二穗果	第三穗果	
A	4 500	178.40	98.80	56.20	1 645.7
B	3 750	170.17	85.66	43.54	1 639.1
C	3 000	165.37	64.15	37.68	1 574.6
D	2 250	144.82	35.36	8.27	1 328.9

从图5-6看出，产量与灌溉水量呈二次相关，即 $y = -0.083\,7x^2 + 44.771x - 159.85$，$R^2 = 0.988\,6$，一定范围内番茄产量随灌水量增加而增加，但超过一定灌水量后产量出现下降趋势，从生长发育和生理角度看，水分少降低代谢强度，随水分增加植株代谢增强而促进产量升高，水分超过一定程度会降低土壤中氧气含量而抑制根系活力，且导致植株徒长，使产量降低。由相关式可分析出，当灌水量超过 4 500 m³/hm² 时，产量反而降低。

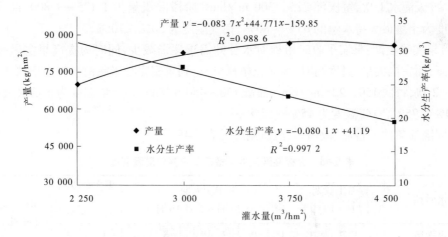

图5-6　灌水量与番茄产量及其水分生产率的关系

由表5-47还可分析出，随着灌水量的增加，产量增加，但不明显。A、B、C三个灌水处理产量接近，但D处理产量明显降低，这说明番茄高产的灌水量有一个适当的范围。

综合分析比较，A、B处理的产量基本接近，因此对于威海和莱阳地区的日光温室番茄生产，适宜的灌水量采用 3 750 m³/hm² 为宜，既能保证较高的产品产量，又可提高灌溉水生产率。

表 5-47　　灌水量对番茄产量、品质和灌溉水生产率的影响

处理编号	灌溉定额（m³/hm²）	折合产量（kg/hm²）	果肉厚（cm）	可溶性固形物含量（%）	维生素 C 含量（mg/100 g）	灌溉水生产率（kg/m³）
A	4 500	86 400	0.78	4.89	229	19.2
B	3 750	86 055	0.77	4.93	234	22.9
C	3 000	82 665	0.77	5.12	237	27.66
D	2 250	69 765	0.75	5.00	230	31.00

3. 温室大棚番茄滴灌灌溉制度

番茄茎叶繁茂,蒸腾作用强,需水量大,同时根系吸水力强,既需水较多,又不必经常大量灌溉,有一定耐旱能力,但要获得高产,必须重视水分的供给与调节,在一定水量供给条件下,采用不同灌溉制度获得的效果差别显著。

从试验结果可以看出,春季日光温室中栽培番茄用综合保水技术条件下,需采取以下灌溉制度,方可达到高产节水的目的。

(1)苗期:定植水分充足,坐果前应控制水分,不严重缺水则不进行灌溉。

(2)营养生长期:在营养生长期作物随着坐果的增加对水分需求逐渐增多,根据植株长势和天气情况,间隔 10~15 天连续灌溉 2~3 次,每次 225~300 m³/hm²,阶段总共灌水 675~900 m³/hm²。土壤湿度为土壤最大持水量的 65%~85%,空气湿度为 55%~70%。

(3)果实膨大期:果实膨大期需水最多,同时温度升高,为使土壤保持较均匀的湿润程度,5~7 天灌水 1 次,每次灌 225~300 m³/hm²,阶段灌溉量为 1 125~1 800 m³/hm²。土壤湿度为土壤最大持水量的 65%~80%,空气湿度为 50%~70%。

(4)果实采收期:果实采收时植株对水分的需求逐渐减少,同时为提高果实风味,要减少灌溉;而在掐尖早、温度高时,为防止植株早衰,到果实完全采收前可根据植株状态再灌溉 1~2 次,每次 150~225 m³/hm²,灌溉 150~450 m³/hm²。土壤湿度为土壤最大持水量的 60%~75%,空气湿度为 45%~55%。

大棚滴灌条件下番茄节水高效灌溉制度见表 5-48。

表 5-48　　人棚滴灌条件下番茄节水高效灌溉制度

灌水时期	营养生长期 3月7日~4月9日			果实膨大期 4月15日~5月16日						果实采收期 5月22日~7月8日		灌溉定额（m³/hm²）
灌水次数	1	2	3	1	2	3	4	5	6	1	2	
灌水定额（m³/hm²）	300	300	300	300	300	300	300	300	300	225	225	3 150

(三)温室大棚膜下滴灌条件下黄瓜灌溉制度试验

黄瓜由于效益高、生育期相对较短,近些年设施生产面积迅速增加。然而,设施黄瓜的栽培基本上是以以往露地的经验做法进行灌溉,存在过量灌溉的现象,未能实现水分的科学合理管理,不仅浪费水资源,还导致设施内病虫害发生,因此研究大棚黄瓜的合理灌

溉制度,对于科学指导大棚黄瓜生产具有重要意义。

1. 试验内容与方法

1)试验区概况

与番茄试验区相同。试验期间保持棚膜覆盖,不受外界降雨影响,当地的地下水位高度在 3 m 左右,而黄瓜主要根系群体分布在 10~25 cm 土层中,地下水的影响可忽略不计,水分供给主要靠灌溉。黄瓜品种类型"迷你黄瓜",灌溉形式为膜下滴灌。

四叶一芯期(2004 年 3 月 16 日)定植于日光温室内,密度为 42 000 株/hm²。缓苗后 10 天(3 月 26 日)进行水分处理,选处理内长势一致的植株取样。除了水分处理,其他按常规管理。

2)试验处理设计

采用随机区组试验设计,设 4 个试验处理,各处理灌水量和灌水方式见表 5-49。

表 5-49 黄瓜灌溉试验灌水处理设计

处理编号	灌溉定额(m³/hm²)	生育前期 3 月 16 日~4 月 15 日			盛瓜期 4 月 19 日~5 月 26 日			生育后期 5 月 28 日~6 月 10 日(处理 1 为 5 月 20 日~6 月 10 日)		
		土壤含水量(占田持,%)	灌水量(m³/hm²)	次数	土壤含水量(占田持,%)	灌水量(m³/hm²)	次数	土壤含水量(占田持,%)	灌水量(m³/hm²)	次数
1	2 250	65~75	795	4	65~75	1 275	7	65~75	480	3
2	3 000	70~80	975	4	90~100	1 575	7	90~100	675	3
3	3 450	80~90	1 200	4	90~100	1 650	7	70~80	525	3
4	4 050	90~100	1 350	4	90~100	1 920	7	90~100	825	3

3)观测项目

(1)土壤水分观测:每 10 天一次,灌前灌后加测。

(2)黄瓜的生理生态指标观测。

(3)黄瓜的产量和品质测定。

2. 试验成果分析

1)不同灌水对黄瓜生育期的影响

从表 5-50 中可以看出,灌水量对黄瓜生育期的影响不显著,但定植后整个生育期维持 90%~100% 的处理 4 黄瓜生育期最长达 84 天,比处理 1 延长 8 天,与处理 2、处理 3 差异极小。这表明水分缺乏会导致黄瓜植株早衰,增加灌水能延长结瓜期。

表 5-50 不同灌水处理的黄瓜生育期

处理编号	1	2	3	4
生育期(d)	76	82	84	84

2) 不同灌水对大棚黄瓜耗水强度的影响

从表 5-51 中可以看出,营养生长期至初瓜期耗水强度较小,盛瓜期急剧增加,拉秧期又减小,有明显的耗水高峰,盛瓜期为黄瓜的高峰耗水期,最大耗水量约为 2 mm/d。整个生育期灌水量高的处理 4 黄瓜的耗水强度最大。随着灌水量的增加,耗水强度也有所增加。

表 5-51　不同灌水处理的黄瓜耗水强度　　　　　　　（单位:mm/d）

处理编号	营养生长期至初瓜期	盛瓜期	拉秧期
1	1.06	2.11	1.73
2	1.13	2.19	1.78
3	1.20	2.29	1.84
4	1.28	2.40	1.90

3) 不同灌水对黄瓜产量及水分生产率的影响

一定灌水量范围内,黄瓜产量随灌水量的增加而增加($y = -0.211\ 5x^2 + 106.05x - 9\ 455$, $R^2 = 0.998$; y 为产量; x 为灌水量)。从图 5-7 中可以看出,灌水量为 3 450 m³/hm² 处理的产量接近灌水量处理,显著高于其他两个处理,按照图中趋势 4 050 m³/hm² 处理的产量出现下降趋势。因此从产量形成角度看,灌水量在 3 450 ~ 4 050 m³/hm² 适宜。

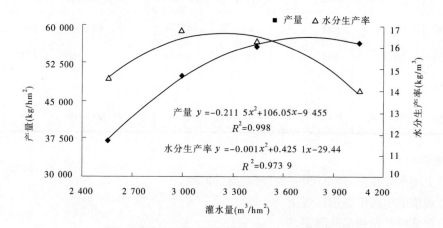

图 5-7　限量灌水对黄瓜产量和水分生产率的影响

水分生产率以处理 2 为最高(16.65 kg/m³),处理 3 次之(16.17 kg/m³),处理 1 再次(14.41 kg/m³),处理 4 最低(13.96 kg/m³),这说明整个生育期灌水处理 1 虽然节水,却抑制了植株的生长和产量形成,而整个生育期土壤含水量始终维持较高水平的灌水处理产量较高。

试验结果还表明,在一定灌水量范围内,随着灌水量增加产量也增加,但达到一定的灌水量后,灌水量再增加产量反而下降。科学的灌水量应以产量为前提,考虑成本和效能比,以接近最大产量,又接近最大的水分利用率范围最好。因此,确定在大棚黄瓜栽培中整个生育期总灌水量 3 600 m³/hm² 左右最佳,既使产量维持较高水平,又明显比温室传统灌溉高产节水。

3.温室大棚黄瓜滴灌灌溉制度

根据试验结果,日光温室大棚中栽培黄瓜节水灌溉条件下的灌溉制度如下。

(1)营养生长期。开花是植株由茎叶生长向果实生长转变的关键时期,黄瓜幼苗定植后到开花前为营养生长阶段,大苗(4~5片叶)定植后,3~5天浇一次缓苗水,此后到开花前依据植株和土壤水分状况灌水1~2次,每次120~150 m³/hm²,满足植株生长对水分的需求。防止水分过多导致营养生长过旺。

(2)盛瓜期。开花后果实开始膨大,转为以生殖生长为主,植株连续不断地结瓜,同时茎叶生长量很大,此时植株对缺水最敏感,尤其开始采瓜后,植株耗水量大,须及时补充水分。灌水总量1 800 m³/hm²左右,灌水次数8次左右。

(3)采收后期。在结果后期,下部叶片摘除,植株上雌花较少时,对水分需求相对减少,根据市场价格,为满足这部分果实膨大,可灌水1~2次,回头瓜较多的品种可增加2次灌水。时间间隔和灌溉量同盛瓜期。

大棚滴灌条件下黄瓜节水高效灌溉制度见表5-52。

表5-52　大棚滴灌条件下黄瓜节水高效灌溉制度

灌溉定额 (m³/hm²)	营养生长期 3月16日~4月15日		盛瓜期 4月19日~5月26日		采收期 5月28~6月10日	
	灌水量 (m³/hm²)	次数	灌水量 (m³/hm²)	次数	灌水量 (m³/hm²)	次数
3 600	1 200	6	1 800	8	600	3

第六章　提高农业用水效率的现代化运行管理机制

现阶段我国的农业水资源可持续利用存在许多问题,但主要体现在现行的体制和政策难以形成有效的节水机制,缺乏行之有效的管理机制,农业水资源利用效率不高,导致水资源浪费严重,造成了水资源短缺与水资源浪费共存的尴尬局面。据中国工程院的初步分析,现阶段全国平均渠系水利用系数 0.4~0.6,灌区田间水利用系数 0.6~0.7,灌溉水利用系数 0.5 左右。更为严重的是,农业水资源的管理滞后使得部分地下水严重超采,导致一系列生态环境问题产生,甚至恶化,井灌区出现大面积地下漏斗区,全国出现 56 个漏斗区,总面积达 8.2 万 km²,漏斗的出现,引起地面沉降或裂缝,甚至导致海水入侵,全国已发现地面塌陷 700 多处,胶东半岛沿海地区已形成了 1 000 多 km² 的海水入侵区,水环境日趋恶化。

另一个比较严重的问题是农业水资源的"农转非"。随着国民经济迅速发展,城市规模不断扩大,工业、生活用水量急剧增加,水资源的供需结构已发生较大的变化。1949 年我国农业用水量约为 1 001 亿 m³,占全国总用水量 1 031 亿 m³ 的 97.1%,到 1997 年,该比例下降到 75.5%,如果以 1949 年的比例为基准进行估算,那么 1997 年约有 1 206 亿 m³ 水资源被转移到工业和城市生活,这使得本来就紧缺的农业水资源更是雪上加霜。如何管理农业水资源的"农转非",体现农民的水权问题,是保证粮食安全、解决"三农"问题的基础性措施。

应该指出的是,本书所指区域农业水资源是一个狭义说法,这里特指一定行政区域内的农业可用水资源,不包含大流域水资源的范畴。针对目前胶东地区农业水资源管理中出现的一些问题,作者经过多年来的实践、资料调查、研究分析,提出了保障农业用水的现代化运行管理机制。

第一节　现代化农业高效用水管理模式的内涵

一、现代化的定义

据《现代汉语词典》解释,"现代化":使具有现代先进科学技术水平。《辞海》解释,"现代化":不发达社会成为发达社会的过程和目标。作为过程,其首要标志是用先进科学技术发展生产力,生产和消费水平不断提高,社会结构及政治意识形态也随之出现变化(其标志为政治民主、理性主义和科学精神、社会流动和现代化人格)。作为目标,它一般指以当代发达社会为参考系的先进科学技术水平、先进生产力水平及消费水平。

据中国科学院《中国现代化报告 2001》讲,不同人对现代化的理解不尽相同,有三层涵义,其一是基本词义(习惯用法),根据辞典里"现代化"的解释来使用它,其英文单词是一个动态名词:modernization,产生于18世纪70年代,是指成为现代的、适合现代需要而出现的新特点和新变化,它既表示一个成为现代的发展过程,也表示现代先进水平的特征;其二是理论涵义,指18世纪工业革命以来人类社会所发生的深刻变化,经典现代化指从农业社会向工业社会的转变过程及其深刻变化,第二次现代化指从工业社会向知识社会的转变过程及其变化;其三是政策涵义,指推动现代化的各种战略和政策措施。科学与创新是现代化的根本动力和知识源泉。

因此,现代化是指人类借助现代的先进科学技术、知识等来武装生产、生活及思维方式,推动社会与时俱进、不断创新性地向前发展的动态过程、结果和特点的综述。它具有现代性、动态性、创新性等特点。

应说明的是,关于农业用水的现代化技术支撑,本书在以后的章节将重点叙述,本章节重点叙述农业用水现代化管理机制、管理形式等方面的内容。

二、农业用水市场化管理

农业高效用水以保证区域水资源可持续发展利用为目标,遵循人与水和谐相处的原则,运用现代先进的科学技术和管理手段,充分发挥农业水资源多功能作用,不断提高农业水资源利用效率,改善区域水环境和生态。

农业用水现代化的管理是水利现代化的重要组成部分,必须在社会主义市场经济调节下,借助于水利和其他行业超前的、先进的技术和管理方式,必须建立适应市场经济发展的可持续用水管理机制以支持区域经济的可持续发展,以产权为中心,分层次、分类型建立农村水利的新体制、新机制。建立现代化工程控制技术措施(包括水资源的优化配置、运行计量、监控等),以保证农业用水现代化管理的准确性、规范性。

第二节 现代化农业用水管理模式

一、胶东半岛农业用水管理模式

在农业节水技术体系中,农业节水工程的运行管理是重要的组成部分,建立适应现有生产体制的农业用水运行机制,是节水灌溉工程能否发挥效益的关键。国内外农业节水专家认为,节水灌溉的效益50%在于管理,这充分说明农业节水管理工作的重要性,对于解决国内仍存在工程重建轻管的问题,强化"管理出效益"意识有着十分重要的意义。

建立适应现有生产体制的农业用水运行机制,首先要根据不同的发展阶段,对不同类型的工程进行产权制度的改革。

在市场经济条件下,产权具有三个特征:一是产权主体具有经济实体性;二是产权体系具有可分性;三是产权具有独立性,产权一经确立,产权主体就可以自主地运用产权,谋求自身利益的最大化,而不受同一财产上其他财产主体的随意干扰。形成不同的产权模式并对资源的利用产生不同的影响,一定的产权形成后,能够激励人们行为的选择,影响对资源的利用和效益。因此,在社会主义市场经济发展过程中,农业节水工程中的产权关系也必须重视,这对于确定其市场主体,合理配置资源,克服旧体制管理弊端,建立新体制,确保工程的良性发展具有重要意义。

针对胶东半岛农业节水工程现状,各地在水源及田间工程的产权不同,管理体制也不相同,对中小型节水工程,目前主要有如下管理模式。

(一)国家集体管理模式

1. 国有产权的节水工程管理模式

由国家投资、设计,农户投劳建设的抗旱防洪任务较重的小型水利工程,设有专门的管理机构,用水和灌区工程维护相对较好;多数由乡、村管理,工程效益发挥差,水费征收困难,运行费用不能保证,工程老化严重。主要原因是工程收益权和管理支配权脱节,在水价制定与水费征收方面受地方政府和农民的干预,存在着产权的"多重代理"问题,降低了工程运行效益。这类形式主要应用于水库灌区的农业高效用水工程。

2. 集体产权的节水工程管理模式

由乡、村集体组织出资兴建的节水工程。一般由村委指定专职人员负责管护,这是当前农村小型水利工程运行管理的主要方式。当前集体产权管理难度较大,因为集体仅有所有权、处置权、管理权,而使用权和收益权归农户,这就降低了集体投资兴建节水工程的积极性。集体产权造成设备重复购置、争水抢水,资源配置低。在管理不善的地方,群众投资的积极性不高。但在一些集体经济实力较强、基层村委班子较好的地方,成功的管理经验还不少。井灌区机井及配套工程的产权大都属于村集体,经济实力较强的村,由村统一组织灌溉服务,村负责工程的维修养护和人员的工资。有的村对灌溉服务组织的人员实行民主推荐,使农民参与管理,有利于调动农民的积极性。这种管理模式,从产权上来看,具有集体产权的特征,但它符合农村的利益,农民在自主经营的同时享受到经济利益和体会到团队精神,发挥了农村节水技术专业人才的作用,有利于实现灌溉专业化。

威海市环翠区羊亭镇区域农业水资源联网统一化管理实现了地表水、地下水的联合调度,水源联网后优先使用河道、塘坝地表水,限量使用地下水。春灌前期,以使用河道、塘坝地表水为主,通过管道尽量调用塘坝蓄积的水用于灌溉小麦和果树。果树一般在3月中旬以前灌水一次,小麦一般在拔节、抽穗、灌浆期各灌一水。汛前可尽量使用地下水,腾空部分地下库容,接纳降雨。区域农业水资源联网统一化管理优化了水量分配,限制了地下水开采,实行了控制灌溉,保证了经济作物用水。在干旱缺水年份或缺水季节,河道塘坝及大口井一般无多余水可调,甚至干涸,此时限制提水量,保证地下水位不低于海水入侵临界值。同时对有限的地下水进行优化分配,通过管网优先供应高产值经济作物(果树、蔬菜、苗木等),提高经济作物的灌溉保证率;对一般作物(如小麦、玉米等)则实施控制灌溉(控制灌水定额和灌水次数),甚至只浇"救命水"。特别干旱年份甚至可舍弃部分低产值作物不进行灌溉,保证高产值作物的灌溉用水,充分提高水分生产率和灌溉效益。

(二)承包经营的模式

在全民或集体所有权不变的基础上,按照所有权和经营权相分离的原则,以承包经营合同的形式,明确所有者和经营者之间的关系。该种管理方式的实施,改变了工程无人负责或责任不明确的状态,降低了对工程管护的监督成本,刺激了承包者的积极性。对承包中出现的一些问题需要加以改进,如有些地方存在收益权受人为限制,改变工程用途等;工程设施的管护权有分割现象,如维修费用的分摊问题;承包时间短,缺乏投资预期的激励,造成短期行为和破坏性生产。

当前在井灌区,有实行以单井为单元,联户承包的办法。农户推荐"井长"或"片长"一名,负责灌溉工程的实施,并确定任期,确定年报酬。"井长"或"片长"定期向片内的农户代表通报灌水成本支出,工程的维修养护、承包费用等情况。

(三)租赁和拍卖经营的管理模式

反租倒包也是承包经营的一种形式。通过反租倒包,使土地适度集中、规模经营,对节水灌溉技术的推广十分有利。即通过土地使用权的有偿转让和使用权拍卖,土地相对集中成为集体农场、家庭农场,实行一体化经营管理,这种类型有发展前景,具有较强的生命力。

胶东半岛的某些井灌区,以单井租赁,村集体与农户签订承包、租赁合同。

对小型水利工程如塘坝等,已有少数地方开始拍卖,但拍卖前必须签订合同,明确经营范围,不得损害群众利益并改变经营内容。实践证明,工程维护率大大提高。

(四)经济自立灌排区管理模式

经济自立灌排区这一管理模式在国外,特别是农业发达的欧洲、美洲等国家已有20多年的发展历史,我国从20世纪90年代初开始从国外引进这一先进的农业灌溉管理模式。

完整的经济自立灌排区(Self-financing Irrigation and Drainage District,SIDD)包括供水公司(Water Supplying Company,WSC)和农民用水者协会(Water Using Association,WUA)两部分,通过组建供水公司和农民用水者协会,建立符合市场经济体制的用水和供水的供求关系,实现商品化供水和用水。

供水公司是在独立的灌排区建立的非政府灌溉管理的经济实体,在当地工商行政管理部门登记注册后,具有法人地位,自主经营、自负盈亏,负责水源工程和骨干渠(沟)的管理和运行,同时向农民用水者协会收取水费。

农民用水者协会是由灌区农民自愿参加组成的群众性用水管理组织,具有独立法人资格,实行独立核算、自负盈亏,实现经济自立。农民用水者协会负责所辖灌排系统的管理和运行,保证灌溉资产的保值和增值,同时向供水公司缴纳灌溉水费。农民用水者协会由用水小组和用水者协会会员组成。

SIDD作为一种在国外应用成熟、符合市场经济特点的管理模式,在国内得到了推广和应用,目前胶东半岛区已建立了百余个不同形式的农民用水者协会。

二、威海市环翠区的农业用水管理服务体系

(一)组织与服务体系

1.组织体系

为推动全区节水农业发展和加强节水工程建设管理,威海市环翠区区政府成立了节水工程建设领导小组。由分管农业的区长负责,成员由水利、财政、农业、乡镇政府等单位的负责人组成。各乡镇根据区政府的要求也成立了节水农业领导小组。区节水领导小组

是当地节水农业的最高领导组织,负责节水农业的决策、协调和管理。区水利局是节水灌溉项目的业务管理单位,较大的节水项目要在水利局和工程业主的主持下,进行公开投标选择施工单位,严格基建程序,确保工程质量。对上级安排的重大科研项目,要成立项目技术组,广泛调研,认真试验,反复实践,总结出符合当地实际的节水技术,来指导节水农业的发展。区财政局是节水项目建设的资金管理单位,工程建设单位在工程完工时,向区水利局和财政局提交验收申请及验收资料,区水利局会同财政局一起对工程进行验收,验收合格后,颁发工程合格证书,拟定补助资金和奖励资金计划,报区节水领导小组审批,批复后,资金由区财政局落实。节水组织体系见图6-1。

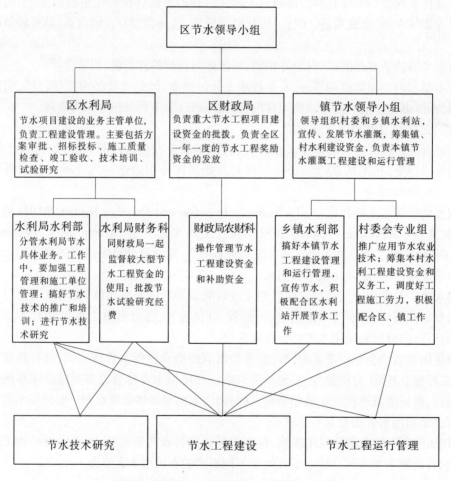

图6-1　威海市环翠区节水建设领导组织体系

2.服务系统

环翠区农业节水服务体系健全,服务职能完善,目前已形成了节水工程设计、材料供应、施工安装、施工监理、运行管理、技术培训一条龙服务体系。节水工程建设,环翠区水利设计院(股份公司)负责工程设计,喷灌技术开发公司、水利建筑工程公司、水利安装工程队、水利地质勘测公司负责施工安装和水源工程建设,水利物资服务公司、水利管材经营部等实体负责供应管材、管件和设备。为提高工程技术水平,保证工程质量,降低工程成本,节水工程的建设必须按照国家基本建设程序,实行竞争和监督。节水工程设计由设计单位提交方案,水利局水利站审批,保证方案的先进、合理;节水材料和设备供应采用多家投标,降低工程造价;工程施工安装实行招标选择施工单位,杜绝暗箱操作;工程建设实行监理制,确保工程质量。招投标机制的实行,打破了多年水利系统垄断建设的局面,受到工程业主和施工企业的欢迎;工程监理制的引入,确保了工程质量。健全的服务体系,完善的服务机制,为节水工程建设提供了可靠保障。

节水工程建成后的运行管理由工程业主负责。示范区工程和全区规模较大的节水工程由区、镇、村抗旱服务队管理,其他小型节水工程可由业主自行管理,也可进行租赁承包。

(二)工程运行管理措施

为保证节水工程的科学运行,不但需要成立服务组织,而且要建立一整套的规范的责任制度和工程、财务、水费管理章程,确保节水工程及设备安全高效运行,实现工程管理效益良性循环。管理人员上岗之前必须经过区水利局水利站培训,考核合格后发给上岗证。根据各乡镇管理经验,我们总结了适合节水工程运行管理的做法。

1. 工程运行管理的具体规定

(1)工程管理单位必须按规定对工程进行维护保养,因玩忽职守造成工程设施损坏和工程运行瘫痪的应负有经济、法律责任。

(2)机房内必须保持整洁,设备应擦拭干净,电动机应经常除尘,供电线路每月巡回检查一次。

(3)灌溉季节前,应做好检查准备工作:检查管道、闸阀、水表等连接处是否漏水,控制闸阀及安全保护设备启闭是否自如,裸露的管道有无损伤,计量设施是否灵敏,否则,加紧维修。

(4)灌溉季节,要加强对工程的管理,做好每次灌水的详细记录,包括所有轮灌区的灌水时间、灌水量、灌溉用工、灌溉用电量等。

(5)灌溉季节结束后,应对灌溉设备进行维修。对水泵、阀门等进行性能检查,并涂油防锈,冲净管道泥沙,排放余水,检修安全保护设备和量测仪表,阀门井扣盖保护,阀门井及干支管接头采取防冻措施。

(6)输配水管道 5 m 以内,泵房、水源工程 20 m 以内不得从事爆破、挖方等危及管道、泵房、水源工程的活动。

(7)工程管理单位必须保证灌溉水的水质,水源附近不得有从事污染水源水质的生产经营活动。

(8)严禁破坏工程设施,对破坏者视情节轻重给以被破坏物价值 2 倍以上 5 倍以下罚款,或交公安机关处理。

2. 水费收支管理

(1)水费由工程管理单位进行收取。水费计量按元/hm² 或元/m³。水费价格由工程管理单位按规定计算确定,并报物价局审批,报水利局水利站存档。

(2)水费由基本费、运行费两部分组成。其中,基本费由维修费、折旧费组成,运行费由电费、工程管理单位工资和办公费组成。目前水费一般按 150 元/(hm² · 次)收取,服务人员工资 18 元/工日。

(3)水费中的折旧费需上缴村委会,作为水利建设基金,专款专用,工程管理单位不得留用,村委会也不得挪用。

(4)工程管理单位实行自负盈亏,不得任意抬高水价。财务必须公开,接受村委会、乡镇经管站管理,接受群众和水利局监督。

(5)工程管理单位应按照工程设计的灌溉制度进行灌水。一般情况,每公顷次灌水量喷灌不少于 300 m³,微灌不少于 150 m³。

(6)用户应自觉按时缴纳水费。如遇丰水年没有进行灌溉,用户仍需缴纳基本费。

(7)严禁偷水,发现一次视情节轻重处以偷水量价格 2 ~ 5 倍的罚款。

第三节　关于现代化农业高效用水运行机制改革的思考

一、强化区域农业水资源的统一调配运用

改革开放以来,伴随着各地、各行业经济的逐步发达,区域农业用水在工业、城镇生活用水紧张形势的逼迫下,日趋萎缩,农业可用水资源量逐年减少,区域、部门竞争用水问题日趋突出,水资源在地区间、部门间和多目标用水间的合理分配问题已成为我国经济在发展进程中诸多矛盾的焦点。

区域农业水资源的管理问题是一个系统而又复杂的问题,在现阶段农村生产体制的约束下,水源工程管理混乱,水资源量小、分散,工程运用无序,致使水源工程灌溉保证率低,水的生产效率低,水资源浪费严重,生态环境恶化,影响区域经济发展。

胶东半岛区是山东省沿海经济发达区的典型代表,根据城镇生活、工业生产用水发展的要求,大水源必须服务于城市,小水源用于农业灌溉的宏观水资源配置,极大支持了区域国民经济的发展。而依据农业灌溉用水分散的特点,为了保持农业的稳定与发展,必须大力投资、积极鼓励兴建小水源,开发当地地下水资源,发展节水灌溉。然而,由于当地水资源有限,无节制地开采地下水,挤占生态用水,致使当地局部地下水资源枯竭,海咸水内侵,生态环境恶化。不仅如此,农业灌溉比较分散难以管理,制约了水资源的合理配置,灌溉季节争水抢水,导致农村生活与工副业用水取水困难,农业用水得不到保障,严重制约了当地农村经济的发展。

只有对分散的水源进行统一管理,联合调配,才能保证当地水资源的可持续利用。进行农业多水源联网调度,连接各水源单元和用水单元,运用方便、调度灵活的水资源配置工程体系,是进行区域水资源合理配置的首要基础条件。胶东半岛区乡镇工副业发达,经济实力较强,完全有能力建成区域农业多水源联网的输供水工程;当地工业化、城市化水平较高,农村劳动力大部分已向城市、工业转移,从事农业生产的多为半劳力,农业的工厂化、集约化正方兴未艾,对灌溉用水实行统一管理,联网调度,不仅是社会发展的需要,而且也是完全可行的。

二、进行农业高效用水的投入机制改革

据水利部有关部门统计,在现行的农业用水工程(这里指灌溉排水工程)建设投入体系中,农民承担了 2/3 以上的投资,因此客观上说,目前我国许多农业供水工程的投入主体并不是国家。无论是为了保障国家粮食安全、发展农村经济,还是为了提高农业用水效率,以支持水资源向生态环境、城市和工业转移,最大受益者都是国家。农民已经承担了工农业产品不等价交换和价格"剪刀差",以支撑工业化、城市化进程。在农业水资源转移,水资源逐步工业化、城市化进程中,农民还要承担 2/3 以上的投入开发新水源和进行农田水利基本建设,这是很不合理的。而发达国家对农业供水设施和排水系统等基础设施的建设属于"绿箱"政策的支持范围内,由国家重点投入补贴。

农业水资源是农业的命脉,是农业发展的物质基础,形成健全合理的投入机制,是实现区域水资源高效利用、保障农业稳定生产和粮食安全的基础性措施。

近几年来,我国对区域农业水资源的投入机制进行了探索,初步形成了一定思路,即要拓宽投融资渠道,实现投资主体多元化,充分体现"谁投资,谁受益"、"谁用水,谁出资"的原则。

这里应该指出的是,解决区域农业水资源的紧缺危机,不能一味通过开发新水源及跨流域调水,而是对水资源的有计划合理利用和厉行节约,也就是必须以节流为基本对策,建立节水型社会。这是因为通过开发新水源或调水仅可以缓解部分地区的缺水问题,但往往工程艰巨、投资大,问题比较复杂,实现的难度大,而且并不能改变我国人均水资源占有量低下的根本状况。现阶段,我国农业水资源投入的主要方向为:重点进行大中型灌区的续建与改造,进行田间土地整平及灌排体系的配套建设;在引黄井渠结合灌区,实施引黄补源、以井保丰,地表水、地下水联合调控的工程措施;因地制宜建立不同类型区不同作物的节水灌溉工程模式,大力加强地面灌水技术的改进投入;综合配套非工程节水措施,包括农艺节水、生物节水、管理节水等;加快推广现代化的测水量水技术,真正实行计划供水、按方收费,促进农民节约用水。

农业节水对农业水资源向非农领域转移的作用非常明显,如果没有合理的补偿资金,农业节水的发展将受到影响,进而将影响粮食安全和农业生态环境安全;另外,给予农业节水区域合理的水资源补偿资金进行支持,是提高节水主体节水积极性的经济基础。根据经济理论,节水主体的目标是追求最大的经济效益,如果节水没有利益所得,便失去节水的动力和源泉。况且国外已有这种先例,如墨西哥采用三种主要手段保障农业用水的转移:一是由城市支付管道输水所需的电费,把部分灌溉用水通过管道输送到城市;二是城市支付给农民与预期的农作物收入相等的费用,从而从农民手中购买到水权;三是工厂向农村投资滴灌等节水设施,节约出的用水供工厂使用。

三、加快农业用水的水价改革进度

目前我国的农业水价偏低,水管单位水费收取率更是不尽人意,据水利部农村水利司 2000 年统计,现行的农业用水水价(全国平均为 0.03 元/m³)只占供水成本的 30% ~ 60%,且由于层层截留,水管单位得到的水费也只占农民所缴纳水费的 30% ~ 50%。农

业用水水价低正是我国农业水资源不能高效利用的一大恶疾,面对日益紧缺的水资源危机,必须积极推进水价改革,探索合理的水价形成机制。

我国农业用水约占全国用水总量的 70% ,灌溉用水又占农业用水的 90% 之多,深入研究和认识农业用水特点,按照农业用水的特殊规律和市场经济的一般规律,积极推进农业用水水价改革,形成合理的水价体系,是我国农村水利健康持续发展的必然趋势。

2003 年水利部制定了《水利工程价格管理办法》,明确供水单位为"供水经营者","农业用水价格按补偿供水生产成本、费用的原则核定,不计利润和税金"。合理补偿成本,体现了对水利工程供水和灌溉服务具有商品属性的肯定。尽管农业用水有特殊性,但也要尽最大可能适应市场经济体制要求。发展农田灌溉事业可以促使农业增产、农民增收,受益者从获益中拿出一定比例补偿生产成本,符合情理、实际可行。农民缴纳水费,一方面从经济上起到促使其珍惜水、节约用水、爱护和参与维护水利工程;同时,按成本付费对农户也是一种压力,有利于促使其改进经营管理,调整农业结构,提高产出效益,从而增加对农业水价改革的承受能力,最终提高农业的综合效益。"不计利润和税金"体现了农业供水和灌溉服务实际不以营利为目的的政策,不允许也不可能盈利,农民种粮经济收入十分微小,几乎无利可图,在经济发达地区种粮务农积极性持续下降,再不采取有效的保护措施,粮食安全和社会稳定就会出问题。

合理的水价体系是优化配置区域水资源的支撑,是加强水资源统一管理和宏观调控的措施。制定区域农业水资源水价,应首先从区域水资源高效利用的目的出发,调查分析区域水资源各部门(农业、工业、生态等)的用水量,调查分析不同灌溉作物不同灌溉措施的灌溉水量、灌溉时间,农业需水及相应的节水量;分析区域现状及近期满足区域农业、工业生产及生活等需求的最低水资源量;从而根据不同行业不同用水水平条件(最低保障水资源量、较高效益水资源量、奢侈水资源量),充分考虑地方经济发展的特色,科学分档、调算,以建立区域合理水价体系。

四、进行农业用水工程的"产权"改革

在我国的社会主义市场经济逐步完善的过程中,建立良好的运行机制至关重要。在区域水资源高效利用的技术体系中,农业用水工程的运行管理是重要的组成部分。以区域农业水资源的管理体制和水价改革为前提,建立适应现有生产体制的农业用水工程运行机制,是农业用水工程能否发挥效益的关键。建立适应现有生产体制的农业用水运行机制,首先要根据不同的发展阶段,对不同类型的工程进行产权制度的改革。

我国各地在水源及田间工程的产权不同,管理体制也不相同,但综合分析,围绕我国现阶段农业用水的发展状况,主要对目前已有的产权改革方式包括国家集体管理模式、承包经营、租赁与拍卖等模式进行总结、深化,提高其运行效率。

五、建立农业水资源可持续管理的相关政策法规

我国的水资源短缺,急迫需要提高农业水资源的利用效率。鉴于现阶段农业水资源的利用特点,为协调农业用水管理主体和用水主体的矛盾,需要有强有力的政策、法规支持。从法律上严格管理水资源,把参与节水、保持生态环境不继续恶化作为每个公民的义

务列入有关法规。

(一)加强宣传和教育,充分认识水资源危机紧迫性

充分发挥各种宣传工具作用,让公民知道我国水资源供需形势,通过耳濡目染,强化水资源危机意识,使每一个公民有一种危机感。特别是利用好每一年的世界水日(我国为水周),宣传有关政策方针,让公民充分地认识到高效用水关系到国计民生、关系到国民经济持续发展等重要性,为激发用户参与农业用水管理奠定坚实的舆论基础。

(二)健全政策法规,完善水资源交易市场

首先,农业水资源市场有它的垄断性与广阔性,集中又分散,这就决定了农业水资源市场不可能放开,是一个不完全的市场;其次,农业水资源市场又具有时效性,主要表现在农业用水的季节性与农业节水效益的外部性等方面;最后农业水资源所有权具有恒定性,在市场交易中水资源所有权是不变的。所有这些决定农业水资源交易不同于一般的商品交易,水资源市场只能是在政府健全政策法规的情况下,调节有步骤地进行。

(三)制定相关政策,完善农业用水水价体系

制定相应的政策法规,保障农业水资源的"水权"充分体现;充分地改革农业用水价格制度,考虑农业的具体状况,可以对粮食作物按完全供水成本核定,经济作物要加一定的利润;完善科学的水价体系,确保地表水、地下水及降水联调机制顺利实施,如对于河水灌区,为充分利用地下水水资源,可适当提高地表水资源价格,地表水、地下水资源的比价足以刺激地下水资源开发,对于地下水资源匮乏而地表水资源丰富地区,可以适当提高地下水资源价格,确保地表水资源合理利用,保护地下水资源,实行动态水价和超计划累进加价制度,建立科学的水价体系。

第七章　区域农业用水的水权与水价体系

实现农业水资源的优化配置,除技术手段外,经济手段也是非常重要的。尤其在当前社会主义市场经济体制下,运用经济手段优化资源配置,促进水资源的可持续利用,是水资源管理的重要内容。与市场经济相适应,现代水资源管理是建立在水权水市场基础上的,通过明晰用水者的权利、规范用水者的行为、调控水资源的交易,充分发挥市场调节的作用,达到优化资源配置的目的。本章探讨区域农业用水的水权管理与价格问题。

第一节　区域农业用水的水权与水市场

一、水权理论

水权的概念来源于产权经济学中的产权,对水权的理解和认识必须从一般的产权理论开始。

(一)产权的定义和性质

如何有效利用稀缺资源来满足人类的需求是西方经济学的基本问题和出发点。传统的微观经济学把消费和生产理论当做分析的中心,把经济活动中人的利益矛盾之类的问题都抽象掉了,问题就归结为有稳定偏好的理性"经济人"在一定技术水平和资源禀赋的约束下的选择问题。在传统微观经济学的分析范式中,"经济人"可以在利润的导向下自由地缔约和交易,并且交易费用为零,所以生产要素可以自由地流动,从利润低的地方集中到利润高的地方,从而完成资源的优化配置。但是,实际中的情况要复杂的多,人们的经济活动必然要受制于具体的制度安排,信息的不对称和讨价还价的存在也使交易费用不可避免,对经济问题的深入研究必然涉及对制度的分析,由此产生了制度经济学。在人类社会的各种制度中,产权制度是至关重要的一种制度,以至于产权问题被单独拿出来,发展成产权经济学。

产权的定义很多,菲吕博腾和配杰威奇所总结的定义为:"产权不是指人与物之间的关系,而是指由物的存在及关于它们的使用所引起的人们之间相互认可的行为关系。产权安排确定了每个人相应于物时的行为规范,每个人都必须遵守他与其他人之间的关系,或承担不遵守这种关系的成本。因此,对共同体中通行的产权制度可以描述为,它是一系列用来确定每个人相对于稀缺资源使用时的地位的经济和社会关系。"

这个定义强调了在人与物的关系后面的人与人之间的关系,把产权同稀缺资源的有效利用联系在一起,指出产权不仅仅局限于实物的所有权,而是包含了由物的存在与使用而引起的人们之间的一系列行为关系和约束,即在资源稀缺的条件下,人们使用资源的适当规则。

产权经济学把"产权"引入生产与交换活动分析中,拓展了西方经济学的研究范围和分析力度。产权经济学认为,经济学要研究的是资源稀缺对人的利益的影响和由此带来的人与人之间的利益冲突,产权研究要处理和解决的就是人对利益环境的反应规则和经济组织的行为规则。商品交换实际上是产权的交换,产权的价值限制了商品的交换价值。在一定的产权制度下,"经济人"无法完全自由地决策,产权的安排必然会影响其行为方式,并通过对行为的这一效应,影响到资源的配置、产出和社会收入的分配等。德姆塞茨指出,在产权经济学看来,产权是一种社会工具,其重要性就在于它能够帮助一个人形成他与其他人进行交易时的合理预期。

产权的基本形式包括:私有产权、集体产权和公共产权。私有产权就是将资源的使用、转让以及收入的享用权界定给个人,行使所有权的决策完全由私人作出;集体产权是指行使对资源的各种权利由一个具有民主决策机制的集体作出。私有产权和集体产权都是完全排他的产权形式。公共产权是一个社区内的每个成员都享有同样的权利,每个人都可以享用资源,但每个人都没有权声明资源属于他本人所有。当某个人行使某项权利时,并不排除他人行使同样的权利。由于公共产权在共同体内不具备排他性,因此这种产权形式难以避免对资源的过度使用。

完备的产权应该包括关于资源利用的所有权利,是一个权利束,而不是一项权利,这是产权的第一个性质。"权利束"附着在一种有形的物品或服务上,正是权利束的价值决定了所交换物品的价值。"权利束"既是一个总量概念,包括所有权、使用权、处分权和收益权以及其他与财产相关的权利,也是一个结构概念,即不同权利束的组合决定产权的性质及其结构。

产权的第二个性质是具有可分离性和可转让性。由于产权是一组权利的组合,因此它们可以在一定程度上相对分离。现代意义上的产权都是整体性和可分离性的统一。可分离性使得产权更容易流动和交换,从而大大提高了产权的资源配置功能,同时产权的可分离性也是资本市场建立的必要条件。可转让性是指将产权再安排给其他人的权利。产权的转让意味着所有者有权按照双方共同决定的条件将财产转让给他人。产权的转让为资源流向具有最高生产力的所有者提供了动力,可促使资源从低生产力所有者向高生产力所有者转移。

产权的第三个性质是有限性。任何权利都不是无限的,都要受到约束和限制。在同一产权束内多种权利并存的情况下,某种权利的行使只能在规定的范围内,一旦权利拥有者的行为超出了这一正常范围,另外几种权利就要受到干扰,拥有其他权利的所有者就要以某种方式对侵权者进行干预或进行惩罚。对权利的限制不仅来自于拥有其他权利的个人,也来自政府规定、法律以及社会习俗。

有效的产权制度还必须具备稳定性和延续性。稳定和延续的产权才真正具有激励功能,"有恒产者有恒心",如果没有对未来收益的稳定预期,人们就失去积累产权和财产的积极性。产权的稳定性和延续性还有利于社会经济的可持续发展。一些西方产权经济学家认为,发展中国家落后的一个重要根源就在于产权制度的不稳定性和不延续性。产权制度变化的大起大落,严重制约一些国家的经济和社会发展。

(二)水权的定义

作为一种自然资源,水资源也应当具有产权,也就是水权。关于水权的含义有不同的说法,姜文来认为,"水权是指水资源稀缺条件下人们对有关水资源的权利的总和(包括自己或他人受益或受损的权利),其最终可归结为水资源的所有权、经营权和使用权"。石玉波认为,"水权是水资源所有权、水资源使用权、水产品与服务经营权等与水资源有关的一组权利的总称"。汪恕诚指出,"水权最主要的是所有权和使用权"。总之,作为一种财产权利,水权就是水资源的所有权、占有权、支配权和使用权等组成的权利束,反映的是不同的用水者在使用水资源时的权利义务以及相互制约关系。

我国对水资源的所有权有明确规定,《中华人民共和国宪法》第一章第九条规定:"矿藏、水流、森林、山岭、草原、荒地、滩涂等自然资源,都属国家所有,即全民所有。"《中华人民共和国水法》第三条规定:"水资源属于国家所有。农业集体经济组织所有的水塘、水库中的水,属于集体所有。国家保护依法开发利用水资源的单位和个人的合法权益。"

水资源的国家所有为水资源的合理开发和可持续利用奠定了必要的基础。现代产权制度的发展导致法人产权主体的出现,所有者和经营者可以分离,资产的所有权、使用权、经营权都可以分离和转让。在我国,由于水资源的所有权与经营权不分,中央和地方之间,以及各种利益主体的经济关系缺乏明确的界定,导致了水资源的不合理配置和低效利用。因此,明晰水权,建立具有中国特色的水权制度,对水资源合理配置和有效管理至关重要。

水资源是流动的、具有多种用途的自然资源,所以水权比一般的静态资源产权内涵丰富。不同用水者对水权的要求是不一样的,不是所有的用水者都需要获得完整意义上的一束水权,这主要取决于用水者的用水目的和用水性质。例如,灌区、工矿企业和城镇居民是消耗性用水,需要获得水的永久使用权;供水公司将天然状态下的水加工为可用水送到用户手中,他们拥有的是水的经营权;而水电站属于河道内用水,不消耗水量,发电后水还是回到河道里供其他用水者使用,只不过自然的水流变成了人工控制的水流,因此水电站需要的是一定时间内对水的支配权。另外一个对用水者的水权具有决定作用的因素是经济因素,任何一个微观经济实体既可以自己用水,也可以兴建水源工程为别人供水,还可以建设水电站,国家在法律上对此没有特别的限制。由于收益和成本共存,具体承担什么角色,还要取决于用水者的经济实力和市场偏好,用水者权衡自己的经济得失,按照自身利益最大化的原则进行决策。

(三)水权的功能和特点

同其他产权制度一样,水权制度有多种功能,概括起来主要有以下三点。

1. 制约功能

水权制度规定了用水者的行为规范,任何人在行使拥有的产权时不能侵犯他人的权利,否则必然遭到不同程度的惩罚,这就限定了水权的使用范围,避免了水资源的无序利用。

2. 激励功能

水权制度能激励节水,提高水资源利用率。因为在经济活动中经济主体追求的最大目标就是利润。水权制度使水权所有者获得了法律赋予的内涵明确的财产支配权利和收益权利,从而给予其努力降低成本、提高效益的内在动力。节约用水、高效用水就成了自然的行为。

3.水资源配置功能

通过合理分配初始水权,运用市场机制,促使水权的有效交易,能够促进水资源的优化配置,而且合理的产权制度能够消除水资源利用过程中的"外部性"问题,有利于水资源的优化配置。

水权不仅具备一般产权的完整性、可分离性、有限性等特征,而且由于水资源自身的特性,水权具有一些独特的特征,本书认为,其主要表现在以下几方面:

(1)水权界定和交易的成本高。水资源的流动性导致测量和跟踪水资源的特定部分非常困难。在现有技术条件下,很难确定水圈中某部分水到底有多少,也难以规定应该属于何人所有。即使规定,也无法保证这部分水不被别人使用。水资源属于经济学中所说的专有性很低的资源,要界定和保护完全的排他性水权,不仅非常困难,而且成本很高。水权交易也是一样,一笔水权交易的最终完成必须经过水量的输送,而输送往往要在由天然河道和人工引水渠道、管道混合构成的通道内进行,在这一过程中很难避免水量的"跑、冒、滴、漏"和水质的沿程污染。天然河道还存在被其他人中途引走的可能。买卖双方相距越远,损失越严重。而要减少这些损失,必须付出一定的代价,即使在同一流域内进行水权交易,这种代价也不容忽视,这些损失和代价最终都要记入交易成本中。

事实上,水权并不是从来就有的。在人类社会发展的早期,水资源相对富裕,价格很低甚至没有价格,水资源是公共物品,水权界定的成本远远大于由此带来的收益,因此没有必要建立水权制度。随着工业化、城市化、现代化进程的加快,水资源成为制约经济社会发展的稀缺资源,并且进一步演化为"水紧张"、"水危机",规范人们利用水资源的行为成了一种客观需要。另外,水资源稀缺程度的增加导致其价格上升,水权界定的成本就相对下降,建立水权制度所能获得的收益高出了成本,这才有了建立水权制度的必要性和可能性。

(2)私有水权形式和公共水权形式共存。如上一节所述,尽管私有产权对资源的合理配置有很大作用,但政府对公共产品的管理还是必要的。对水资源来讲,私有水权能明确用水者权利和义务,规范用水者的用水行为,提高水资源的利用效率。但是,水资源还具备保护生态、美化环境等公益用途,因此水资源不能完全私有,必然保留部分公共水资源来满足这方面的要求。例如,现行的黄河水量分配方案在580亿 m^3 的黄河总水量中,就留出了120亿 m^3 作为生态用水。公共水权使大家都从中受益,但同时也难以避免人们对水资源的不负责任地使用,容易导致资源的滥用,尤其在水资源紧缺的现状下,这显然是非常不利的,需要管理机关采取相应的措施进行管理。所以,水权的形式不是唯一的,而是私有水权形式和公共水权形式共存。

(3)水权具有时效性。这源自两方面的原因:第一,水资源是以水文年为周期,周而复始地变化。从大的时间跨度上看有一定的规律性,从具体的年内、年际分布上看则是随机性的。以现代的技术水平,还不能很准确地进行中长期的水文预报,所以用水者不能囤积现在的水权留给将来用,也不能预支未来的水权现在用,即水权当时有效,过期无效。第二,有些用水有时间要求,比如,农业灌溉用水要考虑作物的生长时间;发电用水要考虑水轮机的工况和电网负荷的变化;生活用水冬季量少、夏季量大,等等。

因为水权具有这些独特的性质,所以水权的管理比一般自然资源产权的管理要复杂得多。

二、水权的管理与市场交易

（一）国内外水权管理概况

各个国家水资源状况、管理体制和水法规制定主体不同，所实行的水权管理体系也不尽相同，如英国、澳大利亚、法国的水权体系为滨岸体系；加拿大、日本的水权体系则为优先占用权体系。即便是同一个国家，由于地理、自然条件不同，经济发展水平不同，其水权管理体系也不一样。概括起来，国外主要的水权管理模式包括：①占用优先原则，也称优先占用原则，美国西部是占用优先原则历史悠久且发展较为完善的地区；②河岸所有原则，也称滨岸权原则，源于英国的普通法和1804年的拿破仑法典，河岸权是属于与河道相毗邻土地所有者的一项权利，世界许多地区，如美国阿肯色州、佛罗里达州等仍沿用此制度；③平等用水原则，指所有用户拥有相等的水权，缺水时大家按相同比例削减，在智利一些地区采用了这一原则；④公共托管原则，源于普通法，是指政府具有管理某些自然资源并维护公共利益的义务，该原则在美国西部被采用；⑤条件优先原则，指在一定条件的基础上用户具有优先用水权，如日本采用的堤坝用益权，依据日本的"多功能堤坝法"，水资源所有者能够取得使用水库蓄水的堤坝用益权；⑥惯例用水制度，是由惯例形成的各种水权分配形式，与具体地域的自然条件和社会传统密切相关，世界上大多数国家都有自己的独特的惯例用水制度，如美国采取的印第安人水源地原则。

水权的分配与管理是至关重要的。它不仅仅是经济问题，还是牵扯到社会公正性的问题。我国的水权建设处于起步阶段，正处在由中央集中计划管理转向以流域统一管理为基础，流域与区域相结合、计划与市场相结合的多层次管理。我国面临的问题是：水资源严重短缺并且时空分布严重不均、流域地域跨度大、各地发展不平衡、管理机构与职能交错、不同用水行业关系复杂等，这些问题大大加重了水权分配与管理的复杂性和困难性。我国在这方面的工作刚刚开展，2004年水利部开始在松辽流域大凌河进行初始水权分配的基础研究及试点工作。这项工作不仅涉及流域水资源的合理评价、微观用水指标体系的确立、行政职能与程序、法律法规的配套完善等问题，还涉及流域的民族、宗教、文化等方面，需要研究的问题非常多。总的来说，水权分配与管理应当遵循如下原则：第一，可持续发展原则，力图达到水资源利用和水环境保护的协调统一。第二，公平原则，任何公民都有用水的权利，水权的分配必须体现社会的公平与公正。第三，效率原则，效率原则包括两层含义：一是水资源使用权的界定能够起到节约用水、提高水资源利用效率的激励作用；二是从全流域整体出发，水资源使用权的界定不能绝对平等，而应在保证各地区基本生活用水的基础上适当向水资源利用效率高的地区倾斜，这样会有利于引导水资源向优化配置的方向发展。第四，留有余量，由于水资源时空分布具有随机性，需水发生的时段不同，人口的增长和异地迁移会产生新的水资源需求。流域水资源配置在考虑生态环境需水的前提下，还应当留有余地。政府保留部分预留的水权，以应对新的情况。

（二）水权的市场交易

产权具有可转让性。就水资源来说，水量在时空上分布不均并有随机性，不同地区、不同行业的需水时间、需水量也是不同的，水利设施的调节能力也有限。同时，由于各地、各行业的技术发展不同步,其需水也在变化。因此,任何一次性的分水计划都可能与形势的发展产生矛盾,水权的流转是一种客观的需要。作为一种财产权利,水权的转移不应是无偿的,而应当有偿交易。国外许多发达国家都开展了水权交易,如美国、日本、澳大利亚等,取得了显著的效果。在一些贫水的发展中国家如突尼斯、摩洛哥等也开展了水权交易,由此带来的节水效益也很显著。

目前,我国现行法规不允许水权的自由转让。《取水许可制度实施办法》第二十六条和第三十条规定,取水许可证不得转让,转让取水许可证的,由水行政主管部门或者其授权发放取水许可证的部门吊销取水许可证,没收非法所得。但是,随着改革的深入进行,现实中的水权交易却日渐活跃,如浙江省东阳市和义乌市于 2001 年 11 月签订的有偿转让横锦水库5 000万 m³ 用水权的协议,开创了我国区域间水权交易的先河,迈出了水权制度改革的重要一步,也为建立我国水权交易机制提供了有益的探索和实践。2003 年 1 月绍兴市汤浦水库有限公司与慈溪市自来水公司在两市政府代表的见证下,签署了一份《供用水合同》,这是发生在浙江省的又一桩水权交易。2003 年 9 月黄委在郑州召开专家会议,审查并通过了《内蒙古杭锦灌域向蒙达发电有限责任公司转让部分黄河干流取水权可行性研究报告》,对利用市场手段优化配置黄河水资源进行了积极探索,等等。

水权交易在我国虽然刚起步,但是已经取得了明显的效果。与单纯的行政调配相比,水权交易的主要作用如下:

(1)使水权分配更加明晰。水权市场化交易的前提是用水者必须拥有合法的、明确的、稳定的水权。只有如此,用水者才能为自己的行为承担经济责任。所以,通过水市场的建设在客观上能起到完善水权分配制度的作用。

(2)提高用水效率。水权交易明确了用水者的责、权、利,用水者的行为能够为其带来明显的损失或收益,这就为用水者提高用水效率提供了内在的激励。同时,在平等交易的情况下,水权通过水市场转让到效益产出高的地方去。这样不仅转让者获得了经济利益,而且使水资源能够得到充分利用,缓解水资源对受水地区经济社会发展的制约。

(3)促进节水和水价形成机制的建立。长期以来,人们误认为水资源是无价的,可以随意使用,因此尽管水资源紧缺,但是农业大水漫灌、“以需定供”等现象一直很严重,黄河流域很多地方灌溉水的利用率只有 40% 左右。为此,2000 年,国家计委调整了黄河下游引黄渠首水价,农业引黄水价提高了近 1 倍,工业水价提高了 11 倍之多。黄河上游宁蒙地区的水价特别是宁夏的水价翻了一番,虽然没有达到农业供水的成本水价,但这些都对节约用水起到了促进作用。宁、蒙两区 2000 年的引水和 1999 年相比,分别减少了 9.1 亿 m³、3.6 亿 m³。2001 年,宁夏引黄水量在 2000 年的基础上又减少了 5.89 亿 m³。近两年,河南、山东两省同期引黄水量也都较往年有所下降。这些充分体现了价格机制的调节作用。

(4)有效改善生态环境用水。近年来,由于水资源利用不合理造成生态环境用水一减再减,加上污水不加治理就肆意排放,水环境严重恶化。实行水权转让制度后,人们就不可能对这些污染现象熟视无睹,放任自流。尤其是当污染水源影响到用户的饮水安全时,用户则会使用正当手段保护自己的权益,从而有利于生态环境用水的改善。

在计划经济向市场经济转型的时期,我国的水市场只能是一个准市场。汪恕诚指出了水市场是一个"准市场"的四大理由：一是水资源交换受时空等条件的限制；二是多种水功能中只有能发挥经济效益的部分才能进入市场；三是水价不可能完全由市场竞争来决定；四是水资源开发利用和经济社会紧密相连，不同地区、不同用户之间的差别很大，难以完全进行公平竞争。

水权市场有存在的客观基础和经济优势，可以在政府的管理和监督之下发展。为弥补我国现行法规在这方面的不足，近期，国家有关部门也加快了相关法规的建设。2004年6月黄委会制定了《黄河水权转换管理实施办法（试行）》；2005年1月，水利部下发了《水利部关于水权转让的若干意见》，对水权转让与交易的健康有序发展提供了政策规范。但是，根据水权的特点，完全排他性水权界定的成本很高，并且水权交易的费用也比较高，所以水权的市场交易还存在很多困难，尤其在类似黄河应急调水这种紧急情况下，水权的交易很难自动完成，必须有相应的配套机制作保证。

三、水权管理制度体系

水权制度是界定、配置、调整、保护和行使水权，明确政府之间、政府和用水户之间以及用水户之间的权、责、利关系的规则，是从法制、体制、机制等方面对水权进行规范和保障的一系列制度的总称。

水权制度体系由水资源所有权制度、水资源使用权制度、水权流转制度三部分内容组成。我国水法明确规定："水资源属于国家所有。水资源的所有权由国务院代表国家行使。"国务院是水资源所有权的代表，代表国家对水资源行使占有、使用、收益和处分的权利。地方各级人民政府水行政主管部门依法负责本行政区域内水资源的统一管理和监督，并服从国家对水资源的统一规划、统一管理和统一调配的宏观管理。本研究中的水权分配及再分配指的是水资源使用权的分配。

初始水权的明晰是流域水权制度建设中最基础、最重要的环节。它既是水从自然资源向经济资源的转变，也实现了水从具体物的属性向抽象物权的属性的转变，是真正水权流转的开始。初始水权分配由水行政主管部门以水资源所有者的身份进行，水资源具有多用途性，不仅是社会经济发展的必需资源，也是生态环境的控制性因素，并且具有不确定性，所以要根据水资源的属性对水权进行合理划分，以流域规划为基础，宏观总量控制和微观用水指标相结合，并且建立特殊情况下的临时调整机制。

完成初始水权配制后，就需要建立水资源的再分配机制，主要是市场机制，通过支持并规范用水户之间的水权交易，实现水权的有偿转让，以优化资源配置。

初始水权分配和再分配方案的贯彻实施需要一定的实施机制和维护机制作保障，包括审核程序、监督机制、激励机制、信息机制等。

由于胶东地区是水资源紧缺地区，要保证胶东的农业用水，除了本地的水资源，还必须借助于外来水。目前最主要的外来水工程有"引黄济胶"工程和"南水北调山东段——胶东应急调水工程"。由于外调水来自于其他区域，水量的调度实质就是水权的转移，必然牵扯到不同区域之间的用水矛盾和冲突，公平合理的水权转移必须科学地核算调水中供需双方的损益并通过一定的补偿机制和协商机制平衡各方的利益。因此，胶东地区的农业用水水权制度除了基本水权制度外，还应包括利益平衡机制，其中包括利益核算机制、补偿机制和协商机制。因此,完善的水权制度框架见表7-1。

表7-1　水权制度框架

分配机制	初始分配	初始水权的划分,用水优先顺序的确定
	市场机制	利用市场机制完成水权再分配
	应急机制	建立旱期动态配水管理制度、紧急状态用水调度制度
实施机制	许可程序	水权初始获得的申报程序、主管单位、审批权限、工作流程等
	监督审查机制	对水权的获得资格、拥有期限、收回条件等作出规定
	奖惩机制	制定合理的水价和相应的奖惩措施
利益平衡机制	利益核算方式	核算调水过程中供需双方的损失和收益
	补偿机制	在程序与措施上保证调水的实施和利益的平衡
	协商机制	调解区域间冲突,解决纠纷等
维护机制	信息支持	进行水质监测、水文统计和信息披露等
	组织保证	建立专门的机构,落实人员和资金
	法律保证	通过建立完善的法律法规体系,依法进行水权管理

四、胶东半岛羊亭示范区的水权建设

(一)初始水权的界定与水权转让

项目区位于羊亭河流域下游,该流域相对独立、完整,流域内没有其他客水资源。在2002年现状用水基础上分析羊亭河流域水资源平衡可知,该流域多年平均农业用水量350万 m^3 ,占总用水量的55.2%,在一般枯水年流域缺水307万 m^3 ,随着羊亭镇经济的快速发展,水资源短缺矛盾将更加突出,建立节水机制已成为必然。要将节水变为用水户的自觉行为,单靠政府号召和宣传是远远不够的,要从根本上解决利益驱动问题。构筑以水权为中心的水资源管理体系,是将用水户的外在社会成本转化为内在个人利益的动力,也是建设项目区管理体制的核心。

按《水法》要求,水资源管理体制要向涉水事物统一管理转变,充分发挥地方政府在水资源配置中的调控作用。羊亭镇政府于2002年底实现了对羊亭河流域水资源的统一管理。在水资源统一管理基础上,遵循"尊重现状、适当调整"的原则,根据现状年(2002年)用水量调查(见表7-2),对羊亭河流域内用水户的初始水权,即各行各业水权进行界定。

工业、生活水权的界定比较清晰、简便,但农业灌溉用水权的界定则要复杂的多。农业灌溉水权需要逐级分配,明晰到户,配水到地。首先核定羊亭河流域用水户的灌水面积,在明确灌水面积的基础上,结合多年来灌溉管理经验,根据现状用水,考虑节水工程的实施、管理水平高低、种植结构的调整及群众节水意识的增强等因素,将农业灌溉的水权明确到地块,形成户户明确总量、人人清楚定额的局面。

表 7-2　羊亭河流域现状不同水文年用水总量及构成

| 水文年 | 农业 | | 工业 | | 城镇生活 | | 农村人畜 | | 合计 |
	用水量 （万 m³）	比例 （%）	用水量 （万 m³）	比例 （%）	用水量 （万 m³）	比例 （%）	用水量 （万 m³）	比例 （%）	（万 m³）
50%	339	54.5	197.95	31.8	14.35	2.3	71.22	11.4	622.52
75%	544	65.7	197.95	23.9	14.35	1.7	71.22	8.6	827.52
95%	1 035	78.5	197.95	15.0	14.35	1.1	71.22	5.4	1 318.52
多年平均	350	55.2	197.95	31.2	14.35	2.3	71.22	11.2	633.52

根据流域内明确的工业、农业、生活各用户的用水量，赋予镇政府对水资源的总体调配权和各行业对水资源的有限使用权。

农民合法获得的水权可以有偿转让，水权有偿转让改变了以往无偿剥夺农民用水权益的做法，提高了农民节水意识，激发了农民投资灌溉工程的积极性，很好地解决了项目区水资源短缺问题。允许水权交易后，农民更加珍惜自己的水权，千方百计节水，大水漫灌的现象基本消失，关心水、珍惜水、爱护灌溉工程正在变为项目区农民的自觉行为。

由于项目区进行了种植结构调整，缩小了高耗水的粮食种植面积，粮经比例由过去的1:3.2提高到1:5.5；在两年的工程建设中，示范区 672 hm² 耕地全部建起了节水灌溉工程，其中 490.7 hm² 蔬菜、果树实现了自动控制灌溉等高标准精准灌溉，降低了灌溉定额，减小了灌溉用水量。

在农业灌溉水量有节余情况下，可进行农工水权转让。根据《水利工程供水价格管理办法》的相关规定，其水权交易价格为项目区现行工业水价的 2~3 倍。

（二）研究项目区灌溉工程产权的确定

新中国成立以来，我国建成了大量的农业灌溉工程，但由于产权模糊，缺乏有效的管理机制，许多灌溉工程出现了工程失修、效益退化等问题。为摆脱以往管理上的困境，本项目在建设初期就明确将所建节水灌溉工程产权归羊亭镇政府，所在区水利局仅提供相关技术咨询服务。由于明确了工程产权，极大地调动了当地政府的积极性。工程建设初期，配套资金及时到位，保证了工程建设的进度。工程建设过程中，镇政府领导主动与科技人员商讨，积极探索适合当地实际的节水灌溉工程管理模式。领导的重视又为灌溉工程良好运行和持久发挥效益提供了保证。

（三）研究项目区运行管理模式的确立

针对项目区水权统管和灌溉工程产权清晰的特点，为把灌溉工程与农民的利益结合起来，使农民真正参与到工程项目管理中来，确保灌区正常运行，长期发挥效益，项目区的节水灌溉工程管理采用建立农民用水协会的形式。羊亭镇农民用水协会是农民自己的组织，由农民自己管理，为自己服务，协会的运行受羊亭镇政府的监督，并接受环翠区水利局的技术指导。

项目区节水灌溉工程管理以羊亭镇农民用水协会模式为主，因地制宜地采用承包、租赁经营管理模式，三种管理模式相互补充，在项目区都发挥了很好的作用。

1.羊亭镇农民用水协会

项目区内由于种植结构调整,经济作物种植面积大幅度提高,对灌溉的保证率要求也随之提高。由于项目区内多为分散的小型水源工程,为了提高灌溉保证率,将1座小(二)型水库、27眼机井及2处橡胶坝等多种水源进行联网。单户农民或单村不可能独立操作多水源联网工程,因此建立联合运行管理的协作组织就成为管理发展的必然趋势。

2003年8月,由项目区所在的羊亭镇政府牵头,羊亭村、港头村、大西庄、孙家滩、南小城、小城庄、北小城等7个行政村的灌溉工程受益农民自愿组织起来,成立了自我管理、自我服务的羊亭镇农民用水协会。协会由用水户组成,是一个非盈利的群众性组织,接受镇政府和环翠区水利局的技术指导与监督。羊亭镇农民用水协会下设7个用水小组,每个行政村一个,各用水小组组长由相应村协会代表担任。用水协会代表由所在村庄用水户选举产生,每村限选一名,协会会长(同时兼村协会代表)由各村协会代表轮流担任,任期一年。为使农民对协会的意见及时得到反映,在项目村内聘请14名兼职义务监督员,在协会与农民用水户之间架起沟通桥梁。

羊亭镇农民用水协会对上负责与供水单位(水资源统管部门——羊亭镇政府)签订供水合同,按实际用水量向供水单位缴纳水费;对下负责编制灌水计划,管理维护灌溉工程,组织田间灌溉服务及灌溉水费的征收与管理。鉴于上述工作内容,协会成立了灌溉管理、工程维护、水费收支管理三个小组。

灌溉管理:协会依据水资源调度方案制定灌溉用水计划。灌水期间,管理人员根据各水源控制的灌溉面积及用水户多少、各户的作物类型及面积确定灌水时间,然后按地块顺序排队,并预先通知各用户,以便施肥管理。管理人员与用水户测量灌水量、灌溉面积、灌溉时间、灌溉用工、灌溉用电等,并做好现场巡查工作,确保正常供水和避免水资源浪费。每年年初对测水量水设施进行校验。

工程维护:项目区节水灌溉工程规模大、标准高、科技含量高。自动化设备、机泵、供水管网、喷微灌等设备维修费用由协会承担80%,受益农户承担20%,农户责任田内的节水工程由受益农户维修。

机房内保持整洁,其设备必须擦拭干净,电动机应经常除尘,保持干燥,电线线路每月巡回检查一次。

灌溉季节前对水源的水位、蓄水量情况,管道、闸阀、水表等连接处是否漏水,控制闸阀及安全保护设备启闭是否自如,裸露的管道有无损伤,计量设施是否灵敏等进行检查,发现异常,及时修理。检测线路电压是否正常,不能低于额定电压的10%。

机泵运行时,离心泵启动,首先将出水阀门关闭,然后打开真空泵进行抽气,待泵内气体排完后,启动离心电动机,慢慢打开出水阀门,再关闭真空泵,启动完毕。开启过程注意压力表、电压表、电流表读数,确保安全运行。开机后,监听水泵、电动机的声音,注意填料涵滴水情况,保持每分钟5~7滴。随时检查轴承温度和润滑情况。离心泵停机时,先关闭闸阀,再停水泵。潜水电泵在不灌溉期间,15天开启一次,一次5分钟。灌溉之前,先将喷头插好;更换轮灌区时,先插新区喷头再拔老区喷头,以免输水管道承受的压力超限。在冰冻季节,水泵停用后,应将水泵和管路内的水放空。

灌溉季节结束后,对灌溉设备进行维修。对水泵、阀门等进行性能检查,涂油防锈,冲净管道泥沙,排放余水防冻,维修安全保护设备和量测仪表,阀门井加盖保护,阀门井及干支管接头采取必要的防冻措施。

水费征收与管理:目前,项目区各水源工程基本做到"一水、一号、一表、一卡",即每处水源工程对应一个号码,安装一块水表,建立一张水量统计数据卡。水费由协会人员统一收取,直接收费到用水户。除协会人员,其他任何组织或个人均不得收费。在收取水费时开具水费专用收款收据,严禁擅自加价、搭车收费。水费收缴基本实现了"计量到地头、统一票据、开票到户"。农民用水协会的水费收支实行公示制,接受用水户的监督。

羊亭镇农民用水协会自成立以来,近一年的运行管理取得了明显的成效:

(1)显现出民主管理的优势。组建用水户协会后,用水户参与了灌溉管理,把田间工程管理、用水管理当做自己的事情,增强了维护工程的积极性,提高了工程管理水平。

(2)灌溉服务质量提高,节水效果显著。协会实行用水统一管理,严格执行用水制度,一方面提高了广大用水户的节水意识,节约了灌溉用水量,减少了灌溉费用,保证了项目区的农业用水需求,使地下水的开采得到控制,减缓了海水入侵的速度;另一方面避免了用水户之间的争端,建立了良好的用水秩序。

(3)降低了工程维修费用,加强了用水管理。协会成立后,使管理权更加清晰,工程维护成了协会和用水户共同关心的事情。

羊亭镇农民用水协会虽然取得了一些成绩,但目前还处于起步阶段,成果的巩固和成效的发挥还需要一定的时间,对其自身基础设施的建设和正常的运行还需要羊亭镇政府给予资金和政策的扶持。

2. 公司承包经营模式

在项目区内,亚特蔬菜种植公司和华宝花卉种植公司是两家独立的法人单位,其中亚特蔬菜种植面积 12.4 hm²,华宝花卉种植面积 39.7 hm²。由于公司技术、管理力量雄厚,为长久发挥灌溉工程的效益,充分调动公司管理爱护工程的积极性,将亚特蔬菜、华宝花卉的自动控制工程及滴灌灌溉工程承包给两公司,年承包费用按供水成本价 0.65 元/m³计算,根据划定两公司的水权量,年承包费分别为 7 万元和 19 万元,承包期按工程运行年限 20 年签订合同。承包期间,亚特、华宝的灌溉管理受协会的监督指导,水量由镇政府统一调配,公司不再向协会缴纳水费,对灌溉工程及自动化控制工程自行维修养护。由于亚特、华宝的水权分配已定,若采用浪费水的灌溉形式,其水量必定不够用,若再向他人购买水权,将会大大增加灌溉费用;在干旱年份还会出现无水灌溉的局面,将严重影响到两公司的经济效益。水权的界定从根本上避免了公司对灌溉工程的毁坏性使用。

在亚特、华宝实行的承包模式,未改变羊亭镇政府对灌溉工程的所有权,只是将工程所有权与经营管理权分离,以承包合同的方式明确羊亭镇政府与两公司之间的关系。这种方式降低了羊亭镇政府对工程的管护成本,刺激了承包者的积极性。

3. 分散水源租赁经营模式

羊亭镇政府以公开招标的形式对项目区内 4 处未联网的分散的小型机井(羊亭村 15号和 26 号、港头村 21 号、孙家滩村 33 号机井)及其灌溉工程进行租赁,分别由所在村的种植大户租赁经营,由于 4 眼机井控制的灌溉面积不大,无法形成规模经营,因此在租赁费中考虑给予一定的经济补偿。年租赁费用按补偿供水成本价 0.35 元/m³ 计算,租赁期一般按年签订合同,年底续签。在租赁期内,可退租、转租,但转租的工程不能随意改变其用途。

承包和租赁经营管理模式是对羊亭镇农民用水协会组织管理模式的有利补充,弥补了协会管理人员相对较少、技术力量薄弱的不足,对整个项目区灌溉工程的稳定运转、良性循环产生积极作用。承包及租赁费用主要用于项目区灌溉工程的维修、提高协会管理人员的待遇、用于新建节水灌溉工程,对于稳定管理人员队伍、完善灌溉条件及调动农民投资水利的积极性都产生了良好的作用。

第二节　农业灌溉水资源的价格体系

一、水资源价值的基本理论

水资源是人类生产生活所必需的、不可替代的基础资源,能带给人类广泛的效益。但是在理论上,水资源的价值问题一直存在很多争论,这里的价值指的是经济范畴的价值,而不是哲学或者美学上的价值。争论的问题可以归结为两点,一是水资源是否具有价值,特别是未经开发利用或没有人类涉足的水资源是否有价值;二是什么决定了水资源价值。这两个问题其实是不可分割的,前者是后者的前提,而后者是前者的支撑,要承认前者就无法回避后者。所以,尽管当前人们对于第一个问题的看法很一致:无论是不是天然状态,水资源都具有价值。但是由于对于后一个问题认识不一,致使水资源价值理论无法得到根本的统一。关于水资源价值的基本理论有很多种,如西方的效用价值论、马克思劳动价值论、存在价值论、哲学价值论及环境价值论等,其中最主要、最基本而且一直存在争论是西方的效用价值论和马克思劳动价值论。

(一)效用价值论

效用价值论从物品满足人欲望的能力或人对物品效用的主观心理评价的角度来解释价值本源及其形成过程。效用是一个抽象的概念,表示人从消费品中所得到的主观上的享受、用处或满足。效用理论认为,人们需求某种物品,就在于它能给人提供效用,有效用就有价值,价值源于效用。但是效用并不等同于价值,无论在整体意义上还是在平均意义上,效用都不能决定价值,因为效用不是一成不变的,而是随着人们需求的满足程度的变化而变化,同时任何物品都有一个供给水平,不可能无限地满足人们的需求,所以西方经济学认为,物品的价值取决于物品的边际效用和供需关系。边际效用就是每增加一单位的物品所提供的效用。随着物品的消费量的增多,尽管其总的效用是在增加的,但其边际效用却是逐渐下降的,这就是边际效用递减规律。边际效用递减规律具有普遍性,任何物品都是边际效用递减的,但是不同物品的边际效用递减的特征是不一样的。对水资源来说,由于人类对水资源有个最低的基本需求量,所以水资源的效用在开始的时候非常高,价值也非常大,并且在这个最低需求的范围内,边际效用基本不随水资源数量的增加而递减,经济学上称这种情况为需求弹性小。但是,一旦超过满足最低需求的范围,水资源的边际效用会以极快的速度下降,其价值也就随之迅速下降。这种价值的下降最终会达到什么样的状态,要取决于水资源供应量的多少,也就是"稀缺程度"。如果供应量小,难以满足人们的需求,水资源的边际效用就处在一个高的状态,水资源的价值就大;反之,水资源的价值就小。效用理论就以边际需求递减规律和供需关系原理来解决为什么水资源给人提供了巨大的效用但其价值却不高的"价值的难题"。萨缪尔森指出:"一种商品的数量越多,即使它的全部有用性质随着数量的增加而增长,它的最后一个单位相对的满足需要的能力越小。因此,为什么大量的水具有低微的价格,其原因是很明显的。"

运用效用价值理论很容易得出水资源具有价值的结论。因为水资源是人类生活不可缺少的自然资源,无疑对人类具有巨大的效用,自 20 世纪 70 年代以来,水资源供给与需求之间产生了尖锐的矛盾,水资源短缺已成为全球性问题。水资源满足既短缺又有用的条件,因此水资源具有价值,并且越稀缺价值越高。但是,效用和边际效用这两个概念本身带有主观色彩,用来衡量水资源这种自然资源的价值的高低,缺乏稳定的尺度。按照效用理论,同样的水资源,在人们很需要的时候价值就高;在人们不需要的时候,价值就低,甚至没有价值,这是让人难以信服的。

(二)劳动价值论

马克思的劳动价值论在我国长期占主导地位,影响十分深远。劳动价值论认为:劳动是创造价值的唯一源泉,商品的价值是凝结在商品中的一般人类劳动,非劳动因素不能创造价值。商品价值量的大小决定于生产所消耗的社会必要劳动时间的多寡,而社会必要劳动时间是在现有社会正常技术条件下、在社会平均的劳动熟练程度和劳动强度下,制造某种使用价值所需的劳动时间。

劳动价值论用于解释包含人力投入的水资源的价值是清晰和有力的,但解释天然状态下的水资源的价值时却存在一定的困难。因为按劳动决定价值的说法,好像天然状态下的水应当没有价值,可以无偿使用。这不仅与人们普遍接受的观点不同,也与我国当前使用水资源必须缴纳水资源费的现实不符。为解决这一问题,劳动价值论者主要从两条途径进行论述。第一条途径是从人类生产发展和积累的动态角度出发,认为自然资源本身具有有用性,这是自然生成的,在资源数量很丰富的时候,或者在资源自身自然的再生产能维持人类使用的时候,是没有价值的,但随着人类劳动的积累,生产技术不断发展,对自然资源的需求量不断加大,引起自然资源紧缺,自然的资源再生产愈来愈无法维持资源的供给,人类必须对自然资源的再生产投入劳动,比如森林养护、水土保持、环境保护等。自然的再生产过程同人类的社会生产过程紧密结合在一起,于是整个现存的、有用的、稀缺的自然资源(不管过去是否投入劳动,即是否是劳动产品)都表现为具有价值,其价值量的大小就是在自然资源的再生产过程中人类所投入的社会必要劳动时间。第二条途径是利用马克思的地租理论。在经济学中,通常以土地为例来研究自然资源的价值。根据地租理论,地租产生的前提是土地所有权。地租是"土地所有权在经济上借以实现即增值价值的形式",地租分为绝对地租和级差地租,绝对地租是由土地所有权直接产生的,级差地租是由土地的自然地力不同或者投入了资本造成的地力不同而产生的。地租的概念应用于水资源就是水资源的产权价值。我国法律规定,我国水资源的所有权属于国家所有,用水者可以依法获得水的使用权,国家保护用水者依法获得水权。因此,无论是国家所有的水资源,还是让渡给具体用水者的水资源,其产权都是明确的,具有垄断性的。所以,无论水资源被开发与否,都具有产权价值。

其实,劳动价值论者用以解释水资源价值的这两种途径不是截然分开的。就级差地租来说,人们之所以耕种条件较差的土地,就是因为人类生产的发展造成较好的土地不足以满足人们的需求,这就在客观上为级差地租的产生制造了条件。因此,在使用级差地租这一概念的时候,这两种解释往往是结合在一起的。

尽管有着两种解决问题的途径,但水资源价值的劳动价值论还是存在争议。马克思虽然承认地租的存在,但不认为这是真的价值,更不认为它是合理的。在土地资本主义私有制下,土地所有者将土地租给农业资本家,后者投入资本,雇用工人进行生产。生产的结果是农业资本家将无偿占有工人的剩余价值,并将其中的一部分作为地租交给土地所有者。最差的土地也有地租,因为不提供地租,土地就不会用于耕种,农业资本家必须提高农产品的价格用以支付地租。这部分农产品价格上涨的根本原因是土地的所有权,而不是农产品本身价值的提高。因此,马克思指出"土地的所有权本身已经产生地租","在任何情况下,这个由价值超过生产价格的余额产生的绝对地租,都只是农业剩余价值的一部分,都只是土地所有者对这个剩余价值的攫取"。同样,级差地租也是由超额利润转化来的。由于对较优自然力的垄断,使用较优自然力进行生产的资本家就可以获得较低的生产价格。在商品按社会生产价格出售的情况下,利用有利的生产条件的个别资本,就可以得到相同性质的超额利润。级差地租在农业上没有相应的劳动时间的支出,它体现的是一种虚假的社会价值。地租的前提是土地所有权,但土地所有权本身与剩余价值(利润)部分的创造,没有任何关系。因此,"它(土地所有权)不是使这个超额利润创造出来的原因,而是使它转化为地租形式的原因,也就是使这一部分利润或这一部分商品价格被土地或瀑布的所有者占有的原因"。

既然地租是虚假的价值,那么土地的价格也是虚假的价值,因为"这种价格不外是资本化的地租","这样资本化的地租形成土地的购买价格或价值,一看就知道,它和劳动的价格完全一样,是一个不合理的范畴,因为土地不是劳动产品,从而没有任何价值"。什么是"资本化的地租"呢? 就是说,土地价格不是由价值所决定,而是由它的地租量的大小和利息率的水平所决定。假设某块土地地租为 50 元,这时利息率为 5%,这块土地的价格即为 1 000 元。就是说,当 50 元的地租当做 1 000 元资本带来的利息时,该土地就可以按 1 000 元出售。如果利息率下降至 4%,该块土地价格即涨至 1 250 元。如果利息率上涨,该块地价也会随之下降。"实际上,这个购买价格不是土地的购买价格,而是土地所提供的地租的购买价格"。所以说,不是土地的价值决定土地的地租,而是地租决定了价值,前者是虚假的,后者自然也是虚假的。进一步讲,如果认可地租的价值,那么也就认可了资本的价值,也就认可了"资本 – 利润、土地 – 地租、劳动 – 工资"的三位一体的公式,也就相当于否定了剩余价值公式,这显然不符合马克思的劳动价值论。

(三)环境价值论

除效用理论和劳动价值论之外,环境价值论是目前影响比较大、发展比较快的一种理论。根据环境经济学理论,水资源价值的构成,主要由直接价值与间接价值组成。

与一般意义上界定资源直接价值与间接价值的内涵所不同的是,这里所谓的水资源直接价值是水资源被取用作为投入物进行生产以及维护生态等功能时所体现的价值,既有生产价值,也有生态维护功能等价值。水资源间接价值是指水资源的机会使用价值,即水资源在今后被利用可能产生的价值。水资源的环境价值构成如图 7-1 所示。

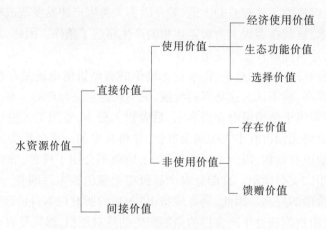

图 7-1　水资源价值构成

其中,"经济使用价值"与人们生存的基本物质需求紧密相联,它是水作为投入物在农业、工业、生活以及发电等生产时所产生的价值;生态功能价值主要体现在环保、生物多样性、废物净化等方面;为人类提供将来的使用价值为资源的"选择价值";为后代遗留的价值称为"馈赠价值";继续存在的功能价值即为"存在价值"。

环境价值论综合考虑了水资源的自然属性和社会属性,而且从生态经济的角度来认识水资源,这在水资源价值的认识上是一个重大的提高。但其主要问题在于把不同范畴的价值放在了一起,并把使用价值和交换价值混在了一起(在效用理论和劳动价值论中,两者都是有区分的),所以在经济生活中的实践性就受到一定的限制。

二、农业灌溉水资源价值的构成

当前水资源价值理论存在诸多分歧的原因就在于水资源问题的复杂性和理论本身的局限性。水资源问题的复杂性体现在自然与人为的二元对立和统一上,而理论都是现实的抽象,是由一定前提假设和推理演绎构成的逻辑体系。现实和理论总有不一致的地方,尤其对水资源这种综合性的问题,理论的分歧还将继续存在下去。

水资源价值的货币化表现就是水资源的价格,也就是水价。在理论上,水资源价值是水价的基础,但是在现实中,水价更是一种管理手段,是调整用水数量和结构、实现水资源的合理配置及高效利用的重要手段。合理水权价格形成的主要目标有三个:节约水资源、提高水资源的利用率;保护水资源和水环境;鼓励各种资金在水资源治理、开发、利用、配置、节约、保护等领域的投入。因此,在探讨水价问题的时候,我们应当以理论为指导,以现实为依据,针对性地分析问题。

从农业用水的实际情况出发,农业用水的水价最基本的构成有两部分:水资源的产权价值和供水价值。

(一)水资源的产权价值

水权的价值在现实中表现为水资源费。很多学者认为水资源价值应包含产权价值。虽然从经济价值本源上来看,水资源费到底是"税"还是"费"的问题存在争议,但是从自然资源有序利用的角度看,水资源是一种公共性很强的物品,在供需紧张的现实下,如果不加强水资源的权属管理,仍然无序、无偿地用水,必然造成水资源的过度利用。因此,正如在上一节论述的:明晰水资源的所有权,实行水资源的有偿使用和有偿转让,对约束人们的用水行为,防止资源的滥用,促进资源的优化配置有着非常积极的作用。

我国对水资源的权属有明确规定,《中华人民共和国宪法》第一章第九条明确规定,"水流等自然资源属于国家所有"。《中华人民共和国水法》第三条规定,"水资源属于国家所有。农业集体经济组织所有的水塘、水库中的水,属于集体所有。国家保护依法开发利用水资源的单位和个人的合法权益"。对于水资源的有偿使用,国家也有相关规定,《中华人民共和国水法》第三十四条规定,"使用供水工程供应的水,应当按照规定向供水单位缴纳水费。对城市中直接从地下取水的单位,征收水资源费,其他直接从地下或者江河、湖泊取水的,可以由省、自治区、直辖市人民政府决定征收水资源费"。国务院制定的《水利工程水费核订、计收和管理办法》第一条规定,"凡水利工程都实行有偿供水。工业、农业和其他一切用水户,都应当按规定向水利工程管理单位交付水费"。以上表明,国家对水资源拥有所有权,水资源是有偿使用的,任何单位和个人开发利用水资源,无论是天然状态的还是人工状态的,都需支付一定的费用。用水者合法获得的水资源,国家予以保护,维护其合法的权益。

(二)供水的价值

供水的价值包括两部分,一是供水的工程成本,二是供水单位的合理利润。从水源地到农田,必须经过调水、输水、配水多个环节,每个环节都需要具体的工程措施来保证。工程的建设、运行与维护都需要投入一定的人力、物力和财力,这些都要折算成货币体现在最终的水价中,由用水者承担。目前我国的供水单位,除了纯粹公益性的组织,还有部分供水任务由经济实体承担,因此除基本的成本,供水经济实体的供水行为需要一定的供水利润,这样才能保证供水单位的持续发展,使之能不断提高供水水平,为农业用水者更好服务。由于农业用水者的经济条件比较差,这部分费用可由政府通过补贴或转移支付的方式解决。

在水权制度的框架下,如果某用水者的水资源不能满足自身需要,他必须从其他用水者那里获得转移的水权。这是一种市场交易行为,除了要支付上面两部分价值外,购水者还要支付额外的费用。这种费用的来源在于供水者提供了水资源后,就失去了使用这部分水的权利,不能获得这部分水带来的效益,也就是失去了机会成本。

机会成本是水资源的利用价值,它是由社会生产水平决定的客观存在,不受任何非客观因素的影响,并且从数量上要远远大于产权价值。供水者必然要求购水者支付必要的费用,以弥补机会成本的损失。机会成本越高,供水者对水资源的价值评价越高,购水者需要支付的费用也就越高。

三、区域农业用水水价体系

水资源的价格,也就是水价,是水资源价值的货币体现。除了反映水资源价值的多少和资源的稀缺程度之外,水价还具有促进流通、调节资源分配、指导生产行为的作用。许多国家将水价政策作为促进农业用水的有效利用、增强农民节水意识、改善灌溉工程运行质量的优先选择。分析农业水价政策的制约因素以及农业水价政策的实际影响,对于更有效地发挥农业水价政策的作用具有十分重要的意义。

我国的水利工程供水经历了从无偿供水到有偿供水的过程。1982 年国务院一号文件指出,"城乡工农业用水应重新核订收费制度",1985 年国务院颁布《水利工程水费核订、计收和管理办法》(国发[1985]94 号),这标志着水利工程供水结束了长期无偿供水的局面。2003 年 7 月由国家发展和改革委员会、水利部发布的《水利工程供水价格管理办法》,将水价纳入商品价格范畴进行管理,水价改革从此进入新的阶段。近 20 年来水利工程供水水价改革稳步推进,对水利工程的可持续运行和水利事业的发展起到了积极的推动作用。

(一)国内外农业灌溉水价概况

水是人类赖以生存的重要物质,随着我国国民经济持续高速发展,人民生活水平不断提高,水资源短缺与用水需求增长的矛盾日益尖锐。但由于长期以来用水量大户——农业的水价关系未理顺,过低的水价致使农民节水意识淡薄,加重水资源浪费,进一步加剧了水资源的供需矛盾。

近 20 年来,国家实行对水利工程供水水价改革稳步推进的政策,许多地方也进行了积极探索。山东、河北、浙江、福建、重庆、贵州、河南、新疆等省(自治区、直辖市)先后出台了本地的水价管理办法,如部分新建水源工程实行两部制水价,水资源短缺地区实行季节性差价、超定额累进加价等。然而目前水价管理中仍然存在着水价形成机制不合理、调整机制不灵活、计价方式单一等问题,其价格多为政府指导价,几乎都没有达到成本供水价,而农业灌溉水价更低。根据 2002 年水利部开展的"百家大中型水管单位水价调研"资料,现行农业水价只有其生产成本的 1/3 左右。长期的无偿供水、低价供水的政策,客观上助长了对水资源的浪费。一方面是农业水价偏低,另一方面是水费实收率低。水管单位农业水费实收率仅为 40% ~60%,有些地区如甘肃省的甘南等少数灌区的水费实收率还不到 10%。水费征收不规范、加价收费现象普遍也致使水费收缴更加困难。

水价偏低和水费实收率低导致大部分水管单位长期处于亏损状态,许多水管单位无法维持工程的正常运行。据统计,全国大中型水库中,病险水库达到 1 258 座,约占大中型水库总数的 41.57%。

根据世界银行提供的研究资料,在发展中国家中,墨西哥 20 世纪 90 年代中期每年用于灌溉系统的运行和维护费用占全国 GDP 的 0.5%;摩洛哥实行计量收费,水价低于成本;巴基斯坦每年用于灌溉的补贴在 6 亿美元,收费方式多样;菲律宾分作物和季节定价,水价比供水成本低。

在发达国家,"以工补农"的灌溉水费补贴制度早已实行。例如,意大利的农户虽然要向供水者缴纳水费,但这种水费不是成本费,政府还要对运行管理者进行补贴;在日本,虽然法律规定水费由农民自己负担,但事实上农民负担很少,大部分由地方政府负担;在美国大多数供水公司,尤其是西部由垦务局主持修建的大型供水工程,其水费收入远不足以补偿运行维护成本,而其中分摊给灌溉用水的水费标准比市政与工业用水的要低,其成本还不包括利息。

对十几个发达与发展中国家水价体系构成调研发现,尽管从全球范围看已经认识到了未来可能发生的水危机,通过提高水价可以增加用水户的节水意识,可以补偿水利工程投资和运行成本,减轻政府的财政负担,但通过征收灌溉水费补偿全部的供水成本,在发展中国家不存在,即使在发达国家也极为少见,这表明世界各国都把灌溉事业当成重要的公益性基础设施看待,实行特殊的扶持政策,高度重视保障农业生产的稳定和粮食的安全。

发达国家为提高本国农产品的国际竞争力,对灌排基础设施建设和灌溉水费等实行高额补贴。作为发展中国家的我国,目前经济实力不允许对农业采取像欧、美、日那样的巨额补贴,但农业水价的制定必须立足于我国农业和农村发展的阶段性,它不仅有一个农民承受能力的问题,而且还有一个农业承受能力的问题,农业发展的稳定对于国民经济和社会的稳定发展具有重要意义。

(二)农业水价的核订依据

根据前文所述,农业水价应包括水资源产权价值(R)、供水成本(C)和利润(M),其中供水成本是主要部分。从法律角度,核订水价的法律依据主要有以下几个方面:

(1)1985年7月国务院颁布了《水利工程水费核订、计收和管理办法》。尽管该文件在很多方面已不适应当前我国社会主义市场经济体制下水价改革的需要,但在新的水价办法和水资源费办法尚未正式出台之前,该办法的许多规定仍是核订水价的法律依据。

(2)《中华人民共和国价格法》是水价改革法律效力最高的法律依据。按该法律规定,水价属政府的定价行为,即政府在必要时可以实行政府指导价或者政府定价,该法中还明确了定价的依据、价格应适时调整和听政会制度,这些均是水价改革的重要依据。

(3)《水利工程供水价格管理办法》第二章"水价核订原则及办法"中明确规定了水价按照补偿成本、合理收益、优质优价、公平负担的原则制定,并根据供水成本、费用及市场供求的变化情况适时调整。

(4)山东省制定的水利产业政策及水价的核订、管理方法等,如《山东省水利产业政策实施方案》、《山东省水利工程水价核订、计收和管理办法》等均是核定水价的法律依据。

此外,核订水价必须依据国家财务会计的规定。为规范水利工程管理单位的财务管理和会计核算行为,财政部颁布了《水利工程单位财务制度》(暂行)和《水利工程管理单位会计制度》(暂行),这两项制度是核订供水成本的最直接依据。

(三)农业工程供水价格的核算

水利工程供水价格是指供水经营者通过拦、蓄、引、提等水利工程设施销售给用户的天然水价格。水价由供水生产成本、利润、税金三部分构成。目前,中国农业仍然是一个弱质产业,需要国家给予大力扶持。因此,《水利工程供水价格管理办法》中规定,农业用水被定位为一种特殊商品,不计利润和税金,体现国家扶持农业的战略意图。农业用水的计算公式如下:

$$单方水成本价 = \frac{供水生产成本}{总供水量} = \frac{年水生产成本}{年供水量}$$

上式中供水生产成本是指正常供水生产过程中发生的直接工资、直接材料、其他直接支出、固定资产折旧、修理、水资源费及供水经营者为组织和管理供水生产经营而发生的合理销售费用等,对于农业灌溉用水,地表水、地下水免征水资源费。

　　由于水利工程具有准公益性的特点,不能完全按一般商品的定价原则来确定水价,再加上长期以来,水利工程供水受到计划经济体制的约束,未按市场经济规律办事,所定水价较低,使供水生产成本得不到合理补偿。

　　水价的核订还受自然因素和社会经济因素的影响,如自然因素中水资源丰缺程度、水质的优劣和社会经济因素中的社会经济发展水平、用水户承受能力等。水资源丰缺度在时空上的变化,影响了水资源供求关系,水价也应随丰枯季节发生变化。作为一种商品,水资源应按质论价,实行优质优价、劣质劣价。

四、胶东半岛羊亭项目区农业灌溉水价的确定

(一)农业灌溉供水成本核算

　　项目区农业灌溉系统可分为独立灌溉系统和多水源联网供水系统。为便于分析核定成本,将其分为独立系统和联网调水系统两部分考虑。

　　1.独立灌溉系统供水成本核算

　　以橡胶坝蓄水水源(29 号)、机井(34 号)、小城庄小(二)型水库水源(2 号)独立控制的灌溉面积为例说明独立灌溉系统供水成本核算。

　　在示范区多水源联网自动控制系统中,上述三个水源共控制灌溉面积 60.9 hm^2,其中橡胶坝拦蓄水源控制 7.1 hm^2 粮田管灌和 7.4 hm^2 的果园喷灌带喷灌,总投资 6.83 万元;机井控制 10.3 hm^2 苗圃喷灌带喷灌,总投资 5.51 万元;水库水源控制 23.9 hm^2 果园和 12.2 hm^2 露地蔬菜喷灌带喷灌,总投资 26.1 万元。按多年平均年份分别计算三个各自独立灌溉系统多年平均供水成本结果见表 7-3。

表 7-3　独立灌溉系统供水成本水价计算

水源	作物	面积 (hm^2)	灌溉定额 (m^3/hm^2)	总投资 (万元)	年运行费 (万元)	水价 (元/m^3)	运行费 (元/hm^2)	备注
水库 (2 号)	蔬菜	12.2	4 500	6.55	0.37	0.19	1 260	水库经济作物
	果树	23.9	2 250	12.82	0.72	0.33	1 170	水库经济作物
机井 (34 号)	苗圃	10.3	2 025	4.40	0.49	0.45	1 320	地下水经济作物
橡胶坝 (29 号)	粮田	7.1	3 150	2.46	0.29	0.27	1 245	地表水粮食作物
	果树	7.4	2 250	3.97	0.36	0.37	1 260	地表水经济作物

注:灌溉定额为50%水文年的灌溉定额;折旧年限机电设备、管材按 20 年,混凝土结构按 40 年,大修费、维护费分别按固定资产的 1.5%、2%计,管理人员工资按 3 000 元/(人·a),电价 0.65 元/kWh,运行费包括田间人工费。

　　从表 7-3 可以看出,各独立灌溉系统因水源、灌溉作物的不同其供水成本也不相同。水库灌溉为自流,其水价低于橡胶坝水源;采用地下水的水价高于地表水的;由于粮食作物灌溉工程投资小于经济作物,其供水水价低于经济作物。

　　2.多水源联网调水成本核算

　　以羊亭河南多水源联网自动控制系统为例说明多水源联网调水成本核算。

该区现有可靠水源3处,包括橡胶坝蓄水水源(29号)、机井水源(34号)、小城庄小(二)型水库水源(2号)。中央控制室设在羊亭河橡胶坝(29号)处的泵房内,在29号和2号水源分别建有2个控制子站,无线双向数据传输,并安装电动阀、流量变送器、水位变送器和压力变送器,考虑到水源2附近没有动力供电线路,电动阀的安装位置放在中央控制室附近,34号机井安装手动阀,3处水源通过管道连接,每个水源均可向其他水源供水。联网管道经亚特公司和华宝花卉附近处预留出水口,并安装计量水表和手动闸阀。图7-2为示范区多水源联网自控系统连接示意图。

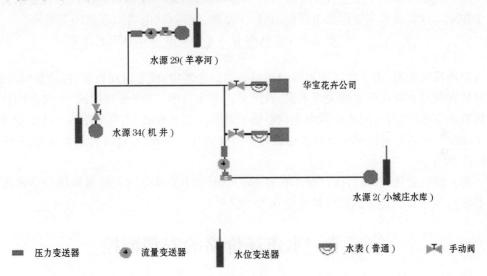

图7-2　示范区多水源联网自控系统连接示意图

由于水源、作物及灌溉形式的多样性,多水源联网工程供水成本按用水量平均值核算。除3个独立灌溉系统的投资,多水源联网灌溉系统投资还包括联网管道工程20万元和自动化控制工程19万元,计算其折旧和运行费,联网工程综合平均供水成本水价为0.52元/m³。

(二)研究项目区执行水价

农业用水受气候变化影响,年际间用水量变化较大,如果仅按供水量计费,水费的收入年际间相差也较大。为了维持项目区灌溉工程的正常运行,保证工程维护资金的落实,项目区实行基本水费和计量水费相结合的两部制水价。

1. 基本水费

基本水费主要是为了解决工程管护、维修、管理人员工资等问题,保证灌溉工程的正常运转,采取按亩年收费的方法。项目区基本水费只计供水工程的维护费、维修费、管理费(办公及固定管理人员工资)等。

$$基本水费 = \frac{年维修费 + 年管理费}{灌溉工程控制面积}$$

计算结果见表7-4。

表7-4 项目区基本水费计算

面积 (hm²)	总投资 (万元)	年维修费 (万元)	年管理费 (万元)	基本水费 (元/(hm²·a))
60.87	68.51	1.39	0.7	344.4

2.计量水费

由于在基本水费中已包含年维修费和年管理费,因此在按供水成本核算计量水价时应予扣除。计算成本主要包括工程折旧费、大修费、能耗费(电费)、灌溉用工费等。

$$计量水价 = \frac{年折旧费 + 年大修费 + 年能耗费 + 年灌溉用工费}{年灌溉用水量}$$

对项目区来说,由于农民用水协会还是一项新生事物,成立时间较短,经济基础薄弱,而且从农业与非农业用水的关系来讲,农民采用节水技术,节约灌溉用水,非农业用户也将从农业节水中受益,因此应对农业利益给予补偿。在羊亭镇,主要采用每年从镇财政收入中提取一定资金补偿部分工程折旧费用的办法体现。因此,在计算计量水价时,年折旧费仅按50%计。

为方便协会管理,项目区计量水价按综合水价计收(考虑独立灌溉系统与多水源联网系统),经计算项目区执行计量水价0.35元/m³。

第三节 水市场价格的宏观调控

用水者合法获得的水权可以交易,这样能有效促进资源的流动。从经济特征来看,水市场是一个准市场,水利设施提供的服务具有混合经济特征,既有私人物品的属性,又有公共物品的属性,带有公益性和垄断性,政府宏观调控是必要的。汪恕诚也曾指出,"实现水资源有效管理的途径,就是政府宏观调控、民主协商、水市场三者的结合"。

一、水市场的分析

以水权水市场为手段的水资源优化配置过程可分为两个阶段:第一阶段,管理者分配水权,制定水资源费率,控制市场价格,其目标是水资源发挥最大效益;第二阶段,用水者决定自己的用水量和市场交易量,目标是自身收益最大。作为政府政策,水权的分配和水资源费的制定必须是连贯与稳定的,不能随意改变,而市场价格相对自由度较大,可以根据具体情况浮动。所以,管理机关对水市场的最主要调控手段是水市场的价格,通过价格杠杆的作用调动用水者节约用水的积极性。如何确定最优的价格,才能既实现管理机关优化配置资源的目的,又能调动用水者自身的积极性呢?从本质上讲,这是一个利益冲突分析问题,可以采用博弈分析的方法,建立市场模型,探讨市场价格的调控方法。

市场经济形势下,交易的参与者都是理性的经济人,市场的配置效果取决于交易者之间的相互作用。博弈论是研究决策主体的行为发生相互作用时如何决策以及这种决策的均衡问题的理论。博弈中最基本的均衡是纳什均衡。它可以表述为:在其他局中人都不改变当前战略的情况下,任何一个局中人都无法通过单方面改变战略而获得更高的支付,则称博弈达到纳什均衡。根据局中人行动的先后顺序,博弈可分为战略博弈与扩展博弈。局中人同时决策的博弈称为战略博弈,局中人按照一定顺序决策的博弈被称为扩展博弈。扩展博弈中,博弈被分为几个阶段进行,这种情况下,纳什均衡可以扩展为子博弈精炼纳什均衡。

在管理机关宏观调控和市场自身运作的过程中,用水者和管理机关构成博弈中的局中人集合。用水者的决策空间是直接用量的多少和交易量的多少,其收益是直接引水收益、节水成本以及市场收益之和,他们是个体理性的,追求自身收益最大。管理机关的决策空间是水市场指导价格。作为政府部门,管理机关职责是在保证社会公平的基础上,优化水资源的配置。公平就是指保证用水者和公益事业的基本用水。优化资源配置就是使水资源的社会总收益达到最优,而社会总收益应包括公共收益和所有用水者的收益之和。整个过程构成一个两阶段动态博弈。第一阶段管理机关先决策,第二阶段用水者根据管理者的决策方案决定自己的行为,追求最大利益。反过来,管理者可以预期到用水者的行为方式,从而在制定决策的时候可采取相应的对策,进行有效的宏观调控。

二、价格模型的建立求解

假设有 n 个用水者: $A_1, A_2, \cdots, A_n$。可分配总水量为 Q,设管理机关分配的公益事业用水为 w,为用水者 i 分配的水权为 $r_i(\sum_{i=1}^{n} r_i + w = Q)$,水资源费率为 t。A_i 实际需水量为 d_i,直接用水量为 $q_i(d_i \geq r_i, d_i \geq q_i)$,其需水差值 $d_i - q_i$ 可通过节约用水、提高用水效率等方式解决。当 $q_i > r_i$,多引的水量 $q_i - r_i$ 需在水权交易市场上购买;反之,当 $q_i < r_i$ 时,可在水市场上出售多余的水权。

若管理机关制定的价格为 p, A_i 的收益可表达为:

$$V_i = f_i(q_i) - q_i t - s_i(d_i - q_i) + (r_i - q_i)p \tag{7-1}$$

式中　$f_i(q_i)$——取水效益函数,并且 $f_i(0) = 0, f'_i(q_i) > 0, f''_i(q_i) < 0$;
　　　$s_i(d_i - q_i)$——节水成本函数,并且 $s_i(0) = 0, s'_i(q_i) > 0$。

管理机关目标收益表示为:

$$V_T = g(w) + \sum_{i=1}^{n} V_i \tag{7-2}$$

式中　$g(w)$——公共用水效益函数,并且 $g(0) = 0, g'(w) > 0$。

管理机关的目标是使 V_T 最大,考虑水权分配的下限,可建立下面的优化模型:

目标函数　　　　　　　　　$Z = \mathrm{Max} V_T$

约束条件
$$\begin{cases} r_i \geq m_i \quad m_i > 0 \\ w \geq n \quad n > 0 \\ p > 0 \\ \sum_{i=1}^{n} r_i + w = Q \end{cases} \tag{7-3}$$

式中　m_i——用水者 i 的最小水权;
　　　n——最小公共水权。

根据动态博弈的理论,求解过程应该从子博弈 Nash 均衡开始。如果第二阶段存在 Nash 均衡,那么所有用水者都只能采用均衡取水量,即 q_i^*。对于 A_i,其反应函数满足:$\dfrac{\partial V_i}{\partial q_i} = 0$。将式(7-1)代入,整理得:

$$f'_i(q_i^*) + s'_i(d_i - q_i^*) - t - p = 0 \tag{7-4}$$

可以求出决策向量 $Q^* = [q_1^*(R,p), q_2^*(R,p), \cdots, q_n^*(R,p)]$,其中 $R = (r_1, r_2, \cdots, r_n)$。回到阶段一,将用水者的决策向量为 Q^* 代入式(7-2),得:

$$V_T = g(w) + \sum_{i=1}^{n} \{f_i[q_i^*(R,p)] - s_i[d_i - q_i^*(R,p)] \\ - t\,q_i^*(R,p) + p[r_i - q_i^*(R,p)]\} \tag{7-5}$$

将式(7-5)带入优化模型式(7-3)的目标函数,解此约束极值问题,可以求出:p,$Q^* = (q_1^*, q_2^*, \cdots, q_n^*)$,从而计算出收益 V_i 和 V_T。

三、相关政策建议

通过上面模型的分析,可以为管理机关调控水市场提供决策依据,但是为保证水市场发挥作用,还应有相应的配套政策,主要有以下几点:

(1)加大宣传,提高有偿使用水资源意识。通过媒体宣传对公众进行水资源价值、水资源短缺危机、水资源对经济发展的影响的宣传,提高公众意识,为建设水权水市场奠定人们的主观认识基础。

(2)建立健全相关配套设施。水价方案能否发挥其作用,关键在于水权交易的顺利实施。为了保证水权交易,尤其是大范围、长距离的交易能顺利完成,还要有相应的配套设施作保障。

(3)建立和完善政策法规体系。在进行用水制度改革的同时,也要加强水利法规的建设,建立和完善相应的水权分配办法、价格条例、市场管理法规、水资源费征收办法等,同时加强普法宣传和诚信宣传,树立法制观念,建立信用机制。

(4)建立民主协商机制。其分配还不能完全依靠市场机制的运作。需要建立协商机制或设立水资源协调委员会,弥补市场的不足,维护水资源分配的公平性,促进整体用水效益提高。

第八章　农业水资源信息化现代管理技术

第一节　区域水资源信息管理系统

信息是指自然界和人类社会一切事物的表征,它具有物质性,但不是物质本身,它的存在决不能离开作为共载体的事物。把事物发出的消息、情报、指令、数据和信号中所包含的内容抽出来就组成了信息。信息是人类认识并适应和改造客观世界过程中与客观世界交换的内容名称,人们借助于信息才能获得知识。

区域水资源(包括地表水和地下水)管理是一个主观的过程,但科学的管理必须建立在对问题的科学研究分析,对信息的全面、及时把握和对规划管理研究及其实施进程严格监督、管理和控制的基础上。信息是决策的基础,资源分配是决策的本质,决策者的价值观是决策的依据。水资源管理在空间上需要协调不同区域之间的矛盾,在时间上需要考虑近期与长期利益的冲突,它纵贯社会、经济、环境等诸多领域,是一个涉及众多部门、地区和半结构化多目标多层次的复杂决策问题。决策者只有在定量计算结果的基础上,结合自身经验进行定性分析与判断,才能进行及时有效的决策。这也正是水资源信息管理系统设计开发的必要性。

水资源管理信息系统将信息管理的有关方法引入水资源规划、管理、决策中,是一个为水资源管理服务的动态管理系统。具体讲,就是根据水资源管理的特点,以水资源合理配置为目标,以数据库为核心,在计算机硬件软件环境支撑下,实现对相关信息的输入、存储、输出、更新(修改、增加、删除和插入)、传输、保密、检索和计算等各种数据库技术的基本操作,并结合统计数学、管理分析、制图输出、预测评价模式和规划决策模型等各种应用软件构成一个复杂而有序的、具有完整功能的、研究水资源系统信息的技术系统工程。

一、系统设计目标与原则

(一)系统的设计目标

区域水资源管理信息系统利用当前最先进的计算机技术,希望在宏观决策、微观应用、统筹管理等方面为区域水资源开发管理、规划决策提供高效、实时、准确的信息服务,使区域水资源管理系统化、规范化、现代化和科学化,以实现区域水资源的合理配置,从而更好地为区域可持续发展服务。系统主要为区域的水资源规划管理服务,同时为上级管理部门提供信息支持。具体地,要实现以下目标:

(1)利用计算机建立与水资源相关的各类数据库及其管理系统,为决策者提供基本数据方面的信息。

(2)建立应用模型库,通过优化模型计算、分析、显示,根据决策的价值模型,为水资源规划管理提供辅助决策和科学依据。

(3)按照用户要求,提供友好的操作界面。

(二)系统的设计原则

(1)实用性。开发系统要面向问题,能满足管理部门进行水资源预测和决策、水资源规划以及科学管理的要求,并在短期内发挥作用。实用性是系统开发应遵循的首要原则。

(2)采用模块化设计方法。系统中的模块既可独立运行,也可配合使用,并可适时地给系统增加模块,满足不同要求。

(3)界面清晰、友好、易操作,有较好的灵活性和观赏性。系统要求前台显示图、表、菜单和按钮,后台为程序提供数据库,并可选择运行不同模块。

(4)采用先进技术,具有开发性。系统要便于维护、移植、推广和二次开发,并预留补充接口,为将来系统的扩展创造条件。

(5)规范化原则。在系统的设计和建立过程中,实现数据库设计规范化、数据分类与代码规范化、数据交换和共享规范化等。

(6)安全性原则。设置多级安全管理体制和数据备份、恢复机制。

(三)系统的功能分析

(1)人机交互功能。系统应包括图形用户界面和其他输入输出,对用户的每一个操作都有相应的反应,并提供错误提示和帮助,同时采用多级菜单驱动方式,实现对系统各部分的控制和调用。

(2)信息支持功能。系统应提供日常事务处理功能,如具备数据的输入、编辑、信息查询、统计分析、空间分析、输出、制作报表及专题地图制作等功能,同时提高模型运行所需的信息。

(3)决策功能。系统应具备一定的定量分析能力,通过模型提供的预测功能,进行区域水资源配置,以及模拟、策略选择等方面的辅助决策功能。

(4)系统说明和帮助功能。对系统的使用方法进行必要的说明,对涉及的模型方法进行必要的解释,使用户能更好地使用系统。

(5)保密和使用权限规定功能。不同的用户对数据库的使用享有不同的权限,避免随意更改记录的行为。

二、系统的开发运行环境

(一)硬件环境

主机:PC 机;CPU:Pentium(Ⅲ)366 以上;内存:128MB 以上;显存:40MB 以上;硬盘:40GB 以上;彩色显示器,分辨率 800×600 以上;带光驱、软驱、打印机等。

(二)软件环境

考虑到软件功能的适应性与完备性、模型化能力和二次开发的能力,并根据水资源管理的特点、业务要求和现有条件,确定系统软件如下:

(1)操作系统:Windows XP;

(2)文字处理系统:Microsoft Office 2000;

(3)系统开发工具:Visual Basic 6.0;

（4）DBMS 软件：Microsoft Access；

（5）GIS 软件：Mapinfo，Mapobject 2.0；

（6）地下水模拟软件：Visual Modflow 4.0。

区域水资源（地表水、地下水）信息管理系统的软件环境组成结构见图8-1。

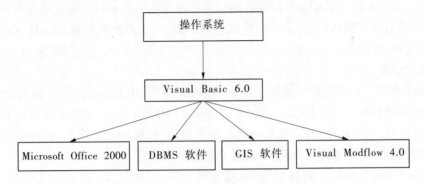

图8-1　水资源信息管理软件系统组成框图

三、系统结构

区域水资源管理信息系统是地理信息系统、管理信息系统、数据库技术、水资源系统模拟优化等多技术综合集成的动态管理系统。信息系统是以数据库为核心、以数学模型为基础，对大量数据进行分析、处理，给出决策层次上的辅助信息。水资源管理信息系统主要包括数据库系统、模型库系统和人机交互系统三部分，系统总体框架见图8-2。

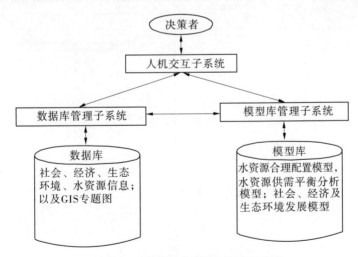

图8-2　水资源信息管理系统框架结构

（一）人机交互界面系统

人机交互界面是用户与系统对话的工具，是决策者参与决策过程的媒介。用户界面主要包括菜单式界面、命令式界面和表格式界面三种类型。

区域水资源信息管理系统采用模块式结构，界面设计采用 Windows 风格的多级中文下拉式菜单系统，供用户按需要逐级调用；提供屏幕窗口显示、菜单、按钮、对话框、文本框、表格等方式给用户发布命令、输入数据和回答计算机提出的问题,能方便地选择和控制信息系统的工作流程;并提供运行指南和联机帮助,人机交互功能强,无需专门计算机知识即可友好操作。在界面设计过程中,遵循用户尽量少输入、模式输出适应性强和结果表达直观等原则。

示范区地表水和地下水联合调控管理信息系统界面见图8-3,主要菜单如下:

(1)区域概况。具体包括:羊亭河流域水资源概况,示范区农村基本资料,分区状况,作物种植规划,节水灌溉工程概况,等高线状况,气候状况(降水、温度、风速、日照、湿度、气压),交通状况。

(2)需水状况。具体包括:工业需水状况,农业需水状况,生态需水状况,生活需水状况。

(3)水资源状况。具体包括:地表水状况(羊亭河概况,水库、塘坝概况),地下水状况(水位观测资料,水质观测资料,机井状况),多水源联网(联网水源情况,联网水源配置方案),干支管布置,双龙港潮位资料,示范区水资源可利用量。

(4)地下水动态模拟。具体包括:示范区导水率,现状情况(等水位线模拟、水位模拟、水质模拟),2010年历史最小降雨量(现状抽水方案,抽水量减少方案),2010年历史最大降雨量(现状抽水方案,抽水量减少方案)。

(5)水资源配置。具体包括:作物需水规律,作物产量及单价,按种植规划布置联网配置方案。

(6)窗口管理。具体包括:水平平铺,垂直平铺,重叠。

(7)退出。

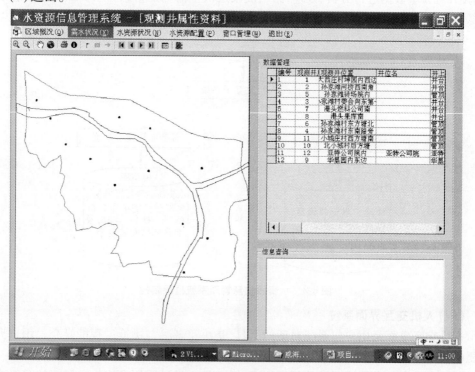

图8-3 地表、地下水资源信息系统界面

(二)数据库及其管理子系统

1. 水资源数据库管理系统的开发目标和策略

信息系统的核心是数据库。占有足够的数据是科学决策的前提,数据库系统是管理信息系统的基础和系统各部分间信息传递的中转站。数据库系统的主要功能包括:①负责对系统所涉及的大量数据信息进行输入、处理、存储、编辑、查询、统计分析、输出和维护,并开发 GIS 的各种功能,能从来自多种渠道的各种信息资源中提取数据,把它们转换成水资源管理信息系统所要求的各种数据结构,同时实现将结果数据以图表等不同方式输出,进行辅助分析;②对数据进行动态管理,提高数据检索和处理的效率及准确性,及时更新数据,保证数据的时效性和可靠性;③实现信息共享,确保数据资源的一致性、准确性、完整性,有效支撑数据库中各类模型的运行,并存储模型计算结果。

2. 系统数据分析

水资源信息管理的数据具有以下特点:①数据量大、范围广,包含有社会、经济、环境、地质、气候、水文、水资源等信息;②数据结构复杂,数据不仅有时空特性,而且数据间存在各种复杂关系;③数据完备性差,因资源来源和调查口径的不同,数据结构存在着不协调和不统一,或者是数据项的定义不统一,使得调查人员有不同的理解,造成数据的可比性较差。

水资源信息管理数据库的设计除数据库设计的一般原则外,还应遵循以下原则:数据库要为用户的应用目标服务,为系统功能的实施提供数据支撑,即必须满足水资源管理的需要;数据应分类存储,即静态数据与动态数据分开、原始数据与结果数据分开、基础数据与模型数据分开等。为了更加有效地进行信息管理,在数据库系统中可以设计反映地理要素的空间位置、空间分布和空间拓扑关系的空间数据。利用 MapInfo 强大的图形管理功能,将数据与反映地理图形的信息有机结合,根据需要将这些信息图文并茂地提供给用户。

3. 数据库管理系统

数据库管理系统(DBMS)的主要功能是定义、管理和维护数据库。为了便于集成各管理模块的用户权限,可以开发一个用户管理模块,对不同权限的用户分配不同的功能。系统管理员可以利用该模块增加用户、删除用户和设置用户权限,一般用户可以通过用户管理模块修改口令,查看权限。

(三)模型库及其管理子系统

模型库及其子系统是管理信息系统的精髓。模型库是按一定组织结构形式存储的规格模型的集合体,主要用来存放各种计算模型与决策分析模型,它既可以从数据库中取得数据,也可在模型间传递数据,并将模型运算结果返回数据库,实现模型系统与数据系统的有机结合。模型库管理系统用于管理模型,用户可以通过模型库系统灵活地访问、更新、生成和运行模型。模型库管理子系统的设计和实现的好坏程度将在很大程度上影响管理信息系统的功能、性能和使用程度。

四、信息管理系统模型

水资源信息管理系统的模型库主要包括如下内容:降雨量频率分析模型,工业、生活、生态环境需水预测模型及实时预报模型,水资源供需平衡分析模型和地表水、地下水联合调控模型。这里以威海市环翠区项目区为例进行叙述。

(一)降水量频率分析模型

1. 降水量频率分析模型

目前我国常用的计算经验频率的公式为数学期望公式:

$$P = \frac{n}{N + 1} \tag{8-1}$$

式中　P——大于等于某一降水量的经验频率;

　　　n——大于等于某一频率降水量的样本数;

　　　N——样本系列大小。

由于经验频率曲线有它固有的缺点,因此在实际工作中,采用皮尔逊Ⅲ型曲线进行配线,得到符合区域特点的理论频率曲线。

2. 代表年的选择

区域水资源供需分析总是要根据一定的雨情、水情、旱情来进行分析计算的。目前有系列法和代表年法(即典型年法)两种方法。代表年法是根据区域水资源供需情况,仅分析计算有代表性的几个年份,不必逐年分析计算,不仅可以简化计算工作量,而且可以克服资料不全的问题。

威海市环翠区项目区降水量年际变化大,丰枯悬殊,降水分配不均决定了本区季节性干旱严重,季节性干旱主要为春旱,近年夏旱又频发,严重影响当地农业生产。羊亭河靠季节性降水补给,径流量季节性变化大;而且降水入渗补给也是该区地下水的唯一补给来源,因此采用年降水系列选择代表年。采用平水年($P = 50\%$)和枯水年($P = 75\%$)两种代表年。

代表年内水量分配采用实际典型年份时空分配为模型。但是由于地区内降水的时空分配受所选择实际典型年所支配,有一定的偶然性。为了克服这种偶然性,选择相近保证率的几个实际年份的时空分配来进行分析计算,并从总水量、时空分布对农业受旱情况进行分析比较,从中选择对区域供需平衡最为不利的时空分布的分配模型。示范区选择春灌期(3~5月)和汛期(6~9月)降水量最少的年份进行年内分配。平水年(保证率 $P = 50\%$)和枯水年($P = 75\%$)代表年分别为1958年和1957年。

(二)需水实时预报模型

区域水资源用户主要包括工业、生活、农业、生态环境四个用水部门。根据研究区历史用水情况,考虑将来区域经济的发展、生活水平的提高、节水型社会的建立、用水管理的不断完善,对示范区各用水户的用水需求进行预测。

宏观经济涉及内容很多,包括人口、土地、粮食、工业、交通、环境等许多领域,其发展趋势直接影响区域水资源开发利用和水利建设的发展。以我国经济发展战略的总目标为指导,在分析区域宏观经济发展现状的基础上,从工业、农业、人口等方面研究区域经济发展趋势,为区域需水量的预测提供依据。

根据项目区经济发展情况及水资源利用现状,结合近几年国家的宏观经济调控政策,以2004年为基准,对2010年、2020年和2030年3个水平年的区域社会、经济发展趋势与水资源需求进行预测研究。

1. 工业用水量预测

工业用水一般是指工、矿企业在生产过程中,用于制造、加工、冷却、净化、洗涤等方面的用水。工业用水是地区用水的一个重要组成部分,不仅用水比重较大,而且增长速度快,用水集中,现代工业生产尤其需要大量的水。一个地区工业用水的多少,不仅与工业发展速度有关,而且与工业结构、工业生产水平、节约用水程度、用水管理水平、供水条件等有关。

万元产值用水量和重复利用率是衡量工业用水水平的两个综合指标。一般来说,一个地区工业结构不发生根本变化时,万元产值用水量基本取决于重复利用率。随着重复利用率的不断提高,万元产值用水量将不断下降。

万元产值用水量和重复利用率的关系,可用水量平衡方程推导,见下列公式:

$$\eta = \frac{Q_重}{Q_总} \times 100\% = \left(1 - \frac{Q_补}{Q_总}\right) \times 100\% \tag{8-2}$$

$$q = \frac{Q_补}{A} \tag{8-3}$$

式中　η——重复利用率;

$\quad\quad Q_重$——重复用水量;

$\quad\quad Q_补$——补充水量;

$\quad\quad Q_总$——总用水量;

$\quad\quad A$——产值;

$\quad\quad q$——万元产值用水量。

所以单位产值用水量和重复利用率的关系为:

$$q = \frac{(1 - \eta)Q_总}{A} \tag{8-4}$$

如果已知一个行业现有用水重复率和万元产值用水量,根据该地区水源条件、工业用水水平,如能提出将来可达到的重复利用率,便可根据式(8-4)求出将来万元产值用水量,从而可以比较准确地推求将来的工业用水量。示范区工业总产值逐年增加,现状年工业总产值为131.71万元,2010年以前工业总产值年平均增长率采用3%,2010～2020年逐年增长采用3.5%,2020～2030年逐年增长采用4%。按此工业产值增长率推求将来的工业用水量。

2. 生活用水量预测

生活用水一般包括居民生活、商业、医疗卫生、文化娱乐、旅游、环境保护及消防等用水。随着人口的增加、公共设施的增多、生活水平的提高、用水标准的不断提高,生活用水量不断增加。

估算生活用水总量应考虑用水人口和用水定额。人口数以计划部门预测数为准,用水定额(常住人口的生活用水综合定额)以现状调查数据为基础,分析定额的历年变化情况、用水定额与国民平均收入的相关关系,考虑不同水平年经济发展和人们生活改善及提高程度,拟定不同水平年的用水定额。生活用水总量计算公式为:

$$W_i = p_0(1 + \varepsilon)^n K_i \tag{8-5}$$

式中 W_i ——某水平年生活总用水量，m^3；

$\quad\quad p_0$ ——现状人口数，人；

$\quad\quad \varepsilon$ ——人口计划增长率；

$\quad\quad n$ ——计算年数；

$\quad\quad K_i$ ——某水平年拟定的人均用水综合定额，$m^3/(人 \cdot a)$。

结合国家的人口政策，并考虑现状人口实际增长情况，示范区 2010 年以前人口增长率采用 $-0.66‰$，$2010 \sim 2020$ 年采用 $-0.4‰$，$2020 \sim 2030$ 年采用 $-0.2‰$。按此人口增长率计算示范区各水平年人口数量。

3. 农业用水量预测

农业灌溉用水受气候、地理条件的影响，地区和时间上的变化较大；同时，还与作物品种、作物组成、灌溉方式、管理水平、土壤、水源及工程设施等具体条件有关。农业灌溉用水是示范区用水的主体，与工业、生活、环境用水相比，具有面广量大、一次性消耗的特点。

灌溉用水量主要受降水量的制约，不同水文年份降水量不同。因此，在制定灌溉制度时需要选择一个用灌溉设计保证率确定的来水量和用水量（包括总量及用水过程）的年份，作为确定灌溉用水量（或流量）的设计依据，这个水文年份通常称为设计代表年，以设计代表年的降雨量确定的灌溉制度即为设计年灌溉制度，其相应的灌溉用水量称为设计年灌溉用水量。年灌溉用水量的计算方法有直接法。

直接估算法，直接选用各种作物的灌溉定额进行估算，其计算公式为：

$$W_i = \frac{1}{10^4}\omega_i \sum_{i=1}^{n} m_i \tag{8-6}$$

$$W_净 = \sum W_i \tag{8-7}$$

$$W_毛 = W_净 / \eta \tag{8-8}$$

式中 m_i ——某作物某次灌水定额；

$\quad\quad \omega_i$ ——某作物灌溉面积；

$\quad\quad n$ ——某作物灌溉次数；

$\quad\quad W_i$ ——某作物净灌溉水量；

$\quad\quad W_净$ ——全灌区所有作物净灌溉水量；

$\quad\quad \eta$ ——灌区渠系水利用系数；

$\quad\quad W_毛$ ——全灌区总毛灌溉用水量。

鉴于随着时间推移，灌溉管理水平、节水灌溉技术、渠系水有效利用系数等都将有不同程度的提高，并且示范区的作物种植结构也会随着水资源的日益紧张而得到更为合理的调整。现状条件下，多年平均毛灌溉定额为 $1\,440\ m^3/hm^2$，50% 年份和 75% 年份的毛灌溉定额分别为 $1\,440\ m^3/hm^2$ 和 $2\,550\ m^3/hm^2$，则多年平均灌溉用水量为 96.8 万 m^3，50% 年份和 75% 年份的灌溉用水量分别为 96.8 万 m^3 和 171.4 万 m^3。

4. 生态环境用水量预测

长期以来，人类在利用水资源时，只注重生产和生活用水，忽略了生态环境用水，从而使水资源逐渐丧失了其生态环境功能，导致严重的生态环境问题。目前许多生态环境问题与生态环境用水长期配置失当有重要关系。如何协调人与生态环境的关系,保障生态环境用水,这是当前人类面临的迫切任务,也是水资源开发利用的重要内容。区域生态环境用水量也可以分为河道内生态环境用水量和河道外生态环境用水量。

河道内生态环境用水即水域生态环境用水量,研究范围包括河道及连通的湖泊、湿地、洪泛区范围内的陆地。具体包括:①维持水生生物栖息地生态平衡所需的水量;②维持合理的地下水位,以保护河流湿地、沼泽生态平衡,保持和地表水转换所必需的入渗补给水量和蒸发消耗量;③维持河口淡、咸水平衡和生态平衡所需要的水量;④维持河流系统水沙平衡和水盐平衡的入海水量;⑤使河流系统保持稀释和自净能力的最小环境流量;⑥防止河道断流、湖泊萎缩所需维持的最小径流量。

河道外生态用水即维持陆地生态环境用水量,主要指保护和恢复内陆河流下游的天然植被及生态环境、水土保持及水保范围之外的林草植被建设所用水量。包括:①天然和人工生态保护植被、绿洲防护林带的耗水量,主要是地带性植被所消耗降水和非地带性植被通过水利供水工程直接或间接所消耗的径流量;②水土保持治理区域进行生物措施治理需水量;③维系特殊生态环境系统安全的紧急调水量(生态恢复需水量)。

1)河道内生态环境用水量计算方法

河流基本生态环境用水量主要用以维持水生生物的正常生长,以及满足排盐、入渗补给、污染自净等方面的要求。对于常年性河流而言,维持河流的基本生态环境功能不受破坏,就是要求年内各时段的河川径流量都能维持在一定的水平上,不出现诸如断流等可能导致河流生态环境功能破坏的现象。

Tennant 法也叫 Montana 法或非现场法,以河流多年平均流量观测值为基准,将保护生态环境的河流流量值分为最大允许值、最佳范围值、极好状态值、非常好状态值、一般好状态值,以及中等或差状态值、差或最小状态值和极差状态值等,共 6 个底限标准、一个高限标准和一个最佳范围标准。在上述 6 个底限标准中,又依据水生物对环境的季节性要求不同,分为 4~9 月鱼类产卵、育幼期和 10 月至次年 3 月的一般用水期,推荐的标准值是以河流健康状况下多年平均流量值的百分数为基础,见表 8-1。

表 8-1　保护河流生态环境的河流流量状况标准

流量值的定性描述	推荐的基流标准(占年平均流量,%)		说明
	一般用水期(10 月~次年 3 月)	鱼类产卵育幼期(4~9 月)	
最大	200	200	适用于各类用途的河道内生态环境用水
最佳范围	60~100	60~100	
极好	40	60	适用于鱼类产卵场、栖息地和特别重要的景观娱乐河段
非常好	30	50	
好	20	40	
中或差	10	30	
差或最小	10	10	适用于没有特殊要求的一般用水河段
极差	<10	<10	

2）河道外生态环境用水量计算方法

河道外生态环境用水量主要指保护和恢复河流下游的天然植被及生态环境、水土保持及水保范围之外的林草植被建设所需水量。植被是组成生态系统中生物部分最基本的成分，是生态系统的主要生产者，它形成具有植物群落特征的生境，并调控生物群落在该生态环境的存在。因而，植被是自然环境最直观的反映，植被需水的规律是生态需水的基础。地带性植被利用降水中形不成径流的水来维持生命，不受水资源开发利用的影响，但直接影响径流的形成和分配，与径流在数量上的对比关系因天然植被的破坏或重建而从固定的关系转化为此消彼长的关系。非地带性植被主要是靠径流支撑，受水资源开发利用的影响。

计算植被生态环境用水量有直接法和间接法。直接计算方法是以某一区域某一类型覆盖的面积乘以其生态需水定额，计算得到的水量即为生态用水。植被生态用水定额可参考植被蒸腾量（包括棵间蒸发量和植被蒸腾量）确定。计算植被蒸腾量的方法有彭曼公式、实测蒸腾量法、道尔顿经验公式、阿维杨诺公式、沈立昌公式等。植被生态环境用水量的计算公式为：

$$W = \sum W_i = \sum A_i \cdot r_i \tag{8-9}$$

式中　W——植被生态环境用水总量；

　　　A_i——i 类植被的覆盖面积；

　　　r_i——i 类植被的生态用水定额。

该方法适用于基础工作较好的地区与覆盖类型。其计算的关键是要确定不同生态用水类型的生态用水定额。考虑到有些干旱半干旱地区降水的作用，并兼顾到计算的通用性，把生态用水定额 r_i 定义为生态用水量 r_{i0} 减去实际降水量 p，即 $r_i = r_{i0} - p$。

对于某些地区天然植被生态用水计算，如果以前工作积累较少，模型参数获取困难，可以考虑采用间接计算方法。间接计算方法是根据潜水蒸发量间接计算生态用水，即用某一植被类型在某一潜水位的面积乘以该潜水位下的潜水蒸发量与植被系数，计算公式如下：

$$W = \sum W_i = \sum A_i \cdot \sum W_{g_i} \cdot K \tag{8-10}$$

式中　W_{g_i}——植被类型 i 在地下水位某一埋深时的潜水蒸发量；

　　　K——植被系数，即在其他条件相同的情况下有植被地段的潜水蒸发量与无植被地段的潜水蒸发量的比值。

这种计算方法主要适合于干旱区植被生存主要依赖于地下水的情况。

由于缺乏资料，生态环境用水量按上述用水总量的 5% 计算。

（三）地表水、地下水联合调度模型

设根据地形地貌、水利条件，区域可划分为 j 个地块，$j = 1, 2, \cdots, J$，各地块种植一种作物 j，为粮食（小麦、玉米）、果树、蔬菜或其他作物中的一种。地块 j 种植的作物 j 可以划分为 N_j 个生育阶段，$n = 1, 2, \cdots, N_j$。

根据区内各水源的供水范围，可将水源划分为两类：共用水源和当地水源。共用水源是指能同时向两个或两个以上的地块供水的水源，当地水源是指只能供给水源所在地块的水源。区域有 M 个公用水源,$m=1,2,\cdots,M$;地块 j 有 $I(j)$ 个当地水源,$i=1,2,\cdots,$ $I(j)$。对于示范区,公用水源指羊亭河以及水库,当地水源指各子区内的机井、塘坝。

1. 项目区水资源系统概化模型

为了使区域水资源复合系统具有较高的仿真性和实用性,对区域水资源系统进行合理概化。概化原则如下:①为了便于管理,以地块为子系统,以示范区水资源为大系统;②区域内一些大口井、方塘、机井、扬水站及水库均按照示范区水源特点,组成了水资源网络;③一些机井、大口井等均按当地水源考虑。

对于示范区的工业、生活和生态环境所需水量,用联网地下水按需水量进行供给,剩余水量供给农业用水。地表水、地下水的联合调控在示范区农业部门的配置是研究重点,概化后的示范区水资源系统见图8-4。

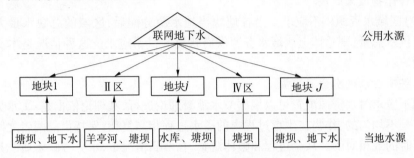

图8-4 项目示范区水资源系统概化图

2. 供需平衡分析

进行区域水资源供水平衡分析是区域水资源优化配置的基础。进行供需平衡首先应对区域内各地块的当地水源进行供需分析,地块 j 的当地水源初始配置的目标是:当地水源配置后,作物全生育阶段的产量最大。

数学表达式为:

$$G_j = \max\left(\frac{Y_j}{Y_{jm}}\right) = \max\left[\prod_{n=1}^{N_j}\left(\frac{ET_{jn}}{ETm_{jn}}\right)^{\lambda_{jn}}\right] \tag{8-11}$$

式中 G_j——作物 j 在水分亏缺条件下的产量系数;

$\quad\quad Y_j$——作物 j 在水分亏缺条件下的产量;

$\quad\quad Y_{jm}$——作物 j 在水分充足条件下的产量;

$\quad\quad ET_{jn}$——不充分供水条件下作物 i 在第 n 生育阶段耗水量;

$\quad\quad ETm_{jn}$——充分供水条件下作物 j 在第 n 生育阶段耗水量;

$\quad\quad N_j$——作物 j 的生育阶段数;

$\quad\quad n$——生育阶段;

$\quad\quad \lambda_{jn}$——作物 j 第 n 生育阶段作物的水分敏感系数。

据此,可求得各地块 $j(j=1,2,\cdots,J)$ 当地水源供水总量 Q_j,种植作物 j 各生育阶段供水量 $s_{jn}(n=1,2,\cdots,N_j)$,以及当地水源配置后的缺水量 DZ_j(即需要公用水源的供水量)。根据各地块总缺水量与公用水源可供水总量的关系,区域水资源供需关系有供大于求和供不应求两种情况,而且不同的供需关系决定不同的水资源配置目标。区域水资

源供求关系有以下两类:

(1)区域水资源供大于求。当各地块当地水源分配后,区域总缺水量小于或等于区域公用水源的可供水总量时,总体上的区域水资源供需状况为供大于求,即

$$\sum_{j=1}^{J} DZ_j \leqslant \sum_{m=1}^{M} G_m \tag{8-12}$$

式中 DZ_j——地块 j 当地水源配置后的缺水总量,等于地块 j 各生育阶段当地水源配置后缺水量之和,即 $DZ_j = \sum_{n=1}^{N_j} (ETm_{jn} - s_{jn})$;

G_m——公用水源 m 的可供水量。

区域水资源供需状况为供大于求时,各地块种植作物均能按照最大需水量进行分配,产量为各作物最大产量。

(2)区域水资源供不应求。当各地块当地水源分配后,区域的总缺水量大于公用水源的可供水总量,则总体上区域水资源供需状况为供不应求。这种情况是本文研究的重点问题。

3.供不应求时水资源配置

供不应求时水资源配置可以根据节水灌溉理论进行,其理论依据是:①水分在时空上的分布是不均匀的,作物在生育过程中的需水过程相当复杂,保持供需两者之间的平衡往往是暂时的或相对的。从全过程和整体观察,在所属情况下,水分亏缺矛盾总是不可避免的。②作物具有对水分亏缺的适应机制,可增加作物在遭受干旱时的生长、发育和生产能力。作物的这种有限缺水效应,在适度的水分亏缺情况下并不一定会显著降低产量。③作物在适度水分亏缺的逆境下,对水具有一定的适应性和抵抗效应,在经受了短期和适度的水分亏缺影响后,虽然生长和发育受到一定抑制,但经过灌水的补救,一段时间后,又会加快生长,表现为一种补偿生长的效应。④不同作物对缺水的适应能力不同,同一作物在不同生育期对产量的缺水敏感性不同。⑤根据系统工程的观点,在水资源有限情况下,适当降低某些作物的单产,可以追求全区域粮食总产最大。

因此,有限的水资源条件下,采用灌关键水的节水灌溉制度,可以降低土壤允许最小储水量下限,能够充分利用土壤水,延长灌水间隔,减少灌水次数和灌溉定额。同时配以相应的农业技术措施和合理的灌水技术,既可达到省水的目的,又可获得较好的产量。

在区域水资源有限的情况下,灌区灌溉制度可以按照大系统优化理论的分解协调技术,建立如下的三层二级递阶模型,见图8-5。

采用大系统分解协调理论的模型协调法,通过指定一系列系统关联变量值的方法,将各子系统形成独立的系统,各自求解。然后各子系统将相应的目标值与关联变量的关系返回到协调级,协调级据此采用动态规划算法即可求得系统最优解。对于水资源配置问题而言,系统关联变量为公用水源对各子区的供水总量。

1)第二级——总协调数学模型(地块间水量最优分配)

区域水资源配置的目标为区域经济效益最大,数学表达式如下:

$$F = \max \sum_{j=1}^{J} (M_j \cdot b_j \cdot C_j \cdot A_j \cdot f_j \cdot Y_{mj}) \tag{8-13}$$

式中 F——区域水资源配置目标,元;

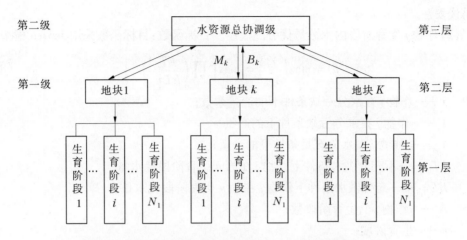

图 8-5　区域作物灌溉水源优化配置大系统分解协调示意图

M_j——地块 j 种植作物全生育期灌水总量，m^3；

b_j——地块 j 对应作物单位水量的效益系数；

C_j——地块 j 种植作物的单价，元/kg；

A_j——地块 j 的作物种植面积，hm^2；

f_j——地块 j 种植作物的产量系数，kg/m^3；

Y_{mj}——地块 j 种植作物在水分充足条件下的产量，kg。

约束条件：

$$\begin{cases} \sum\limits_{j=1}^{N} m_{jn} = M_k \\ ET_{jn} \leqslant m_{jn} + P_{jn} + G_{jn} \\ ET_{jn} \leqslant ETm_{jn} \\ m_{jn} \geqslant 0 \end{cases} \tag{8-14}$$

式中　m_{jn}——作物 j 在第 n 阶段的灌水量；

P_{jn}——作物 j 第 n 阶段有效降水量（降水量乘以降水有效系数得到有效降水量，降水有效系数在汛期为 0.35，在非汛期为 0.8）；

G_{jn}——作物 j 第 n 阶段地下水补给量。

2）第一级——作物生育阶段内水量最优分配

作物生育阶段内水分最优分配是在上一级给定各地块水量 $M_j(j=1,2,\cdots,J)$ 的前提下，相应地块 j 种植的作物 j 在各生育阶段（$n=1,2,\cdots,N_j$）水量的分配问题。

（1）作物水分生产函数。常用的作物生育阶段水分生产函数有加法模型和乘法模型两大类。由于作物的各个生育阶段都不可能单独形成产量，而只是整个生成过程的一个有机部分，所以各生育阶段水分利用状况对最终产量的影响是很难完全割裂开来进行分析的。从形式上看，加法模型中各生育阶段的影响是独立的，并且不能很好地描述任一阶段水分严重亏缺都会导致最终产量为零的情况。而乘法模型可以克服加法模型的上述缺点，更为合理地表达了各生育阶段缺水对作物最终产量的影响。乘法模型以 Jensen 模型最具代表性。

（2）作物 j 生育阶段内水分最优分配模型。目标函数：目标函数采用 Jensen 模型，即

$$f_j = \max\left(\frac{Y_j}{Y_{jm}}\right) = \max\left[\prod_{n=1}^{N_j}\left(\frac{ET_{jn}}{ETm_{jn}}\right)^{\lambda_{jn}}\right] \tag{8-15}$$

式中　f_j——作物 j 在水分亏缺条件下的产量系数；

　　　Y_j——作物 j 在水分亏缺条件下的产量；

　　　Y_{jm}——作物 j 在水分充足条件下的产量；

　　　ET_{jn}——不充分供水条件下作物 j 在第 n 生育阶段耗水量；

　　　ETm_{jn}——充分供水条件下作物 j 在第 n 生育阶段耗水量；

　　　N_j——作物 j 的生育阶段数；

　　　n——生育阶段；

　　　λ_{jn}——作物 j 第 n 生育阶段作物的水分敏感系数。

约束条件：

$$\begin{cases} \sum_{j=1}^{N} m_{jn} = M_k \\ ET_{jn} \leqslant m_{jn} + P_{jn} + G_{jn} \\ ET_{jn} \leqslant ETm_{jn} \\ m_{jn} \geqslant 0 \end{cases} \tag{8-16}$$

式中　m_{jn}——作物 j 在第 n 阶段的灌水量；

　　　P_{jn}——作物 j 第 n 阶段有效降水量；

　　　G_{jn}——作物 j 第 n 阶段地下水补给量。

（四）地表水、地下水资源联合调控数学模型的解法

1. 作物 j 生育阶段内水量最优分配方法

根据动态规划理论，按时间顺序，将作物 j 的整个生育期化为若干个生育阶段，把作物灌溉制度优化设计过程看做是一个多阶段决策过程，各阶段决策所组成的最优策略就是作物的最优灌溉制度。动态规划求解方法可描述如下：

（1）阶段变量。作物 j 的生育阶段作为阶段变量，$n = 1, 2, \cdots, N_j$。

（2）决策变量。各阶段的地表水 m_n 以及地下水 S_n 作为决策变量，$n = 1, 2, \cdots, N_j$。

（3）状态变量。状态变量包括各阶段可用于分配的地表水量 P_n 和地下水量 q_n。

（4）系统方程。即状态转移方程，系统方程有两个。

水量分配方程：

$$q_{n+1} = q_n - S_n \tag{8-17}$$

$$P_{n+1} = P_n - m_n \tag{8-18}$$

式中　q_n、q_{n+1}——第 n 阶段及第 $n+1$ 阶段可用于分配的地下水量；

　　　P_n、P_{n+1}——第 n 阶段及第 $n+1$ 阶段可用于分配的地表水量。

（5）约束条件。

决策约束：

$$\begin{cases} \sum_{n=1}^{N_j} m_n = M_k \\ ET_n \le ETm_n \end{cases} \qquad (8\text{-}19)$$

式中　M_k——地块 k 种植的作物 k 全生育期灌水总量，由协调级给定；

　　　ETm_n——第 n 阶段的最大腾发量。

　　土壤含水量约束：

$$\theta_{\min} \le \theta_n \le \theta_{\max} \qquad (8\text{-}20)$$

式中　$\theta_{\min}$、$\theta_{\max}$——土壤允许的最小、最大含水量。

　　（6）初始条件。

　　①假定作物播种时的土壤含水率为已知，即

$$\theta_1 = \theta_0$$

则

$$S_n = 100 \cdot \gamma H \cdot (\theta_0 - \theta_{\min}) \qquad (8\text{-}21)$$

　　②已知作物全生育期可用于分配的水量为：

$$q_z = P_1 + q_1 \qquad (8\text{-}22)$$

　　（7）递推方程。本模型是一个具有两个状态变量和两个决策变量的二维动态规划模型，可用动态规划逐次渐近法（DPSA）求解，步骤如下：

　　①把各生育阶段初地下水可供利用的水量 S_n 作为虚拟轨迹，以 q_1 为第一个状态变量，构成一个一维水资源分配问题，可用常规动态规划法求解，其递推方程为：

$$f_n^*(q_n) = \max_{m_n} \{ R_n(q_n, m_n) + f_{n+1}^*(q_{n+1}) \} \quad (n = N_j - 1, N_j - 2, \cdots, 1) \qquad (8\text{-}23)$$

$$f_{N_j}^*(q_N) = \left(\frac{ET_N}{ETm_N} \right)^{\lambda_N} \quad (n = N_j) \qquad (8\text{-}24)$$

式中　$f_{n+1}^*(q_{n+1})$——预留阶段的最大效益；

　　　$R_n(q_n, m_n)$——状态为 q_n、决策为 m_n 时本阶段的效益，$R_n(q_n, m_n) = \left(\dfrac{ET_n}{ETm_n} \right)^{\lambda_n}$。

　　通过计算可求得给定初始条件下的最优状态序列 $\{q_n^*\}$ 及最优决策序列 $\{m_n^*\}$，$n = N_j, N_j - 1, N_j - 2, \cdots, 1$。

　　②将①的优化结果 $\{q_n^*\}$ 及 $\{m_n^*\}$ 固定下来，以 S_n 为第二个状态变量，其递推方程为：

$$f_n^*(S_n) = \max_{ET_n} \{ R_n(S_n, ET_n) + f_{n+1}^*(S_{n+1}) \} \quad (n = N_j - 1, N_j - 2, \cdots, 1) \qquad (8\text{-}25)$$

$$f_{N_K}^*(S_N) = \left(\frac{ET_N}{ETm_N} \right)^{\lambda_N} \quad (n = N_j) \qquad (8\text{-}26)$$

式中　$f_{n+1}^*(S_{n+1})$——预留阶段的最大效益；

　　　$R_n(S_n, ET_n)$——状态为 S_n、决策为 ET_n 时本阶段的效益，$R_n(S_n, ET_n) = \left(\dfrac{ET_n}{ETm_n} \right)^{\lambda_n}$。

　　经计算，可求得最优状态序列 $\{S_n^*\}$ 及最优决策序列 $\{ET_n^*\}$，$n = N_j, N_j - 1, N_j - 2, \cdots, 1$。

③比较①和②的优化结果,如果①的虚拟轨迹和②的优化结果不同,则重复以上优化过程,直到对两个状态变量进行最优化计算都得到相同的目标函数值(在拟定的精读范围内)和相同的决策序列及状态序列时为止。

2. 地块间水量最优分配

(1)将区域可供分配的灌溉水资源总量 W 对各地块进行预分配水量,即给定 $M_j^{(0)}$ $(j = 1,2,\cdots,J)$。

(2)在各作物灌水量 $M_j^{(0)}$ 确定的情况下,根据作物生育阶段内水量最优分配方法,求解作物各生育阶段分配的最优地表水量 $m_{jn}^{(0)}$、最优地下水量 $S_{jn}^{(0)}$,以及产量系数 $f_j^{(0)}$。

(3)计算各作物单位灌水量的产量系数 B_j,$B_j = f_j^{(0)}/M_j^{(0)}$。将其反馈到第三级,按常规动态规划算法进行优化计算,得到各作物分配的地表水量 $m_{jn}^{(i)}$、最优地下水量 $S_{jn}^{(i)}$。

(4)$M_j^{(1)}$ 传递到第一级,重复(2)、(3)步的计算。如此反复,直到第 k 次计算满足收敛条件:$\dfrac{m_{jn}^{(k+1)} - m_{jn}^{(k)}}{m_{jn}^{(k)}} \leqslant \varepsilon (j = 1,2,\cdots,J; n = 1,2,\cdots,N_j)$,即得到各地块种植作物各生育阶段的灌溉水量分配方案。

五、水资源信息管理系统运行流程

区域水资源管理信息系统运行流程如图8-6所示。

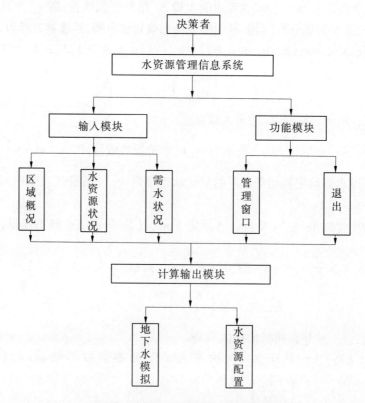

图8-6　水资源信息管理系统运行流程

采用上述配置模型,按照降水最有利、降水最不利两种情况定为两套方案,进行威海市项目示范区不同规划水平年(2004年、2010年、2020年、2030年)、不同用水保证率(50%、75%)农作物水量配置。不同代表年不同水平年年灌水总量计算结果见表8-2。

表8-2　不同代表年不同水平年灌水总量计算结果

代表年	水平年	灌溉水量 (万 m³)	地表水量 (万 m³)	地下水量 (万 m³)
50%	2004	219.27	121.00	98.27
	2010	202.36	104.10	98.27
	2020	186.94	88.67	98.27
	2030	159.40	67.42	91.99
75%	2004	192.23	119.19	73.04
	2010	178.07	105.03	73.04
	2020	162.64	89.61	73.04
	2030	142.76	69.72	73.04

第二节　果树微灌现代化自动监控管理技术

我国的农业正处在从传统农业向现代农业转变的历史性时期。现代化农业要求有更高的抗御洪、涝、渍、旱等自然灾害的能力,作物对土壤水分、空气温度、湿度等生长的环境要求更高,对灌水时间、灌水量、灌水部位、水肥营养供给等都有更精确要求。传统的灌溉管理技术无法实现,必须依靠现代化灌溉设备和技术才能做到。同时,自动化控制技术还可使多水源联网工程合理调度运行,通过自动采集作物生长的所需数据、水源的水位、机泵流量、管道压力,监控各用水单元用水过程、用水量,达到优化利用区域多水源,实现地表水、地下水联合运用的目的。

实施的农业节水现代化运行管理技术,是对传统灌溉管理技术的创新。特别是在沿海经济发达地区,劳动力缺乏,水资源危机问题突出,实现农业高效用水现代化有良好的基础,现代化技术的应用将为这一部分地区的发展创造良好条件,使剩余的大量劳动力转移到非农业生产中,将改善本地区的水环境条件,有力地促进工农业的发展。建立农业高效用水灌溉自动化控制工程,是实现现代化农业和水资源高效利用的关键,也是沿海经济发达缺水地区经济发展的必然趋势。

一、果树微灌自动化监控系统

果树微灌自动化灌溉监控系统是目前灌溉自动化控制技术中功能比较完善的系统。它将灌溉节水技术、农作物栽培技术及节水灌溉工程的运行管理技术有机结合,通过计算机通用化和模块化的设计程序,构筑成对供水流量、压力、土壤水分进行自动监测控制的系统,进行水、土环境因子的模拟优化,实现灌溉节水、作物生理、土壤湿度等技术控制指标的逼近控制,从而将农业高效节水的理论研究提高到新的应用水平。

(一)系统工作原理

系统的主要工作原理是通过中心控制室,由控制网络对现场各终端由传感器传输的供水压力、流量、水源水位、土壤水分等数据进行自动采集,并对变频调速器、电动机、电磁阀进行启闭自动控制,对压力、流量、水位、土壤水分等运行环境进行动态监测,解决远程数据的传输和数据库的管理,支持现场编辑供水和灌水计划,支持现场监控器、前置监控器、控制台、模拟屏及上位机联网计算,支持计时控制和远程监控,并使数据具有保护、编辑、复位的功能。所有这些都是由中心控制室微机中软件指令实现的。

该系统将农业节水的理论研究提升到现实应用中,采用了信息技术与农作物栽培技术结合,对水、土、环境因子模拟,实现了对灌溉节水、作物生理、土壤湿度等技术控制指标的逼近,提升了传统农业灌溉的水平。

(二)系统总体功能

(1)自动采集现场供水压力、流量、闸阀开度、井水位、土壤水分、气象等数据,支持模拟量(8路、16路、32路)、脉冲量(3路)、开关量(8位)的输入。

(2)控制水泵或变频调速器(1路)、电动闸阀(4路)、电磁阀(16路、32路)等构成压力、流量、井水位、土壤水分等闭环控制系统。

(3)基于RS485的远程数据传输和数据库管理。

(4)支持现场编辑供水计划和灌水计划,同时支持在前置监控器或上位计算机上编辑并下达供水计划和灌水计划。

(5)系统支持现场监控器(最多990台)、前置监控器、控制台、模拟屏及上位计算机联网运行,支持即时控制和远程监控。

(6)数据保护、全面隔离、自动复位。

(三)上位机功能

1. 浏览、修改、录入数据

允许浏览、修改各年度、各子站的压力、流量、闸阀开度等系统运行数据。数据因故不完整时,可以人工录入系统运行数据。

2. 制定运行计划

运行计划包括供水计划和灌水计划。供水计划中可以分别设置各子站的供水控制方式(设定压力、设定流量、设定开度)、控制目标、开始执行时间等。灌水计划中可以分别设置各子站的灌水控制方式(按任意顺序、指定顺序、土壤水分),即灌水顺序、灌水开始时间、灌水持续时间、土壤水分上下限等。当日供水计划和二日内的灌水计划可以即时传送到子站,非即时传送的运行计划将按计划执行日期和时间自动传送到子站。

3. 查阅运行记录

查阅各年度、各子站的压力、流量、闸阀开度及土壤水分等系统运行记录,运行记录以过程线的形式直观绘出,并配合数值显示。查阅各子站的压力、流量、闸阀开度越限、通讯故障等报警记录和恢复记录。

（四）前置机功能

前置机是农田自动灌溉监控系统的数据传输枢纽,用于大型压力灌溉系统或多机井供水系统的联网自动控制。前置机通过 RS485 远程通信总线,与多个(最大可以分配 990 个地址)现场控制器组成分布式多微机农田灌溉自动控制系统,进行集中监视和控制。为适应农田灌溉的广泛要求,前置机设置了丰富的功能,集成或二次开发农田灌溉自动化控制系统时,可以根据农田灌溉的不同需要进行选择。

1. 定时巡呼子站

定时巡呼子站,接收子站上传运行数据和运行状态量。

2. 显示运行数据、运行状态

显示各类数据和运行状态,模拟屏全面显示各子站、各路供水的压力、流量、电动阀开度、水位等运行数据以及水泵启停、电磁阀启闭等系统运行状态。

3. 编制供水控制计划

前置机支持同时对各子站的各分支管路分别编制供水控制计划,控制方式包括压力反馈控制、流量反馈控制、开度反馈控制,可以根据需要进行选择。供水控制计划可以通过系统键盘输入,也可以接收来自上位机的下行指令。供水计划在确认后立即下传到指定子站,取代该子站的供水控制计划。

4. 编制灌水控制计划

支持本机编制和修改灌水控制计划,也支持上位机下传灌水控制计划。灌水控制计划在确认后立即下传到指定子站,取代该子站的灌水控制计划。前置机支持 3 种灌水控制方式:自定义控制、顺序控制和土壤水分控制。

5. 手动控制水泵运行和电磁阀启闭

子站运行时,随时可以操作控制键盘,指定子站和设备,进行电磁阀和水泵的启停操作。系统自动判断操作是否正确,并仅执行正确的操作。

6. 上传实时数据、历史数据

根据上位机的呼叫,上传压力、流量、电动阀开度以及水位和土壤水分等实时数据,同时还上传水泵运行等状态数据,还可上传前日数据。

7. 接收并发送系统时间

每日定时接收上位机下传的系统时间,并向各子站发送系统时间,以保证日期、时间的统一。

8. 其他功能

(1)数据掉电保护功能:重要数据保存在具有掉电保护功能的存储区内,如供水计划、灌水计划、运行实时状态数据等。

(2)报警:压力、流量等越限时,报警并自动停机。报警值根据要求在设备出厂时预置。

前置机支持系统键盘、显示器、控制键盘、模拟屏等外部模块,并通过 RS232C 和 RS485 通信总线构成功能完整的数据采集与控制中心。前置机还支持 PC 等上位机,构成更大规模且具有优化决策功能的数据采集与控制系统。

前置机采用通用化和模块化的设计,系统配置由软件设置,便于构筑不同要求的农田自动灌溉系统,也便于维修。

(五)现场监控机功能

控制器是农田自动灌溉监控系统的现场端控制器,用于大规模压力灌溉系统的田间配水调压枢纽或单独运行的机井供水系统的现场自动控制。控制器可以挂接在 RS485 远程通信总线上,组成分布式多微机农田灌溉自动控制系统;也可以单机运行,进行水泵的启停控制和多种方式的电动阀门反馈控制。为适应农田灌溉的广泛要求,现场控制机设置了丰富的功能,可以根据农田灌溉的不同需要进行选择。

1.数据采集

采集数据是自动控制系统的基本功能。控制器具有 8 路(16 路)0 ~ 5 V 模拟量输入、3 路脉冲量输入、8 路开关量输入功能,用于采集压力、流量、电动阀阀门开度、水位、土壤水分等农田灌溉现场数据。本机以远传式压力表、电位器式闸阀开度计、远传式水表为标准配置,进行标准设计,定义的标准输入为:压力、电动阀阀门开度、水位、土壤水分均为 0 ~ 5 V 模拟量输入,流量为 5 V 脉冲量输入。如果实际选用的传感器的输入规格不同于上述定义,可采用转换器予以转换。

2.显示运行数据、运行状态

(1)LED 数码管。控制器采用 6 位高亮度 LED 数码管显示各类现场数据,以适应在井房等光线较暗环境下的应用。LED1 和 LED2 组成辅助显示单元,其余各位 LED 组成主显示单元。辅助显示单元,在运行状态时 LED1 显示供水编号,LED2 用于显示供水的调节状态。

显示开启工作的电磁阀时,主显示单元显示电磁阀的代号,如果显示:"00",表示没有开启的电磁阀。显示土壤水分时,辅助显示单元显示土壤水分传感器的编号。

(2)指示灯。纵向排列的 4 个指示灯,依次表示当前显示数据为"压力/方式"、"流量/日期"、"开度/数据"、"电磁阀/土壤水分"。横向排列的 5 个指示灯依次表示当前设置"供水计划"、"灌水计划"或处于"通讯"、"报警"(黄色)状态,"电源"(红色)指示灯指示电源状态。

3.供水控制方式

控制器具有同时对 4 路供水分别进行压力反馈控制、流量反馈控制、开度反馈控制的能力。控制目标值可自行设定,控制目标的允许偏差,一般为 ±10% 。本机采用特殊的模糊控制模型,具有控制稳定、适应性强的特点,同时适用于由普通电动机驱动的电动阀门的反馈控制。

控制方式的选择和目标值的确定可以通过本机键盘输入,也可以接收来自前置机或上位机(PC 机)的下行指令。

4.灌水控制方式

控制器支持 3 种灌水控制方式。

(1)自定义控制。该方式为缺省控制方式。每个电动阀的开启日期(月、日)和时间(时、分)、灌水历时、灌水顺序均可以自行设定。

(2)顺序控制。可以设定灌水开始的日期(月、日)、时间(时、分)和统一的灌水历时,灌水顺序按照预置顺序,并可同时开启多个电磁阀。

（3）土壤水分控制。根据土壤水分状况控制相关电磁阀的开启和关闭。土壤水分的控制目标通过设定土壤水分的上限和下限确定。在单机运行时,每一个电磁阀编组应该有一个土壤水分传感器配合工作;在联网运行时,可以由上位微机分析土壤水分变化趋势,修改灌水计划,并适时下达灌水计划。

5. 自动控制水泵运行和电磁阀的启闭

根据灌水计划,定时自动开启电磁阀和水泵,灌水计划全部执行完后,自动停止水泵运行。开机时,先开启电磁阀,后开启水泵;停机时,先关闭水泵,再关闭电磁阀。停电中断供水计划时,来电后自动恢复运行。

6. 供水计划和灌水计划编制与修改功能

支持本机键盘编制与修改供水计划和灌水计划,也支持上位机、前置机下传供水计划和灌水计划。供水计划在确认后立即执行,灌水计划则需等待相关条件(如灌水开始日期、土壤水分条件等)具备时执行。可以同时设置2个灌水计划,第1个灌水计划为当前灌水计划,第2个灌水计划在第1个灌水计划执行完后,自动切换为当前灌水计划。前置机、上位机下传的灌水计划规定作为第2个灌水计划,一般不立即取代当前灌水计划;通过本机键盘可对任何一个灌水计划进行编辑和修改。

7. 上传实时数据

根据上位机、前置机的呼叫,上传压力、流量、电动阀开度以及井水位和土壤水分等实时数据,同时还上传水泵运行等状态数据。

8. 其他功能

数据掉电保护功能和报警功能。

(六)系统的应用效果

两年来的运行状况表明系统运行状态良好,硬件及软件均能良好地支持工作,自动采集的现场供水压力、流量、井水位等数据基本上与实际情况吻合,说明了传感设备的精度符合要求。上位机实现了对运行数据实时监测浏览的功能,由水泵、变频器、电动阀、电磁阀等构成的对压力、流量、水位的闭环控制系统,可以实现机泵、电磁阀、闸阀的自动开启,灵敏度满足要求。灌水运行时,各子站可以按照预先设定的灌水顺序、灌水开始时间、灌水持续时间由上位机进行控制。灌溉运行中的记录也以过程线的形式直观绘出,存储的数据均可查询。

果树微灌自动化的实现明显地节省了劳动力,一个灌水员在微机房内按供水计划进行操作即可达到灌水目的。最重要的还是能够根据果树各生育阶段制定供水计划,使果树的生长环境控制在适宜的水分环境,因此果树增产效果明显。

二、果树微灌全自动控制灌溉技术

胶东半岛果树微灌全自动控制技术是对现阶段我国农田灌溉现代化管理水平的高度提升,是对电子信息技术、远程测控网络技术、计算机控制技术及土壤水分动态、农田微气候等因素的采集处理技术的综合技术集成,是对农业灌溉现代化运行管理的创新。

(一)全自动控制灌溉技术

该技术能够精确可靠地实现对作物生长过程中的湿度、温度、降水量、蒸发量及土壤水分含量等因子的自动采集、传输、分析,并作出综合判断;根据不同作物不同生育阶段所需求的适宜土壤含水量及其他因素实时作出控制机泵开启的指令,并根据预置的灌水计划有序地启闭闸阀,使整个灌水过程处于无人值守的控制状态。

高产高效优质作物种植技术与现代化的自动化灌溉技术的集成,替代了传统的粗放的灌溉方式。建立在对气温、湿度、土壤含水量、降水量、蒸发量和不同作物不同生育期所需适宜含水量及相应的气象参数的综合分析基础上的灌溉专家决策支持系统,可根据作物生长需要,支持机泵及电磁阀按照预定的供水计划实施启闭,使不同的作物在不同的生育期可以科学地获取适宜的灌水时间和适宜的灌水量,从而使有限的水资源发挥最大效益。其系统流程如图8-7所示。

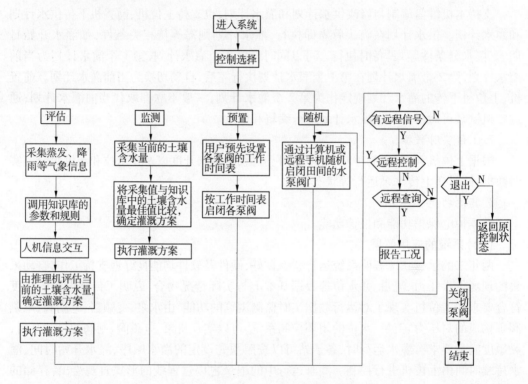

图 8-7　全自动控制灌溉系统流程

(二)系统功能

系统的设计采用了先进的农业节水灌溉测控技术,测控设备规范、成熟、性能稳定,在保证系统技术功能先进性、扩展性和可靠性的基础上,充分考虑系统的易操作性、经济实用性。系统工程主要包括主控中心、自动气象观测站、田间测控设备及远程监控通讯设备等。与喷灌、微灌自动化控制技术的主要功能相近,简单介绍如下。

1.信息自动采集

系统具有对与作物生长有关的气象因素如温度、湿度、蒸发、降水量及土壤含水量等信息自动采集、传输的功能。

2. 灌溉决策支持功能

根据采集的信息进行综合分析判断,确定土壤含水量的实时值,然后与作物生长所需适宜含水量的上限比较,当小于或等于设定的土壤含水量上限时,发出使机泵自动开启的指令,并且根据预先制定的灌水计划,按灌溉顺序、灌溉时间,自动执行,直至机泵自行关闭。

3. 自动监控功能

系统运行时,微机可自动显示机泵、阀门的实时工作状态,如工作压力、灌水流量、水位、土壤含水量及气象等信息的实时数据。

4. 预置修改功能

系统具有对运行参数进行预置和实时修改的功能。即在每一个灌溉过程之后,根据下一次作物生长阶段所需的适宜含水量的上限修改有关数据,并重新预置灌水顺序及灌水时间。

5. 查询功能

可对工作压力、灌水量、土壤含水量及气象因素信息等进行查询。

6. 远程监控功能

可以通过 GSM 无线网络和通信设备远距离发送信息,对灌水的过程进行人工控制,关闭机泵和电磁阀。

7. 灌溉预报功能

根据当日土壤含水量以及气象信息分析以后 5 天之内土壤墒情,逐段进行灌溉预报。

8. 预警保护功能

对机泵电流过限、管道工作压力超限及水泵等设备发生故障前进行预警保护直至自动修正运行等。全自动控制灌溉系统的控制功能网络如图 8-8 所示。

（三）系统的工作过程

系统的工作过程如下:首先由采集的气象因子、土壤墒情等实时信息通过不同的信号输入转换模块进入灌溉专家支持决策系统分析判断,然后向田间测控站、水源测控站、动力测控站及时发出指令,实施水泵、电磁阀的启闭。同时,运行过程中的灌水流量、工作压力、田间墒情、气象信息等数据自动存储于上位机,以供查询、输出。系统还可根据降水、蒸发、土壤墒情等资料,采用田间土壤水量平衡计算公式,预测土壤水分短历时状况的动态变化,对土壤含水量逐段实行灌溉预报。

（四）系统运行效果

采集的土壤含水量信息与实测结果基本吻合,整个系统的调试运行结果表明,土壤含水量传感设备的灵敏度达到要求,自动气象站采集的气象信息精度符合要求。在灌溉决策系统支持下,能够根据预先设置的土壤含水量上限及时发出指令并使机泵及阀门自动打开,并且根据预先设置的灌水时间自动关闭机泵。图 8-9 是灌溉系统运行中的界面。全自动控制灌溉系统的正常运行,保证了作物的及时灌溉和经济作物的优质高产。同时减少了灌溉用工,节省了劳动力。

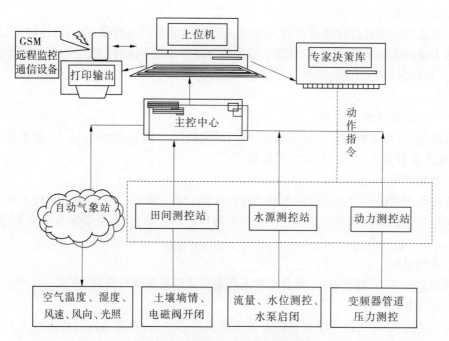

图 8-8　全自动控制灌溉系统网络

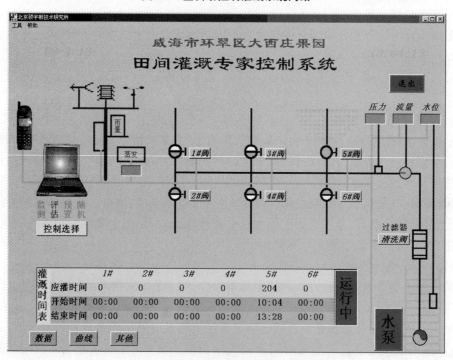

图 8-9　全自动化灌溉系统运行界面

第三节　温室大棚蔬菜微灌自动化控制管理技术

温室大棚蔬菜对土壤水分、空气温度、湿度等作物生长的环境因素要求更高,对灌水时间、灌水量、灌水部位、水肥营养供给等都有更精准要求,需要现代化的信息管理技术作为支撑。为此,胶东半岛区温室大棚蔬菜推广了基于信息技术支撑的自动化控制管理技术。

一、温室精准灌溉自动控制的设计原理

采用先进的农业节水灌溉测控技术与农作物栽培技术相结合,实现对作物生理、土壤湿度等技术指标的测量控制;对测控设备进行分析筛选,在保证系统技术先进性、可扩展性和可靠性的基础上,充分考虑系统的易操作性、经济实用性。

利用气象资料、土壤条件、作物不同生长期的需水参数等资料建立专家系统知识库(含事实库和规则库),再由推理机形成灌水决策方案。系统能够精确可靠地实现对湿度、温度、降水量、蒸发量、土壤水分含量及作物生长因子的自动采集、传输、分析,并作出综合判断;根据不同作物不同生育阶段的适宜土壤含水量及其他因素实时发出控制机泵开启的指令,并根据预置的灌水计划有序地启闭闸阀,实现自动控制系统灌溉。

二、自动灌溉管理系统的组成

系统设备主要包括主控中心、灌溉自动气象观测站、田间测控设备及远程监控通信设备等。

(一)主控中心

主控中心包括中心控制计算机、灌溉专家软件、GSM 远程监控通信设备等。在中心控制室可通过灌溉专家软件的五种控制方式(评估、实时监测、预置、随机、远程)由计算机自动对灌溉系统进行监控,实现对气象信息、土壤含水量、水源水位、管道压力、流量、机泵及电磁阀工作状态等信息的实时采集。

(二)作物生长专用气象站

作物生长专用气象站对降水、蒸发、风向、风速、气温、气湿和光照等参数实时采集。通过网络接入主控计算机,由灌溉专家软件进行分析,为实时灌溉提供决策依据;同时可为示范区大田的墒情测报提供基础性数据。

(三)田间灌溉测控单元

每个轮灌区建立灌溉测控单元,包括土壤含水量传感探头、电磁水阀及驱动电路、模块等。

(四)数字仪表、水泵控制柜

在水泵控制室内安装水泵控制柜和数字仪表,采集水位、压力、流量等数据,现场显示并传送至主控计算机;通过水泵控制柜控制、驱动水泵并提供过载、轻载、过压、欠压、短路等保护,将水泵运行情况反馈到主控计算机。

(五)GSM 远程监控通信设备

主控计算机上安装 GSM 通信设备,将工况信息向远程监控中心发送;也可接收远程监控中心的控制命令并执行。

三、自动灌溉管理系统的支撑软件

(1)系统软件采用目前流行的模块化、通用化结构设计,软件系统包括 5 个功能模块:系统设置、实时监控、数据管理、预报模型和在线帮助,总控计算机界面和主控程序采用 VB 编程,上位机总控站和下位机控制子站采用高效的汇编语言编程。软件设计控制方式采用供水控制、灌水控制任意组合,灌水方式可采用"智能控制"、"固定分组定时"、"任意编组定时"三种方式。

(2)考虑系统的开放性和可扩充性,系统的软件没有像通常控制系统那样将数据库放在主系统中,而是采用数据库软件 Access 另外创建数据库。数据库与主系统的连接采用 ADO 技术。主系统可以实时写入采集到的运行参数并放到数据库保存,也可以随时访问数据库进行查询、检索并以历史趋势图的方式进行直观显示。需要更改的环境参数、控制参数均以表格的形式存于数据库中,以方便系统的进一步拓展并与其他系统的连接。

四、自动灌溉管理系统的功能

(一)自动控制管理系统建立的原则

温室大棚蔬菜微灌自动控制管理系统的建立,遵循了以下原则:

(1)先进性。在国内同类系统的技术结构、设备选型、功能和技术指标等方面具有先进性。

(2)可靠性。系统测控设备能够满足野外工作环境的要求并具有工业级可靠性指标。如远程监控方面直接利用 GSM 无线网络和通信设备,采用 CRC 编码技术,确保系统的安全性和准确性。

(3)扩展性。系统支持规模、测控对象数量、软件功能、信息共享等方面可开放扩展。

(4)操作性。采用多媒体技术,人机界面友好,形象逼真,系统对于操作人员的技术水平要求较低(高中文化,简短培训),便于管理人员的操作使用。

(5)经济实用性。针对本项目具体条件和技术要求,考虑到系统的长期运行维护费用,选用技术成熟、价格适中的测控设备,使得设备的功能和技术指标能够平衡配合。避免选用技术指标过高而价格昂贵的设备,也不选用可靠性差的廉价设备。

(二)系统的功能

该系统具有以下功能。

1.信息自动采集功能

系统具有对与作物生长有关的气象因素(温度、湿度、蒸发、降水等)及土壤含水量等信息自动采集、传输的功能。

2.灌溉决策支持功能

根据采集传输的信息进行综合分析判断,确定出土壤含水量的实时值,然后与作物生长所需的适宜含水量比较,当小于或等于设定的土壤含水量下限时,发出开启机泵的指令,并且根据预先制定的灌水计划,按灌溉顺序、灌溉时间,自动执行,直至关闭机泵。

3. 自动监控功能

系统运行时,微机可自动显示机泵、阀门的实时工作状态,如工作压力、灌水流量、水位等实时数据。

4. 预置修改功能

系统具有对运行参数进行预置和实时修改的功能。即在每一个灌溉过程之后,根据下一次作物生长阶段所需的适宜含水量的上限修改有关数据,并重新预置灌水顺序及灌水时间。

5. 查询功能

可对运行时的工作压力、灌水量、土壤实时含水量及气象实时信息等进行查询。

6. 远程监控功能

可以通过 GSM 无线网络和通信设备远距离发送信息,对灌水的过程进行人工控制,关闭机泵和电磁阀。

7. 灌溉预报功能

根据当日土壤含水量以及气象信息分析以后 5 天之内土壤墒情,逐段进行灌溉预报。

8. 预警保护功能

对机泵电流过限、管道工作压力超限及水泵等设备发生故障时进行预警保护直至自动修正运行等。

五、自动控制灌溉管理系统在亚特蔬菜温室滴灌工程中的应用

亚特蔬菜温室是威海市环翠区的名优特蔬菜试验基地,也是威海市发展绿色高效农业的典范,为充分示范现代化节水农业,课题组研制集成了代表我国领先水平的现代化温室灌溉全自动控制系统。本系统由微灌系统和控制系统两部分组成,微灌系统由水源、首部枢纽、输配水管网和灌水器以及流量、压力控制部件和量测仪表等组成;控制系统是由工控计算机及控制网络、灌溉专家控制系统软件、GSM 远程通信设备、作物生长环境监测站、水泵阀门的测控设备等组成。温室蔬菜自动化滴灌系统见图 8-10。

亚特温室微灌自动化管理工程可控制 46 个温室大棚,北区 18 个,南区 28 个,南北区各有一个供水水源,分别设置单独的首部枢纽控制灌溉系统,包括水泵、流量、压力、水位采集传感器等设备,各大棚均安设以色列耐特费姆电磁阀以控制滴灌系统的启闭。自动控制中心设在北区,在南北区分别选择有代表性的种植大棚 2 个,设置棚内湿度、温度、土壤含水量、蔬菜茎流等数据监测采集设备,进行棚内微气候环境的全自动监控,为实施全自动智能灌溉提供依据。亚特温室微灌自动化工程有先进的 GSM 远程通信设备,可远距离实现现场智能化控制与监测。除此之外,系统还设有手动操作功能键以备不测。温室蔬菜微灌自动化系统控制工程采取集中分布式控制结构,在北区集中控制中心内安装主控计算机,泵房内安装变频控制柜和 PLC。主控计算机控制主界面见图 8-11。

亚特温室微灌自动化管理系统将命令通过通信网络传送至分布于各泵房内的控制柜和 PLC,由变频控制柜控制水泵使水泵运行在适合灌溉条件下的最佳状态,由 PLC 集中控制分布在温室内的电磁阀,并将各种传感器采集的数据(如压力、流量、温室内的土壤

图 8-10　亚特温室蔬菜自动化滴灌系统

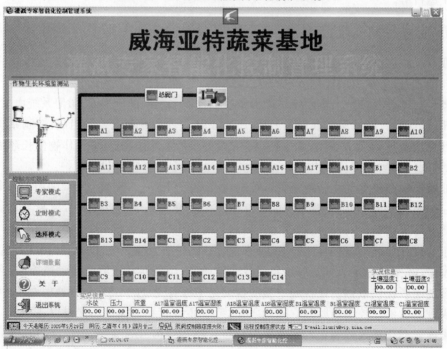

图 8-11　亚特温室蔬菜微灌自动化系统控制主界面

湿度等)传送于主控计算机。

　　本系统的总体结构布置图见图 8-12。

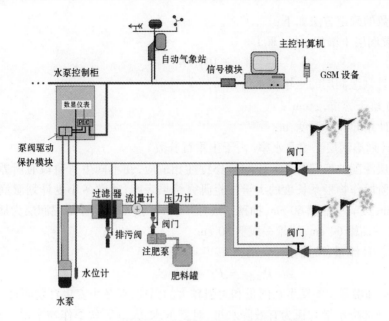

图 8-12　系统总体结构布置示意图

第四节　农业用水管理的灌溉预报技术

传统用水管理是根据灌溉制度定时定量供水。虽然灌溉制度是根据不同水文年的配水方案,但也不能适应瞬息万变的天气条件。因而在目前水资源紧缺、农业供水形势日益严峻、灌溉管理水平低的情况下,应当根据当前墒情、作物类型和生长状况,结合未来时段的气象预报,进行农田用水动态管理。灌溉预报技术是农田灌溉用水动态管理的核心。它是利用土壤基本参数及易于观测的气象资料等来预测土壤水分状况的动态变化,据以确定灌水的适宜日期、灌水定额,并随作物生育期的推移,逐段实行灌溉预报,控制土壤水分在适宜的范围内变化,实现水资源的高效利用。

一、灌溉预报模型建立

灌溉预报模型据农田土壤水量平衡原理建立,根据作物生长的需水量、蒸发量、降水量等因素,结合当前的土壤含水量推求下一阶段的土壤含水量进而预报灌溉时间和灌水量。土壤含水量的递推模型如下:

$$W_i = W_{i-1} + D_i + M_i + I_i + P_i - R_i - S_i - ET_{ai} \tag{8-27}$$

式中　W_i、W_{i-1}——作物第 i、$i-1$ 时段计划湿润层的土壤蓄水量,mm;

D_i——第 $i-1 \sim i$ 时段地下水补给量,mm;

M_i——第 $i-1 \sim i$ 时段因计划湿润层增加而增加的水量,mm;

I_i——第 $i-1 \sim i$ 时段灌水量,mm;

P_i、R_i、S_i——第 $i-1 \sim i$ 时段降水量、径流量、渗漏量,mm;

ET_{ai}——第 $i-1 \sim i$ 时段作物实际腾发量,mm。

模型中参数的确定方法如下:

(1)计划湿润层土壤蓄水量(W_i)

$$W_i = 10\gamma\beta_i H_i \tag{8-28}$$

式中　W_i——计划湿润层的土壤蓄水量,mm;

　　　γ——土壤干容重,g/cm³;

　　　H_i——计划湿润层深度,m;

　　　β_i——计划湿润层土壤含水率(占干土重百分数)。

计划湿润层深度的确定必须与作物生长特性相适应,在不同生育阶段有所差异。通过对不同生育阶段作物根系长度的大量试验研究结果表明,通常冬小麦计划湿润层为播种—拔节40 cm,拔节—抽穗60 cm,抽穗—成熟80 cm。夏玉米的计划湿润层为播种—拔节40 cm,拔节—抽雄60 cm,抽雄—成熟80 cm。

(2)降雨量、径流量、渗漏量(P_i、R_i、S_i)

$$P_{有效i} = P_i - R_i - S_i \tag{8-29}$$

因产生径流和渗漏主要发生在雨量和雨强较大的汛期,对冬小麦生育期而言(10月~翌年6月),其全部降水量均视为有效降水量;对夏玉米、大豆等秋季作物来说,当降水折算成有效降水时,R_i、S_i 也可取0,折算方法为:当 $P \leqslant 5$ mm 时,$P_{有效} = 0$;当 $5 < P \leqslant 10H\gamma(\beta_{田持} - \beta)$时,$P_{有效} = P$;当 $P > 10H\gamma(\beta_{田持} - \beta)$ 时,$P_{有效} = 10H\gamma(\beta_{田持} - \beta)$。$\beta$ 为降水前土壤含水率。

(3)地下水补给量(D_i)。地下水补给量大小与地下水埋深、土壤性质、作物种类及耗水强度等因素有关。其值计算非常复杂,涉及的因素众多,而且对作物的生长影响较大。对有试验资料的灌区,采用已有试验成果;对没有试验成果的灌区,采用下述两种计算方法。

一般经验公式:

$$D_i = ET_{ai} \times a$$

其中 a 值当地下水埋深 $H < 1$ m 时,取 0.5;$H = 1 \sim 1.5$ m 时,取 0.4;$H = 1.5 \sim 2.0$ m 时,取 0.3;$H = 2.0 \sim 3.0$ m 时,取 0.2;$H = 3 \sim 3.5$ m 时,取 0.1;$H > 3.5$ m 不再补给。ET_{ai} 为作物腾发量(mm)。

华北旱作物地下水利用量计算公式:

$$D_i = (A - B\lg H)t_i/T \tag{8-30}$$

式中　H——地下水埋深,m;

　　　T——作物生育期天数,其中小麦从拔节开始计算;

　　　t_i——第 $i-1 \sim i$ 计算时段的天数;

　　　A、B——经验参数,其取值见表8-3。

(4)灌水量(I_i)

$$I_i = 10\gamma H_i \beta_{田持}(\phi_{上限} - \phi_{下限}) \tag{8-31}$$

式中　$\beta_{田持}$——计划湿润层田间持水量(占干土重百分数);

　　　$\phi_{上限}$、$\phi_{下限}$——灌水上、下限指标(占田间持水量百分数),灌水上限一般取田间持水量的90%,灌水下限取值见表8-4~表8-5。

表 8-3　华北平原作物对地下水利用量

土壤质地	冬小麦			夏玉米		
	A	B	H_{max}	A	B	H_{max}
轻砂壤土	80	210	2.4	49	162	2.0
轻黏壤土	100	209	3.0	59	192	2.0
中质黏壤土	120	199	4.0	69	173	2.5
重质黏壤土	150	249	4.0	86	180	3.0
黏土	200	332	4.0	115	211	3.5

表 8-4　冬小麦灌水下限指标

生育期	出苗—越冬	越冬—返青	返青—拔节	拔节—抽穗	抽穗—灌浆	灌浆—成熟
土壤含水率下限(%)	55~65	60~70	50~60	60~70	60~70	50~60

表 8-5　夏玉米灌水下限指标

生育期	出苗—幼苗	幼苗—拔节	拔节—抽雄	抽雄—灌浆	灌浆—成熟
土壤含水率下限(%)	60~75	50~65	65~75	70~80	65~75

(5)作物腾发量(ET_{ai})。作物腾发量(或作物需水量)是农业方面最主要的水分消耗部分,包括棵间蒸发量和植株蒸腾量,是制定农田灌溉制度的重要依据。可采用参考腾发量法计算,即

$$ET_{ai} = ET_{oi} \times K_{ci} \tag{8-32}$$

式中　ET_{oi}——潜在腾发量,mm;

　　　K_{ci}——作物系数。

作物系数 K_{ci} 是计算作物需水量的重要参数,它反映了作物本身的生物学特性、产量水平、土壤耕作条件等对作物需水量的影响。在充分灌溉条件下,不同生育阶段 K_{ci} 值为一常数。但对冬小麦来说,全生育期都处于干旱少雨季节,加之目前水资源严重缺乏,很难保证全生育期充分灌溉。当含水量小于土壤适宜含水量时,作物腾发受到抑制,K_{ci} 将按非线性函数变化,K_{ci} 的选取见表 8-6。

二、灌溉预报模型验证

(一)耗水量验证

模型验证主要是验证土壤含水量预报的准确性,在供水量已知的情况下,主要是预报耗水量的准确性。利用龙口市北邢家水库灌区 2000~2002 年冬小麦实测耗水量过程对用预报模型计算的耗水量进行验证。耗水量计算及土壤水分测定深度均为 100 cm,计算与实测日耗水量、累计耗水量对比如图 8-13、图 8-14 所示。

表8-6　作物系数与土壤水分关系

作物	生育阶段	$K_{ci} = K_c$		$K_{ci} = K_s \times K_c$					
		适用范围	K_c	适用范围	K_s	R	n	F	S
冬小麦	10月	$0.85 \leqslant X \leqslant 1$	0.898	$0.55 \leqslant X \leqslant 0.85$	$K_s = 1.1984\ln X + 1.2067$	0.743	100	120	0.173
	11月	$0.85 \leqslant X \leqslant 1$	1.266	$0.65 \leqslant X \leqslant 0.85$	$K_s = 0.9898\ln X + 1.1707$	0.653	107	78	0.187
	12~2月	$0.85 \leqslant X \leqslant 1$	0.932	$0.60 \leqslant X \leqslant 0.85$	$K_s = 1.2487\ln X + 1.2038$	0.698	147	137	0.156
	3月	$0.75 \leqslant X \leqslant 1$	0.798	$0.50 \leqslant X \leqslant 0.75$	$K_s = 1.7542\ln X + 1.5062$	0.712	121	122	0.171
	4月	$0.85 \leqslant X \leqslant 1$	1.238	$0.60 \leqslant X \leqslant 0.85$	$K_s = 0.7587\ln X + 1.1242$	0.629	123	79	0.161
	5月	$0.80 \leqslant X \leqslant 1$	1.238	$0.60 \leqslant X \leqslant 0.80$	$K_s = 1.0996\ln X + 1.2351$	0.870	105	321	0.162
	6月	$0.70 \leqslant X \leqslant 1$	0.956	$0.50 \leqslant X \leqslant 0.70$	$K_s = 0.8393\ln X + 1.2943$	0.757	110	145	0.195
夏玉米	播种—拔节	$0.70 \leqslant X \leqslant 1$	0.682	$0.55 \leqslant X \leqslant 0.70$	$K_s = 2.0138\ln X + 1.777$	0.785	15	20	0.199
	拔节—抽雄	$0.70 \leqslant X \leqslant 1$	1.294	$0.65 \leqslant X \leqslant 0.70$	$K_s = 1.3127\ln X + 1.5228$	0.746	15	16	0.173
	抽雄—灌浆	$0.85 \leqslant X \leqslant 1$	1.51	$0.70 \leqslant X \leqslant 0.85$	$K_s = 0.9047\ln X + 1.2001$	0.710	15	13	0.207
	灌浆—成熟	$0.75 \leqslant X \leqslant 1$	1.168	$0.65 \leqslant X \leqslant 0.75$	$K_s = 0.9469\ln X + 1.3453$	0.831	15	29	0.142

注:x为占田间持水量百分数(以小数计);土壤水分计算深度为100 cm。

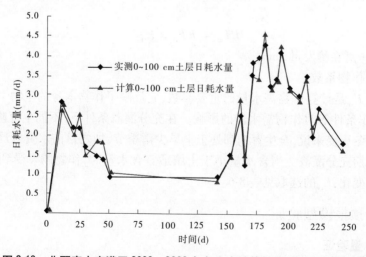

图8-13　北邢家水库灌区2000~2002年冬小麦计算与实测日耗水量过程线

从图8-13可看出计算与实测日耗水量过程线变化趋势一致,对24组数据进行校验,两者绝对误差为0.06~0.54 mm。从图8-14可看出,实测0~100 cm土壤219天中总耗水量为399.94 mm,计算0~100 cm土壤的总耗水量为396.42 mm,两者仅相差3.52 mm,结果十分接近。

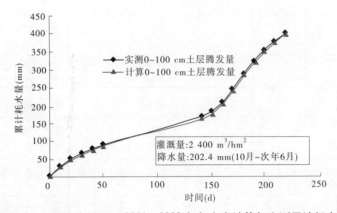

图 8-14 北邢家水库灌区 2001~2002 年冬小麦计算与实测累计耗水量曲线

(二)土壤水分验证

土壤水分递推采取逐日计算的方式,在计算当天耗水量时采用上一天的土壤水分值。利用北邢家水库灌区 2000~2001 年冬小麦墒情资料进行土壤水分验证,北邢家水库灌区土壤为中壤土,容重 1.34 g/cm^3,田间持水量 24.2%,凋萎系数 6.83%,经计算,土壤水分实测值与计算值的相对误差在 -5.33%~2.5%,3 次预报灌水时间与实际灌水相比较接近并有所推迟,灌溉定额减少 30 mm(见图 8-15 和表 8-7)。因此,按灌溉预报实施灌溉能达到科学配水、计划调水、节约用水的管理目的。

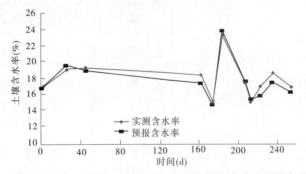

图 8-15 北邢家水库灌区 2000~2001 年冬小麦土壤含水率实测值与预报值对照

三、灌溉预报程序结构

灌溉预报程序应用 Visual Basic 软件开发的 Microsoft Windows 应用程序,具有极强的可视性和直观性。该程序由主程序和各个子程序组成。主程序的功能是各个子程序之间相互调用,起出入口引导作用,引导由菜单完成,根据选择进入相应子程序。子程序是该程序的核心部分,它包含了示范区基本情况子程序,降水量、腾发量、地下水补给量计算子程序,灌水时间和灌水量计算等十几个子程序。该程序采用模块化结构,符合自上而下逐步求精的设计原则,结构清晰,便于阅读和修改。程序功能的实现采用菜单选择的方式,提示明了,操作简单,便于推广应用。其预报程序流程如图 8-16 所示。

表 8-7　北邢家水库灌区 2000～2001 年冬小麦灌溉预报

作物生育阶段	预报起止日期(月-日)	天数	计划湿润层深度(m)	时段初土壤含水率(%)	计划湿润层内储水量(mm) 上限	下限	时段初计划湿润层储水量(mm)	时段内作物腾发量(mm)	有效降水	灌溉	地下水补给	计划湿润层深增加水量(mm)	时段末计划湿润层储水量(mm)	时段末期土壤含水率(%) 实测值	预报值	相对误差(%)	实际灌水 日期(月-日)	灌水定额(mm)	灌溉预报 日期(月-日)	灌水定额(mm)
播种—越冬	10-09～11-03	26	0.4	16.7	130	71	90.18	57.2	73.3				106.3	19.2	19.68	2.5				
越冬	11-04～11-23	20	0.4	19.68	130	71	106.3	32	28.2				102.5	19.3	18.98	1.6				
越冬—返青	11-24～03-21	117	0.4	18.98	130	78	102.5	60.9	52.6				94.2	18.4	17.4	-5.43				
返青—拔节	03-22～04-02	11	0.4	17.4	130	65	94.2	25.3	10				78.84	15.2	14.6	-3.87				
拔节	04-03～04-12	10	0.4	14.6	130	65	78.84	30	0	80			128.84	23.32	23.85	2.27	04-01	80	04-03	70
拔节—抽穗	04-13～05-05	23	0.6	23.85	195	169	128.84	96.28	46			64.4	142.96	17.5	17.65	0.8				
抽穗—灌浆	05-06～05-11	6	0.8	17.65	195	156	142.96	24	0			47.6	166.32	15.1	15.4	1.99				
灌浆	05-12～05-21	10	0.8	15.4	195	156	166.32	51	0	70			171.29	17.0	17.16	0.19	05-12	70	05-15	60
灌浆	05-22～06-01	12	0.8	15.86	195	169	171.29	61.2	0	80			190.09	18.7	17.6	5.88	05-22	80	05-23	70
灌浆—成熟	06-01～06-21	20	0.8	17.6	195	169	190.09	102	87.1				176.04	16.9	16.3	3.55				
Σ		254																230		200

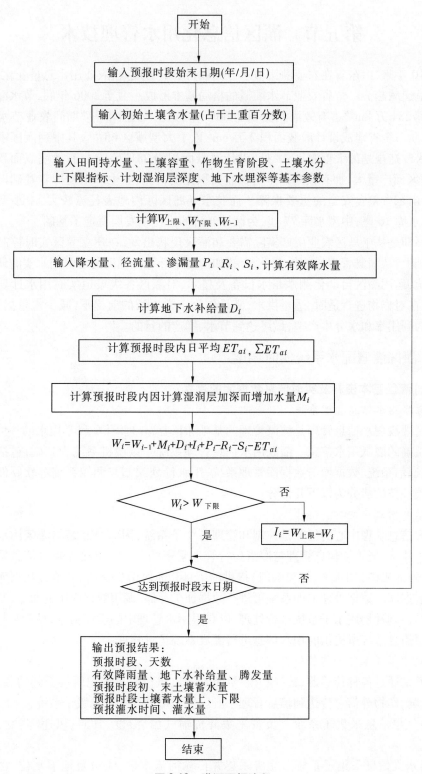

图 8-16　灌溉预报流程

第五节　灌区信息化用水管理技术

近 10 年来,山东省在农业灌溉节水方面取得了显著成效,农业用水总量变化很小,灌溉定额呈递减趋势。全省农业节水灌溉的格局基本形成。截至 2006 年底,节水灌溉总面积已达到 284 万 hm²,占有效灌溉面积的 60% 左右。"九五、十五"期间农业节水投资达到 50 亿元。全省建成设计灌溉面积 2 万 hm² 以上大型灌区 65 处,其中列入国家续建配套与节水改造规划的大型灌区 48 处,设计灌溉面积为 281 万 hm²,有效灌溉面积 179 万hm²。灌区面广量大,拥有较高的旱涝保收面积比例,在农业生产中发挥着基础设施的作用,成为山东省粮食安全的重要保障。而胶东半岛区区内地表径流较大,中小型水库较多,大型水库 16 座,中型水库 77 座,为区域经济的可持续发展奠定了基础。

本书即是从半岛区农业生产实际需要和灌区现状出发,在建立灌区实时控制信息系统的基础上,从灌溉管理的软件着手,介绍如何采用计算机辅助的灌溉用水实时调度决策支持系统,运用灌区自动化测水量水设备及技术,对灌区各级渠道实时用水计划作出决策,达到在对作物进行适时、适量供水,满足作物正常生长的前提下,减少水量损失,提高灌溉水的利用率和水分生产率,最终达到节水、增产的目的。

一、灌区灌溉配水系统实时调度

(一)灌区基本资料及实时信息数据库的建立

1. 灌溉用水信息管理系统

灌区灌溉用水信息管理是灌溉管理的基础和核心,合理灌溉、科学用水的一切措施都取决于正确的灌溉用水信息。灌溉用水信息管理系统是以微机系统为基础,包括数据采集系统、通信系统、数据库与数据库管理系统、用水计划编制与调控系统等软硬件在内的综合系统。按功能分为以下几部分。

1)信息管理中心

灌区信息管理中心的任务是控制和管理各个子系统,因而最好是与灌区用水管理中心合为一体,以便于使信息管理与灌溉运行管理紧密结合。它可接受来自信息采集系统的信息、外部机构(如水文、气象部门)提供的信息和灌区历史资料,并通过数据库管理系统送入数据库。数据处理辅助系统可进行数据加工存储,调用数据库中的数据,与采集的信息一同传到计划用水子系统进行处理,以获得用水管理中的反馈信息,显示和打印成文件。按照信息系统所提供的用水信息进行灌溉系统运行管理。

2)用水信息采集—传输子系统

任务是通过各种传感器、数/模、模/数装置及电讯传输系统把所接受到的各种气象、水文、土壤、作物等信息传送到信息管理中心。它又可分为 4 个二级子系统:

(1)气象信息采集子系统。负责采集并传输气温、湿度、日照、风速、蒸发、降雨等数据。

(2)水文信息采集子系统。完成采集并传输河流水位、流量及地下水位、含盐量等数据。

（3）土壤信息采集子系统。进行土壤含水量、土壤温度、盐分等数据的采集传输。

（4）作物信息采集子系统。对田间作物生长发育状况,如根系深度、绿叶覆盖百分率等实时信息的采集和传输。

3）数据库管理系统

该子系统的任务是管理灌区各种数据,进行数据存储、增补、修改、加工、检索、打印等工作。

4）计划用水信息管理系统

接受信息管理中心的指令,从数据库管理系统和信息采集系统获取数据并加工处理,进行水源预报和灌溉预报,拟定灌溉制度,制定和修改灌区用水计划,同时还进行灌区用水经济管理。

5）渠系配水管理系统

主要进行渠道水位、流量监测,闸门和灌溉设施的远程操作,与管理站（段）的通信联系。

6）信息管理辅助系统

该子系统包括数据处理、文书档案管理、复印、绘图、打印等日常事务。

2. 灌区灌溉用水基本信息数据库

根据数据库系统的功能特性,结合灌区的具体情况,建立了灌区灌溉用水信息数据库。

1）灌区概况

参照灌区自然地理、社会经济、工农业生产、渠系布置等情况,编写成综述性的文字信息,用户进行程序系统操作之前可先从计算机屏幕上阅读此文件内容,以帮助用户对灌区基本情况有一个轮廓性了解。

2）气象资料库

在建立灌区作物需水量预报模型时,必须收集灌区多年逐日气象观测资料,有日最高、最低、平均温度,日照时数,相对湿度,风速等 6 项。分年度将资料输入到数据库中。计算所得的参考作物腾发量亦同时列在最后一栏。并且还分年度将其单独保存成备份的数据文件,以便在资料库遭到破坏或重新安装系统时,直接调用所需年份数据。

3）作物生长信息库

主要包括作物种植面积、品种,播种日期,收获日期,当前生长阶段,各生育阶段起始终止日期,各阶段每种作物根系深度变化,作物绿叶覆盖百分率,冠层温度,叶水势等。这些信息前 7 项为季节性信息,每年只需输入一次即可,最后 3 项为实时信息,需要用户在每次运行灌溉预报程序之前更新数据库内容。

考虑到实时预报分旬进行,实时信息量大,将这些信息分作物填到不同表格中,待作物生长期结束后再对资料进行整理,分年度、作物品种保存每年生育期内的各种作物信息,供今后的灌溉预报作参考之用。

4）渠系特性信息库

按干、支渠划分建立表格式数据库。这些信息只需在建立数据库时一次性输入,以后当某一渠道控制面积、水力特性等发生变化时才更新信息库的内容。如图 8-17 所示。

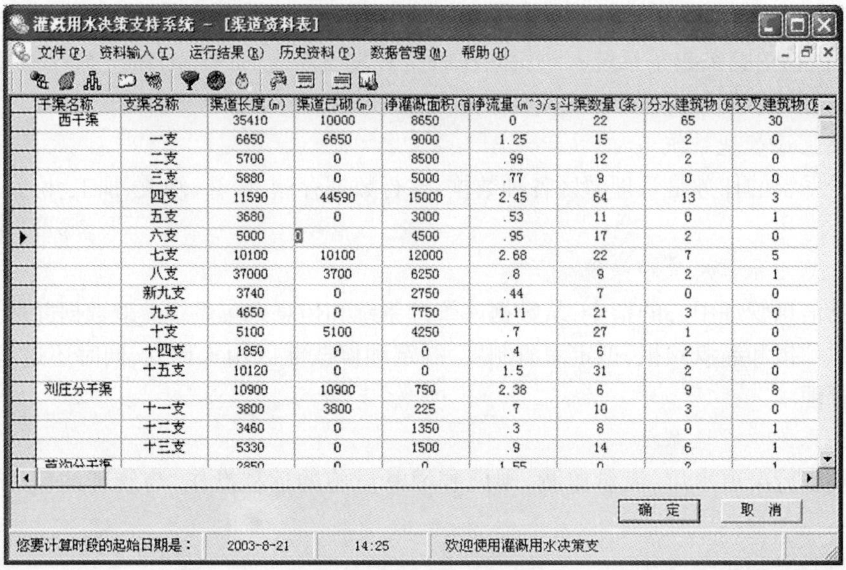

灌溉用水决策支持系统 - [渠道资料表]

文件(F)　资料输入(I)　运行结果(R)　历史资料(P)　数据管理(M)　帮助(H)

干渠名称	支渠名称	渠道长度(m)	渠道已砌(m)	净灌溉面积(亩)	净流量(m^3/s)	斗渠数量(条)	分水建筑物(座)	交叉建筑物(座)
西干渠		35410	10000	8650	0	22	65	30
	一支	6650	6650	9000	1.25	15	2	0
	二支	5700	0	8500	.99	12	2	0
	三支	5880	0	5000	.77	9	0	0
	四支	11590	44590	15000	2.45	64	13	3
	五支	3680	0	3000	.53	11	0	1
	六支	5000	0	4500	.95	17	2	0
	七支	10100	10100	12000	2.68	22	7	5
	八支	37000	3700	6250	.8	9	2	1
	新九支	3740	0	2750	.44	7	0	0
	九支	4650	0	7750	1.11	21	3	0
	十支	5100	5100	4250	.7	27	1	0
	十四支	1850	0	0	.4	6	2	0
	十五支	10120	0	0	1.5	31	2	0
刘庄分干渠		10900	10900	750	2.38	6	9	8
	十一支	3800	3800	225	.7	10	3	0
	十二支	3460	0	1350	.3	8	0	1
	十三支	5330	0	1500	.9	14	6	1
普济公干渠		2850	0	0	1.55	0	2	1

确定　取消

您要计算时段的起始日期是：　2003-8-21　14:25　欢迎使用灌溉用水决策支

图 8-17　渠系数据库屏幕

5）土壤信息库

土壤信息库包括灌区内土壤类型、分区、容重、饱和含水率，田间持水率，凋萎点，孔隙率，饱和水力传导率，非饱和水力传导率曲线，非饱和土壤扩散率曲线，导水系数以及土壤化学成分等。由于受当地土壤监测、实验技术条件限制，该信息库在系统投入运行之后还需不断补充和完善。

6）水库水量数据库

根据灌区现有保存的水库来水量和用水量资料，必须建立多年逐月来用水量统计表，今后在系统投入运行之后，每一时段初的来水量都要及时输入实时水源信息表中，年终对资料分析整理，再合并到历史数据库中。

7）农业生产信息库

农业生产信息库指灌区内的农业耕作、栽培技术，作物品种选育，灌水方式，农业综合节水技术，作物田间管理方式，化肥、农药施放情况，农业节气时令及国家有关的农业发展规划、政策等信息。

3．实时信息数据库

实时信息包括短期天气预报，水库水情预测，作物生长情况，作物需水量，田间土壤水分状况，工业、城镇生活用水量以及反馈流量等。每次运行预报程序之前要根据系统菜单提示输入前一个时段的各项实测数据，以修正预报值；同时输入下一时段的预测值，辅助系统作出灌溉预报，实时信息输入界面见图 8-18。

（二）实时灌溉预报

实时灌溉预报强调正确地估计"初始状态"和掌握最新的预测资料。每一次预测都是以修正后的初始状态为基础，然后利用短期水文气象预报资料，对灌水日期和灌水定额作出预测。因此，在灌溉预报过程中利用各种反馈信息对前一旬各种条件进行逐日修正尤为重要。根据地形条件、土壤质地、作物品种、生育阶段、农田小气候、水文地质等不同

图 8-18　实时信息管理主界面

条件,选择代表性田块进行初始状态的修正,并且对所有田间水量平衡要素和影响灌水日期、灌水定额的各种因素进行逐日递推或分析。

1. 初始田间水分状况的修正

初始田间水分状况修正是实时灌溉预报中最关键的步骤之一。可根据地形、地貌、气候、土壤等条件,在每一条渠道选择几个代表田块,每个时段初的作物绿叶覆盖百分率和土壤水分状况均以该田块为准。

若为生育期初的第一次灌溉预报,应在旬初实测一次土壤含水率;或选择灌溉季节前土壤含水率达到饱和或田间持水率的时刻作为初始值,运用实际降水等气象观测值所计算的逐日作物需水量等资料,逐日递推至生育期开始。否则以上一旬实测气象资料及反馈信息,对上旬各代表田块含水率进行逐日修正,遇灌水或降透雨则自动修正土壤含水量为田间持水率。

2. 灌水日期预测

对田间初始水分状况进行修正后,即可进行田间水量平衡逐日模拟,其中的作物腾发量、降水量为预测值。在确定了田间适宜水分上、下限的情况下,经过逐日模拟可得出每一种作物、代表田块所需要的灌水日期。由于某一次灌水必须统一时间进行,否则不便于管理,因此需要根据各田块的灌水要求及灌溉管理条件,综合考虑作物需水的轻重缓急、劳力情况、工程管理要求等确定一个或几个统一的灌水中间日,以便渠道集中放水,又能基本满足所有作物的灌水要求。

3. 灌水定额确定

当适宜水分上、下限确定后,灌水定额基本上等于土壤水分上、下限之差。但是统一灌水中间日后,有些田块的灌水要提前,有的则会推迟,实际的土壤含水量并不正好是处于下限,理论上应该是以土壤含水量上限减去实际含水率再取整。

4. 净灌溉需水量预测

灌水定额已知后,可利用它计算综合净灌水定额和各支渠系统的净灌溉需水量。计算公式如下:

$$m_{综} = \sum_{j=1}^{n} \frac{A_j}{A} m_j \qquad (8\text{-}33)$$

$$W_{净} = m_{综} \cdot A \qquad (8\text{-}34)$$

式中　$m_{综}$——综合净灌水定额,m^3/hm^2;

　　　$W_{净}$——综合净灌溉需水量,m^3;

　　　A_j、m_j——第 j 种作物的种植面积(hm^2)和净灌水定额(m^3/hm^2),$j=1,2,\cdots,n$ 表示所种植的作物序号;

　　　A——灌区总的灌溉面积,hm^2。

5. 毛灌溉需水量预测

首先将各片的净灌溉需水量除以相应的田间水利用系数,得到各片的毛灌溉需水量。扣除当地小型水库、塘堰、河坝等供水量,得到需由干渠引入的净水量。再除以该支渠系统的渠系水利用系数,即得毛灌溉需水量。所有干、支渠系统的需水量总和为该次灌溉的毛灌溉需水量。计算公式为:

$$M_{毛} = \sum_{i=1}^{N} (W_{净,i}/\eta_{田,i} - L_i)/\eta_{渠,i} \qquad (8\text{-}35)$$

式中　$M_{毛}$——干渠或支渠首毛灌溉需水量,m^3;

　　　$W_{净,i}$、L_i、$\eta_{田,i}$、$\eta_{渠,i}$——第 i 个支、斗渠系统的净灌溉需水量(m^3)、当地水源可供水量(m^3)、田间水利用系数及渠系水利用系数;

　　　N——灌区内干(或支)渠总数。

(三)渠系动态配水计划

尽管实时灌溉预报是制定动态用水计划的必要条件,但准确地预测在不同环境下各种作物所需要的灌水日期和灌水定额,并不能保证进行实时、适量的灌溉。由于短期用水计划的时段不长,而处理的信息量大,灌区灌溉用水管理的许多信息不易获取,且灌溉水的输送和分配需要较长的时间。因此,动态用水计划的编制和执行,主要体现在渠系操作计划方面,即确定各级渠道的开闸日期和时间、放水延续时间(或关闸日期和时间)、放水流量。

1. 轮灌组调整

对于每一次配水调度,一个重要的基础就是合理划分轮灌组。根据渠系布置、渠道工程状况、作物种植种类和面积、土壤类型等综合因素把各支渠划分为若干个轮灌组。按照灌区实际情况,可分为若干个轮灌组,各轮灌组渠道组成及未划分渠道状况可通过界面任意调整。用户可以在系统运行开始根据掌握的灌区实际资料来调整轮灌组,也可以在运行完毕再次调整,此时系统将自动重新计算,生成新的配水结果。用户可以对不同轮灌组划分情况下的配水结果作对比,进而选取满意的配水方案。

2. 放水延续时间

在制定动态灌溉用水计划时,一般先根据所预测的毛灌溉需水量和渠道设计流量计算各级渠道在最佳工作状态时输送所需水量花费的时间。但是这种计算结果不能付诸实施,只能作为确定放水延续时间的依据。确定渠道放水延续时间除兼顾渠道的养护状态、劳力情况、作物种类和生育阶段等条件外,还必须遵循以下原则:

（1）所有续灌渠道的工作时间应该相等。

（2）轮灌渠道各组工作时间之和应等于续灌工作时间。

（3）续灌渠道工作时间应为轮灌组的整数倍。

（4）放水延续时间最好为整数,以便于管理。

（5）一次配水最好在旬内完成。

若各轮灌组的灌溉面积和灌溉需水量相差不大,则只需要确定续灌渠道放水延续时间和轮灌组。如果灌溉面积相差较大,或者虽灌溉面积相当,但由于当地水源条件差异大,使得各轮灌组灌溉需水量相差很大,此时应根据情况重新划分轮灌组,这是动态计划用水的重要特征之一。

各轮灌组的延续时间可以用以下公式初步确定:

$$T_i = \sum_{j=i}^{n} T_{ij}/n \qquad\qquad (8\text{-}36)$$

式中　T_i——第 i 轮灌组灌水延续时间;

　　　T_{ij}——第 i 轮灌组第 j 支渠所需灌水延续时间;

　　　n——轮灌组数。

放水延续时间初步确定后,还应反算各级渠道输水流量,倘若实际流量大于 $1.2Q_{设}$,或者小于 $0.4Q_{设}$,则须延长或缩短放水时间。

3. 开闸时间

由轮灌组内各支渠所需灌水时间加以平均,可推得该轮灌组灌水中间日。但是由此推得的多个轮灌组灌水中间日可能存在矛盾,存在此轮灌组尚未灌完,彼轮灌组又需开灌的问题,因此必须结合灌水延续时间对各轮灌组灌水中间日进行调整,让灌水中间日较早、灌水延续时间较短的轮灌组先灌,以取得较妥善的平衡。确定开闸时间还应该注意以下三点:

（1）开闸时间不可过早,也不能推迟过多。提前太早,则出现不可预见降水时造成水量浪费;推迟过多又会引起作物缺水和田块间争水抢水的现象。

（2）应该考虑水流在渠道中的行进时间。特别是当渠道较长或流速太小时,不考虑水流行进时间提前开闸,将会使作物产生不必要的干旱减产。

（3）应该结合延续时间考虑到关闸时间,若关闸时间超过了本旬,则首先考虑缩短延续时间,增大流量;若仍不能满足,则应将开闸时间提前。

4. 配水流量

确定各级渠道配水流量时,应满足下面两个原则:

（1）各级渠道中的流量应满足连续流方程,即

$$Q_{干} = \sum_{j=1}^{J} Q_{支,j}/\eta_{干} \qquad\qquad (8\text{-}37)$$

$$Q_{支,j} = \sum_{t=1}^{T} Q_{斗,t}/\eta_{支,j} \qquad\qquad (8\text{-}38)$$

$$Q_{斗,t} = \sum_{r=1}^{R} Q_{农,r} / \eta_{斗,t} \tag{8-39}$$

（2）渠道流量不能过大和过小，必须满足下式：

$$0.4Q_{设} \leq Q_{放} < Q_{加大} \tag{8-40}$$

5. 人工干预

计算机所作出的配水方案形成以后，根据具体情况的不同，有时可能需要加以人工干预。为了维护配水规则，防止修改的随意性，系统提供了一个专门的人机交互对话界面，如图8-19所示，管理者可以在这里针对各轮灌组或者某一支渠进行修改，修改内容包括灌水中间日、灌水延续时间、灌水流量、灌水终止时间等。每一次修改，系统都会自动对其他各相关灌水要素重新进行计算，如有异常结果，则及时提示报警。

图8-19　人工干预界面图

（四）用水户报告需水工作模式

这是系统提供的一种备选的工作模式，因为实时灌溉预报所要求的资料较多，收集可能有困难，灌区工作人员对新系统的接受也有一个过程。按用水户打需水报告来确定灌水要素的工作模式符合他们的习惯，所需资料较少，故可作为一个有益的补充。这种工作模式在每次运行前，收集各个用水户在本旬的需水信息，包括灌水量（或灌溉面积、田间灌溉定额）、流量、时间等。相关需水要素输入或传入数据库后，整个灌区的配水过程则调用动态配水模块由计算机来完成。系统根据各级渠道的相关资料，进行动态配水计算，统一调度，结合管理者的人工干预，最后以报表的形式提交给管理者，把操作指令分发到各个支渠。

这种工作模式的主界面仍然沿用决策支持系统的主界面，但是对其中灌溉预报的模块则没有加载。对于用水户而言，不会因两种方式的不同而感到不便。主界面如图8-20所示。用水户报告需水工作模式输入界面如图8-21所示，各渠段需水统计界面如图8-22所示。

图 8-20 用水户报告需水模式界面

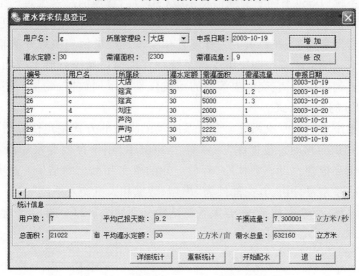

图 8-21 用水户报告需水模式输入界面

二、灌溉用水实时调配决策支持系统

(一)决策支持系统概述

决策支持系统是综合利用各种数据、信息、知识,特别是模型技术,辅助各级决策者解决半结构化问题的人机交互系统。它以数学模型为基础,对管理信息系统提供的大量数据进行分析、处理,综合决策层次上的辅助信息,为决策者提供决策服务。

决策支持系统解决的是半结构化问题。结构化问题是常规的和完全可重复的,每一个问题仅有一个求解答案,可以通过计算机用程序方式加以实现。非结构化问题是不具备求解方法或用若干种求解方法所得结果不一致,计算机难以处理,而人是处理这类问题

需水情况分段统计表

站 名	用户数	平均已报天数	所需流量	面积	灌水定额	需水总量
大店站	2	11	2	5300	28	153000
篮宾站	2	11	2.5	9000	30	270000
鱼台站						
道口站						
刘庄站	1	10	1	2000	30	60000
刘庄站						
石桥站	2	9	1.8	4722	31	149160

打 印　　　退 出

图 8-22　需水情况分段统计界面

的能手。半结构化问题就是介于这两者之间的一类问题,计算机和人有机结合就能有效处理半结构化问题,由于决策支持系统具有人机有机结合的特性,所以可以解决这类问题。

决策支持系统(DSS)不同于管理信息系统(MIS)。管理信息系统是一个由人、计算机结合的对管理信息进行收集、传递、储存、加工、维护和使用的系统,它能对大量数据进行有效的管理和处理,在数量上为管理者和决策者提供信息概念并起辅助决策的作用——以数据形式辅助决策。而决策支持系统在管理信息系统基础上增加了模型部件,按决策方案形式辅助决策,它交给决策者的不仅仅是一系列数据,而是一些决策方案,所以说 MIS 是 DSS 的初级形式。

决策支持系统不同于专家系统。专家系统辅助决策的方式是定性分析,其结构中核心是"推理机、知识库和动态数据库"三部件,"知识库"用于存放专家知识,"推理机"完成对知识的搜索和推理,"动态数据库"存放已知的事实和推出的结果。而决策支持系统辅助决策的方式是定量分析,其三部件为"模型、数据和人机交互系统"。

管理信息系统、决策支持系统、专家系统结构分别如图 8-23 ~ 图 8-25 所示。

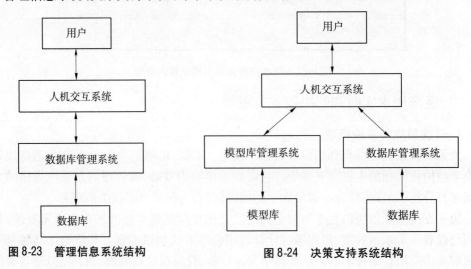

图 8-23　管理信息系统结构　　　　　　图 8-24　决策支持系统结构

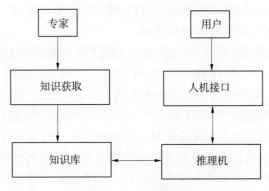

图 8-25　专家系统结构

从 DSS 结构图上可看出,决策支持系统由人机交互系统、模型库系统和数据库系统三大部件组成。

1.人机交互系统

决策支持系统不能代替人的决策,只能支持人的决策,因而人机交互部件是 DSS 的重要组成部分。其主要功能如下:

(1)提供多种多样的显示和对话形式。目前,常见人机界面技术有菜单、窗口、多媒体等形式;其中菜单可用于引导用户逐级进入系统和使用系统,对初级用户更加适用,用户只需按照菜单提示,按动几个选择键,即可操纵和使用系统。窗口、多媒体形式能增加系统的美观及直观程度,能大大提高系统的友好和使用效率。

(2)输入和输出转换。系统在输入中与用户的对话,要转化成系统能够理解和执行的内部表示形式。当系统运行结束后,应该把系统的输出结果按一定的格式显示或打印给用户。

(3)问题处理。编制的 DSS 程序,能控制人机交互、模型运行、数据调用达到有机的统一。

2.数据库系统

数据库系统包括数据库和数据库管理系统。数据库主要把大量的数据以一定的组织结构进行存放,以便查询和利用,可以说,数据库就是存放数据的仓库。数据库管理系统对已建立的数据库进行统一管理和控制,其主要功能如下:

(1)描述数据库:描述数据库的逻辑结构、存储结构、语义信息和保密要求。

(2)管理数据库:控制整个数据库的运行,控制用户并发性访问,检索数据的安全、保密,执行数据的检索、插入、删除、修改等操作。

(3)维护数据库:控制数据库初始数据的装入,修改数据库,重新组织数据库。

(4)数据通信:组织数据的传输。

3.模型库系统

模型库是在计算机中按一定组织结构形式来存储多个模型的集合体,它用来存放模型,有自己的特征:

(1)表示形式:以某种计算机程序的形式表示,如数据、语句、子程序甚至于对象等。具体表现:模型名称及计算机程序、模型输入输出数据、控制参数的属性。

（2）模型的动态形式：以某种方法运行，进行输出、计算等处理。

（二）灌溉用水决策支持系统的结构分析

决策支持系统在灌溉管理中的应用研究是系统工程与灌溉排水基本理论和管理运行实践之间的相互结合。国外早在20世纪70年代就有实例，国内到90年代初才有灌溉用水管理信息系统出现。灌溉用水决策支持系统的开发至今仍处于萌芽状态，原因有三：第一，灌溉管理中应用的调度程序是20世纪80年代基于当时国内的计算机硬件开发的，随着微电子学的发展，尤其是近5年来全世界范围内个人计算机软硬件技术的突飞猛进，掀起信息革命的浪潮，而国内目前还没有开发出与高速计算机性能相匹配的灌溉管理软件；第二，实时灌溉预报原理与渠系动态配水方法的提出为灌溉用水决策支持系统的研制提供了理论基础；第三，农田水利工程技术人员，特别是灌溉管理机构的运行调度人员计算机知识、技能较低，因此没有也不可能充分利用灌溉管理实践经验，对现有管理软件进行改进。而开发出一个好的灌溉实时调度程序，总是与科学研究机构、生产管理单位的大力合作分不开的。

本研究采用 Visual Basic 6.0 版本建立灌溉用水决策支持系统原型（IWADSS），它所生成的系统，界面简单、友好，操作方便，符合 Windows 操作系统用户习惯；功能强大，提供对各种数据库的支持，数据处理能力强；具有优异的通信能力和信息处理能力；系统维护简单。相应的系统软件要求 Windows 98 或以上版本。计算机硬件为 Pentium 及其以上级别的芯片，内存不低于 32 MB，硬盘空余空间在 200 MB 以上，并配有光驱、软驱、显示器、鼠标、打印机等外设。

1. 一般结构

前文已叙述，灌溉用水决策支持系统作为决策支持系统，它应当满足决策支持系统的一般结构，那就是由三大部件组成，即人机交互系统、模型库系统和数据库系统。

（1）人机交互系统。人机交互系统是决策支持系统的重要组成部分，既起着和用户交互对话的作用，又起着有机集成模型系统和数据库系统的作用，故它是一个关键部件。在灌溉用水决策支持系统中，人机交互系统可以从数据输入、交互对话、信息显示、结果输出等各方面表现出来，充分体现了软件的友好性。

交互对话：大量的采用工具栏式及菜单式对话，辅以问答式对话（以 yes/no 的形式出现），增加了系统的美观和直观程度，大大提高系统的友好性。

信息显示：采用表格和图形方式，特别是图形显示，增强了用户的感性认识。输入各种信息及用于灌区用水调度的操作计划均以表格的形式出现；还以曲线图、柱状图等形式显示各种输入信息、土壤水分动态模拟过程、预测的旬参考作物腾发量和实际作物需水量等。

多媒体功能：利用 Visual Basic 强大的功能实现对各种声音（包括背景音乐）的调用，用户可根据声音的提示进行操作，增加了系统运行的亲切感。

（2）数据库系统。数据库系统是数据库和数据库管理系统的总称。其操作是以数据库的数据为基础进行的。具有数据的输入、数据的查询、数据的修改等功能，通过人机对话系统的提示，用户可以实现这些功能。并且通过数据库管理系统，对数据库进行管理，为模型的运行提供必要的数据。在本决策支持系统中，数据量较大的则以表格的形式表现,主要有气象资料信息库、作物资料信息库和土壤墒情资料信息库,数据量较小的则以填空方式出现,如日期、水库水量等。

此外,还有土壤基本数据库,各乡镇辖区干、支、斗渠分布信息库,各干渠系统支、斗渠分布信息库,多年平均逐日数据库,天气类型修正系数数据库,不同作物适宜含水量下限数据库,参考作物腾发量历史资料库等。

气象资料信息库:上旬逐日实测的气象信息,如最高气温、最低气温、平均气温、日照时数、相对湿度、风速及灌区所处的纬度、高程等,这些资料每旬旬初由灌区试验站提供。下旬预测天气类型,如晴、多云、阴、雨等;预测的降水量,由当地气象局提供的旬气象日报来决定,如大雨,一般为 50 mm;中雨,20~50 mm;小雨,5~20 mm。

水文资料信息库:包括水库蓄水量、来水量、放水资料等,各干、支渠的渠道设计参数(如设计流量、渠系水利用系数、渠道长度、田间水利用系数等)、各测点的实测流量及降水量等。

作物资料信息库:包括各种作物生长特性,如各生育阶段起始、终止日期,根系深度,绿叶覆盖百分率,所要求的水分上、下限等。

土壤墒情资料信息库:包括各代表田块反馈的土壤含水率、土壤温度、盐分等。

(3)模型库系统。模型库系统包括模型库和模型库管理系统。模型不同于数据,它是以计算机程序的形式表现,如子程序等。模型之间可以相互独立,也可互相结合。模型和数据库之间存在密切联系,模型使用的数据及计算结果可以统一存放在数据库中,通过模型库管理系统,对模型运行进行控制,实现一个模型对另一个模型计算结果的调用。

在本决策支持系统中,主要有四大模型:水源可供水量实时预测模型、作物需水量计算和预报模型、实时灌溉预报模型、渠系动态配水模型。

此外还有作物系数及土壤水分胁迫系数计算模型、参数计算模型、天气类型修正系数计算模型、田间土壤水分动态数值模拟模型等。

2.逻辑结构

逻辑结构是指决策支持系统如何控制程序运行,如何体现决策者的决策意图。为体现决策者的意图,决策支持系统可以在其内部多处加入人工干预功能,对操作结果进行人为干预。其逻辑结构见图 8-26。

从图 8-26 可以看出,灌溉用水决策支持系统在实时灌溉预报模型和动态配水模型计算中都加入人为干预功能,需要灌区用水管理部门的决策者根据计算结果,并考虑轻重缓急和操作运行的方便性,确定 1 个或 2 个统一的灌水日期。另外,在渠系配水模型中,通过计算可求得每条支渠的运行时间。决策支持系统的最大优点就是决策者可以根据计算机计算的结果,结合自己的决策意图,从而达到正确、迅速决策的目的。

(三)灌溉用水决策支持系统运行框架

系统整体运行框架如图 8-27 所示。灌区灌溉管理系统的运行需要集成配套信息监测采集设备、数据传输设备及相关的计算机控制设备等作为支撑,这里仅介绍灌区用水管理系统,关于硬件设备方面的内容不再展开。

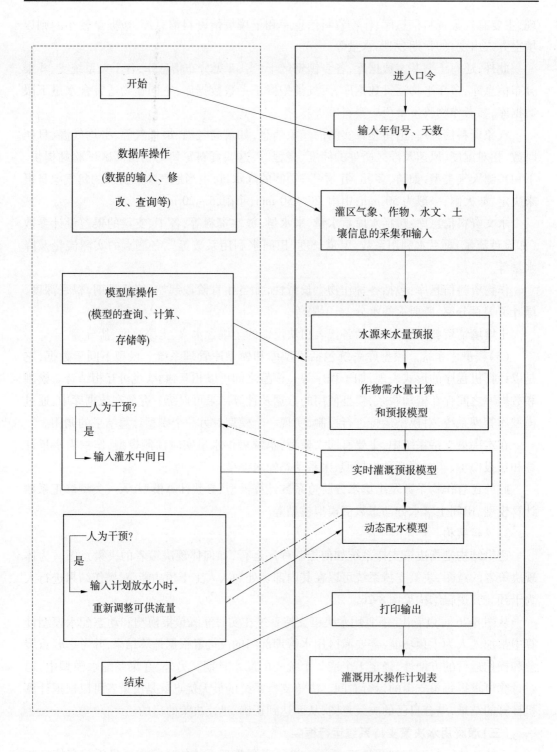

图 8-26　灌溉用水决策支持系统逻辑结构

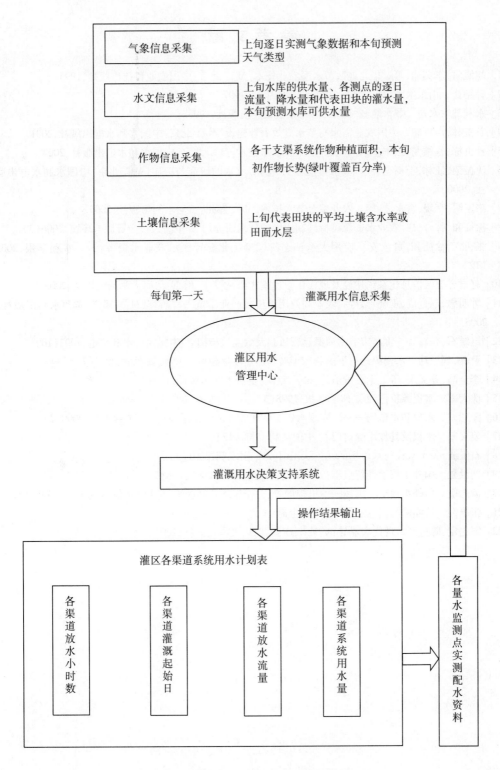

图 8-27　灌溉用水决策支持系统操作程序框架

参 考 文 献

[1] 胡毓骐,李英能,等．华北地区节水型农业技术[M]．北京:中国农业科技出版社,1995.

[2] 孙贻让．山东水利[M]．济南:山东科学出版社,1997.

[3] 水利部农水司．节水灌溉[M]．北京:中国农业出版社,1998.

[4] 石玉林,卢良恕．中国农业需水与节水高效农业建设[M]．北京:中国水利水电出版社,2001.

[5] 杜贞栋,谷维龙,王华忠,等．农业非工程节水技术[M]．北京:中国水利水电出版社,2004.

[6] 沈振荣,汪林,于福亮,等．节水新概念——真实节水的研究与应用[M]．北京:中国水利水电出版社,2000.

[7] 隋家明,李晓,宫永波,等．农业综合节水技术[M]．郑州:黄河水利出版社,2005.

[8] 徐征和,韩合忠．农业水资源可持续利用管理技术研究[J]．中国人口·资源与环境,2006(3).

[9] 张长江,徐征和,贠汝安．应用大系统递阶模型优化配置区域农业水资源[J]．水利学报,2005(12).

[10] 赵琳．灌区信息化系统建设及现代化管理模式研究[D]．南京:河海大学硕士论文,2005.

[11] 陈明忠,赵竟成,王晓玲,等．农业高效用水科技产业示范工程研究[M]．郑州:黄河水利出版社,2005.

[12] 赵维军,苟新诗．青岛市节水灌溉运行机制及效益浅析[J]．中国农村水利水电,2003(10).

[13] 尹磊,刘原玮．水资源约束下的胶东半岛制造业基地建设[J]．区域经济,2007(7).

[14] 李金昌,姜文来,等．生态价值论[M]．重庆:重庆大学出版社,1999.

[15] 沈大军．水资源价值[J]．水利学报,1998(5).

[16] 汪恕诚．水权和水市场——谈实现水资源优化配置的经济手段[J]．中国水利,2000(2).

[17] 姜文来．水权及其作用探讨[J]．中国水利,2000(12).

[18] 石玉波.关于水权与水市场的几点认识[J]．中国水利,2001(2).

[19] 刘洪先．国外水权管理特点辨析[J]．水利发展研究,2002,2(6).

[20] 孟志敏．国外水权交易市场——机构设置、运作表现及制约情况[J]．水利规划设计,2001(1).

[21] 张维迎．博弈论与信息经济学[M]．上海:上海三联书店,1996.

[22] 邹先定,陈进红．现代农业导论[M]．成都:四川大学出版社,2005.